미국 정원의 발견

우리가 몰랐던 미국 대륙의
아름답고 경이로운 정원들

미국 정원의 발견

박원순

궁리

들어가는 말

미국 롱우드 가든에서 국제 정원사 양성 과정과 대중원예 석사 과정을 이수하면서 미국 곳곳의 많은 공공 정원public garden을 방문했다. 대개는 혼자 여행을 한 것이 아니라, 식물 전문가들과 함께 다니며 각 정원의 디렉터, 가드너, 큐레이터를 만났다.

영어 울렁증이 가라앉지 않았던 처음에는 식물원 미팅이 쉽지 않았다. 한번은 모닝 커피를 마시고 미팅을 하는데, 각자 자기 소개를 하는 자리에서 목소리가 심하게 떨렸다. 나는 안 되겠다 싶어 사람들에게 커피 탓을 했다. 오늘 아침 모닝 커피가 너무 진해서 가슴이 두근거린다고, 하지만 나쁘진 않다고. 그러자 사람들이 크게 웃어 분위기가 화기애애해졌다. 미국의 공공 정원에서 일하는 사람들은 대체로 방문객을 가족이나 가까운 이웃처럼 편안하고 친절하게 대해 주었다. 마치 정원을 함께 만들고 가꾸고 누리는 공동체의 일원을 대하듯 방문객과 많은 것을 공유하려는 모습을 보였다.

그런 사람들이 열정적으로 일하는 훌륭한 공공 정원들을 둘러보고 나니, 우리나라에서도 이런 공공 정원을 쉽게 마음껏 즐길 수 있는 방법이 없을까 고민하게 되었고, 먼저 나의 경험과 사진을 엮어 소개하면 좋겠다는 생각이 들었다. 특히 우리나라에서도 이제 정원에 대한 관심이 많이 높아지고 있으므로, 누군가 새로운 공공 정원을 만들 때 도움이 될 만한 이야기를 들려주고 싶었다.

미국에는 600개가 넘는 공공 정원이 있다. 여기서 말하는 '공공 정원'이란 일반인이 누구나 찾아가 즐길 수 있는 정원을 말한다. 공공 정원에는 식물원, 수목원, 동물원, 온실, 테마파크, 역사적인 공간 등 다양한 형태의 정원이 포함될 수 있다. 수많은 공공 정원이 다양한 미션과 테마로 식물 컬렉션을 구성하여 연구, 전시, 교육에 폭넓게 활용하고 있다.

공공 정원은 공통적으로 갖춰야 할 요소가 있다. 각 정원의 존재 이유라 할 수 있는 미션mission과 식물 컬렉션, 그리고 그것을 유지하고 관리해 나갈 수 있는 시스템이다. 물론 사람들에게 영감을 주는 아름다운 꽃과 나무, 다양한 테마 정원은 기본이다. 식물 컬렉션을 큐레이션한다는 개념에서 보면, 공공 정원을 살아 있는 박물관이라고 볼 수도 있다.

내가 방문한 공공 정원들은 저마다 특별한 스토리가 있었다. 누가 왜 정원을 만들었고 그동안 어떤 과정을 겪어 왔는지에 대한 이야기가 매우 흥미로웠다. 물론 각각의 공공 정원에 조성된 각양각색의 테마 정원과 식물 컬렉션을 살펴보는 것이 가장 재미있었다. 오랫동안 소중하게 가꾸어진 정원에서는 커다란 위안과 깨달음도 얻을 수 있었다. 미국의 공공 정원들은 인종과 문화가 다양한 만큼 정원에 대한 아이디어도 무궁무진했다.

미국의 공공 정원은 대부분 비영리 기관으로, 지역 커뮤니티를 중심으로 기부와 자원봉사 등 공공의 이익과 선을 위한 사업들을 해나가는 데 초첨을 맞추고 있다. 주로 재단 이사회에서 기금을 관리하며 디렉터를 채용해서 정원의 운영을 맡긴다. 규모와 미션에 따라 원예, 수목 관리, 교육, 잔디 관리, 가든 디자인, 큐레이션, 마케팅, 방문객 서비스, 시설 관리 등 아주 세분화된 전담 부서가 있다. 그리고 처음 정원 일을 배우려는 학생과 일반인에게는 인턴 제도와 자원봉사 제도를 통해 많은 기회를 제공하고 있다.

이 책에서 소개하는 공공 정원은 미국의 가든 캐피털이라고도 불리는 필라델피아를 중심으로 미국 동부 지역에 집중되어 있다. 20여 곳의 공공 정원을 크게 네 주제로 나누어 보았다.

첫 번째는 연중 화려한 꽃들의 축제가 펼쳐지는 디스플레이 가든이다. 마치 다른 세상에 온 듯 정신을 혼미하게 만드는 사계절 꽃들의 천국 롱우드 가든을 비롯해, 식물 연출도 해학과 예술이 될 수 있다는 것을 보여주는 챈티클리어, 웨이브 힐 등에서 우리나라에 아직 제대로 소개되지 않은 새로운 개념의 꽃 축제를 만날 수 있다.

두 번째는 자연 속 힐링 가든이다. 숲길을 산책하며 온갖 야생화를 즐길 수 있는 마운트 쿠바 센터, 와일드 가든의 진수를 맛볼 수 있는 윈터투어, 다양한 식물 서식지를 그대로 정원으로 승화시킨 가든 인 더 우즈 등 그 속을 걷는 것만으로도 치유가 되는 정원이다.

세 번째는 컬렉션 가든이다. 식물의 종류는 우리가 생각하는 것보다 훨씬 다양하다는 것을 보여준다. 수백 년 된 계수나무와 단풍 컬렉션, 그리고 보석 같은 고사리들이 자라는 퍼너리 온실이 있는 모리스 수목원, 목련과 호랑가시의 천국인 스콧 수목원을 여유 있게 산책하며 만나볼 수 있다.

네 번째는 히스토리 가든이다. 마치 조각품이 생명을 얻은 것처럼 살아 있는 토피어리의 천국인 래듀 토피어리 가든, 세계대전의 소용돌이 속에서도 굳건히 제 모습을 지켜낸 덤바턴 오크스, 퓰리처상 수상 작가인 에드워드 복의 꿈과 낭만이 서린 플로리다의 복 타워 가든 등 역사와 이야기를 함께 즐길 수 있는 유서 깊은 공공 정원들이 있다.

비록 다시 쉽게 찾아갈 만큼 가깝지도 않고, 드넓은 대륙 곳곳에 흩어져 있는 정원들이지만, 이 책을 통해서나마 독자들이 겉으로 보이는 정원의 모습뿐 아니라 거기에 담긴 의미와 철학까지 함께 생각해 볼 수 있었으면 한다. 끝으로, 누구나 일상 속 가까운 곳에서 영감과 감동이 있는 정원을 만나고, 보다 진정성 있는 아름다운 정원 문화를 향유할 수 있게 되는 데 이 책이 조금이라도 도움이 되기를 바란다.

2021년 11월

국립세종수목원에서

차례

Theme Ⅲ COLLECTION GARDENS 컬렉션 가든

Theme Ⅳ HISTORY GARDENS 히스토리 가든

Theme I

DISPLAY GARDENS

자유로운 상상력과 아트, 유머가 가득한 유희의 정원

Chanticleer

챈티클리어

위치 펜실베이니아 주 웨인

홈페이지 www.chanticleergarden.org

풀장이 딸린 대저택의 수영장에서 열리는 가드너들의 풀파티에 대해 들어본 적 있는가? 그곳의 야외 테라스 가든에는 열대 온실에서처럼 무성하게 자란 식물들이 꽃을 피우고 커다란 화분과 걸이화분에는 진기한 꽃들이 피어난다. 평소에는 흙투성이였을지 모를 가드너들이 이 날만큼은 말끔한 모습으로 건강한 몸매를 자랑한다. 근육미 넘치는 몇몇은 차례차례 멋진 다이빙을 선보이기도 하고 대다수는 이들의 용기에 환호하며 물속에서 놀이를 즐긴다. 또 일부는 풀장 주변에서 와인잔 혹은 맥주병을 들고 담소를 나눈다.

미국에서 아름다운 정원으로 열 손가락 안에 꼽히는 챈티클리어Chanticleer에 대한 기억이 엉뚱하게도 이 같은 풀장 파티의 장면들로 남아 있다. 운 좋게도 나는 그 파티에 두어 번 초대를 받았는데, 우리와 다른 그들의 문화가 일종의 충격으로 다가와서인지, 챈티클리어 하면 이 기억이 먼저 떠오른다. 하지만 풀장 파티 말고도 나는 수없이 이 정원을 방문했고, 누가 나에게 미국의 정원 중 가장 좋아하는 곳이 어디냐고 묻는다면, 주저 없이 챈티클리어라고 말할 수 있다. 정형식 정원부터 자연스러운 우드랜드 가든까지, 하우스 주변을 장식하는 컨테이너 가든부터 옛 건물터를 예술로 승화시킨 루인Ruin 가든까지, 챈티클리어는 가드너에게 보물창고와도 같다. 그만큼 나는 챈티클리어의 구석구석에 대해 좋은 기억을 많이 갖고 있다.

챈티클리어는 미국 동부 펜실베이니아 주 필라델피아에서 서쪽으로 25킬로미터 정도 떨어진 웨인Wayne에 자리하고 있다. 이 지역은 과거 펜실베이니아 철도의 본선과 인접한 마을 중 하나로, 필라델피아의 부호들이 도시를 벗어나 휴양을 하기 위해 목장과 숲을 소유하고 큰 별장을 지었던 곳이다. 아직도 그 시절의 영화가 남아 있는 듯, 챈티클리어로 가는 길에는 그림 같은 정원이 딸린 대저택이 이어진다. 약간의 위화감이 느껴지지만, 그런 대부호 중 몇몇이 자신의 정원을 후대를 위한 유산으로 남겨 일반인에게 개방하고 있으니 다행한 일이다. 한때 사유지였지만 모두를 위한 공간으로 다시 태어났다.

History & People

챈티클리어는 '특별한 초대'라는 말과 잘 어울린다. 풀파티 같은 즐거운 이벤트가 있기도 하지만, 혼자서 이 정원을 찾을 때마다 나는 아주 고귀한 사람과 은밀한 데이트라도 즐기러 가듯 설렘과 특별함을 느끼곤 했다. 그건 아마도 이 정원이 다른 식물원과 달리 한 독지가의 사적인 공간에서 시작한 독특한 역사를 지니고 있기 때문일 것이다. 챈티클리어 하우스Chanticleer House는 1913년 아돌프 로젠가르텐 부부의 사유지에 별장으로 처음 조성되었다. 로젠가르텐 가는 19세기와 20세기 초에 걸쳐 필라델피아 지역에서 제약 사업으로 크게 성공한 집안이다. 하우스는 로젠가르텐의 대학 동창이자 건축가인 찰스 보리Charles L. Borie가 설계했고, 주변 테라스는 조경설계가 토머스 시어스Thomas Sears가 맡았다. 여름에만 이용되던 이 별장은 그 후 더욱 보강되어 나중에는 온 가족이 일년 내내 함께 사는 집이 되었다.

1 티컵 가든 주변 화단에 알리움 꽃이 한창이다.

2 챈티클리어 가든 저택에 딸린 풀장 주변으로 아가베, 야자, 니포피아 등 이국적인 식물들이 자라고 있다.

로젠가르텐 부부는 1930년대 중반쯤 그들의 아들인 아돌프 주니어가 결혼할 때 인근 부지를 추가로 사들여 새 집을 지어주었다. 딸 에밀리 역시 비슷한 시기에 새 보금자리를 선사받았다. 그 후 세월이 흘러 1980년대에 이르자 로젠가르텐 일가 중 아돌프 주니어만 남았고, 그마저도 1990년에 세상을 떠났다. 그는 그동안 가꾸어온 집과 정원을 공공을 위한 유산으로 남겼다.

로젠가르텐 가의 낭만이 가득했던 사유지가 일반인에게 개방된 것은, 이곳에 마지막으로 거주했던 아돌프 로젠가르텐 주니어의 뜻에 따른 것이다. 그는 챈티클리어가 대중을 위한 정원으로 즐거움과 교육의 장이 되길 원했고, 이를 위해 상당한 자산을 남겼다. 아돌프 로젠가르텐 주니어의 뜻에 따라 챈티클리어 재단이 설립되었고, 9명의 임원으로 구성된 이사회가 꾸려진 후, 챈티클리어는 1993년 정식으로 세상에 문을 열었다. 그리고 영국 출신의 가드너 크리스 우즈Chris Woods가 챈티클리어의 첫 디렉터를 맡았다.

챈티클리어는 '즐거움의 정원'을 표방하고 있다. 챈티클리어의 입구에 들어서면 맨 먼저 나지막하게 정원의 이름이 새겨진 작은 간판이 보이고, 그 뒤로 높다란 철제문, 그리고 그 위로 뜬금없는 수탉 모양의 조형물이 보인다. 왜 하필 수탉일까? 챈티클리어는 1855년 출판된 윌리엄 새커리William M. Thackeray의 풍자 소설 『뉴컴 일가*The Newcomes*』에 등장하는 수탉에서 유래하였다. 그 소설을 좋아했던 로젠가르텐의 재치가 챈티클리어 탄생의 모티브가 된 것이다. 초심을 잃지 말라는 듯, 일종의 해학을 담은 이 이름은 로젠가르텐 일가가 모두 세상을 떠난 후에도 정원에 남아 중요한 지침이 되고 있다.

1 입구에 설치된 나지막하고 세련된 정원 간판

2·3 수탉을 뜻하는 챈티클리어는 정원의 곳곳에서 즐거움을 주는 모티브 역할을 하고 있다.

4 한때 사과 저장고였던 곳을 정원의 조형물로 사용하기 위해 가드너가 직접 디자인하고 채색한 '애플 하우스'의 내부

5 나무로 만든 벤치와 돌로 만든 음수대, 독특한 재질과 문양의 바닥재는 챈티클리어에서만 볼 수 있는 특별한 창작물이다.

특히 챈티클리어의 첫 디렉터였던 크리스 우즈는 함께 일하던 가드너들에게 각각의 구역을 맡겨 자유로운 상상력으로 정원을 꾸미도록 하였다. 이는 다른 식물원에서 볼 수 없는 파격적인 시도였으며, 디자인 감각과 식물에 대한 지식이 풍부한 실력 있는 가드너들을 고용할 수 있었기에 가능한 일이었다. 결과적으로 챈티클리어 곳곳의 정원 디자인은 점점 진화하였다. 창의적이고 성실한 사람을 믿고 자율에 맡길 때 그 결과물이 기대 이상일 수 있다는 것은 비단 잘나가는 IT 업계에 국한된 이야기가 아니다. 우즈에 이어 2003년에 디렉터가 된 빌 토머스 R. William Thomas 역시 탄탄한 실력을 바탕으로 우즈의 비전을 더 개선하고 확장하는 데 주력하고 있다.

현재 챈티클리어에는 풀타임 직원 스무 명을 포함하여 서른 명 남짓한 직원이 일하고 있다. 그중 원예가 혹은 가드너는 9명으로, 이들은 각자 특정한 정원 구역을 맡고 있다. 또한 6명의 보조 가드너와 4명의 그라운드 관리인이 있으며, 그 밖에 4월부터 10월까지 정원이 개장하는 기간 동안 11명의 계절 직원과 1명의 인턴이 함께 일한다.

챈티클리어가 많은 이들에게 사랑을 받는 또 다른 이유는 가드너들이 정원에 필요한 소품을 직접 제작하기 때문이다. 모든 직원은 11월부터 3월까지 각자 수행해야 할 겨울 프로젝트가 있는데, 그것은 대부분 다음해 정원 디자인에 필요한 것을 제작하고 준비하는 작업이다. 식물을 위한 지지대와 격자망부터 나무 의자와 벤치, 심지어 돌로 조각된 음수대와 다리 난간, 철제 울타리와 출입문까지, 각자의 창의력으로 만들어 내는 이러한 작품들은 수준 높은 예술성까지 가미되어 챈티클리어의 색깔을 나타내는 중요한 요소로 평가받고 있다.

정원의 아름다움을 극대화하기 위해 챈티클리어는 식물 표찰을 사용하지 않는다. 대신 각각의 정원에 직접 제작한 보관함을 설치하고, 사진과 함께 인쇄된 식물 목록을 비치해 놓는다. 또한 방문객은 웹사이트를 통해 전체 보유 식물 목록을 다운로드 받거나 확인할 수 있다.

19만 제곱미터에 이르는 면적에 200여 과에 속하는 3,200여 종 5,100여 분류군의 식물을 보유하고 있는 챈티클리어는, 아름다운 건물과 함께 빼어난 경관이 펼쳐진 언덕, 부지 전체를 감싸고 흐르는 시내와 연못, 우드랜드와 습지, 자갈밭 등 폭넓은 범주의 식물을 전시할 수 있는 다양한 환경을 갖추고 있다. 다른 데서 볼 수 없는 독창적인 식물의 조합을 위해 자유분방하면서도 격식에 얽매이지 않는 구성을 선보이며, 자생식물, 특히 미국 동부 연안의 원예 유산도 함께 간직하고 있다.

챈티클리어 입구에 들어서면서 제일 먼저 만나게 되는 티컵 가든Tea Cup Garden은 1935년 로젠가르텐의 딸 에밀리를 위해 지어진 집의 안뜰에 위치하고 있다. 이른 봄에는 찻잔 모양의 이탈리아식 분수를 둘러싼 사각 화단에 다양한 색과 질감의 미니 채소 정원이 연출된다. 주변으로는 튤립과 수선, 그리고 잔디밭 사이사이 비집고 올망졸망 올라오는 크로커스와 무스카리가 낮게 깔린 봄 정원의 따스함이 물씬 느껴진다. 때마침 벚나무에 하얗게 핀 꽃들은 파란 하늘을 배경으로 맑게 살랑거린다. 이맘때 정원에서 들이쉬고 내쉬는 숨은 그렇게 청량할 수가 없다.

그 후 여름이 다가오면서 티컵 가든은 바나나와 야자 등 열대 식물을 비롯하여 다양한 종류의 식물이 혼합된 풍성하고 화려한 정원으로 바뀐다. 특히 짙은 보라색 줄기를 가진 바나나*Musa acuminata* 'Thai Black'로 작은 숲을 만들고 그 밑에 같은 보라색 잎을 가진 목화*Gossypium herbaceum* 'Nigra'를 심어 놓는 식의 연출은 메트로폴리탄 박물관에 전시된 르네상스 시대 태피스트리를 연상시킨다.

겨울 추위가 섭씨 영하 20도 이하로까지 떨어질 수 있는 펜실베이니아 주의 바깥 정원에 열대식물을 이용한 이국적인 정원을 만든 것은 1990년대 초부터 시작된 신선한 시도였다. 한마디로 열대식물에 대한 고정관념을 깨는 것이었다. 즉 챈티클리어가 문을 여는 계절은 늦은 봄부터 가을까지 대부분 기온이 높은 때이므로, 그중 6~7개월은 열대식물이 바깥 정원에서 자랄 수 있는 환경이 된다. 무려 반년이나 되는 이 시기 동안 온대 기후라고 해서 열대식물을 전시하지 못한다는 법은 없다. 뜨거운 태양과 충분한 물만 있다면 얼마든지 이를 정원에 활용할 수 있다.

티컵 가든은 계절에 따라 변화할 뿐 아니라 해마다 다른 디자인으로 거듭난다. 이곳의 사계절을 모두 지켜본 결과, 겨울 동안 비어 있는 모습은 정말 작고 초라하고 겸손하기까지 하다. 그렇게 볼품 없던 빈 땅이 봄부터 늦가을까지 그토록 풍성하고 변화무쌍한 경관을 연출하는 것이 신기하다. 티컵 가든은 아무리 작은 공간이라도 얼마든지 새롭고 멋진 정원으로 재탄생할 수 있다는 것을 보여준다.

1 고사리 새순 모양에서 영감을 받아 가드너가 직접 디자인하여 만든 철제 난간

2 이탈리아식 분수가 설치된 티컵 가든의 식물 소재와 디자인은 계절마다, 그리고 해마다 변화한다.

3 이탈리아식 분수가 설치된 티컵 가든

2

3

로젠가르텐 가의 주 거주지였던 챈티클리어 하우스는 프랑스와 미국 스타일의 건축 디자인이 잘 조화를 이루도록 설계되었다. 이 집은 치장 벽토를 바른 파사드, 맨사드 지붕, 아치 형태의 높은 창문 등을 갖추고 1912년에 완공되었다. 집의 내부는 예전 로젠가르텐이 살았던 때와 같이 유지·관리되고 있으며, 예약을 하면 하우스 투어를 할 수 있다. 집의 입구 쪽 안마당에는 적갈색 자갈로 채워진 원 형태의 문양 화단이 있는데, 벚나무와 수국으로 둘러싸인 이 자갈 화단은 매일 일정한 파장 형태의 문양을 만들어 빛에 따른 명암이 드러나게 한다.

챈티클리어 하우스 주변 정원에는 가드너라면 누구나 갖고 싶어할 만한 아이템이 가득하다. 낮은 담장을 따라 바위수국*Schizophragma integrifolium*이 풍성하게 꽃을 피워내는가 하면, 네군도단풍*Acer negundo* 'Kelly's Gold'의 기다란 꽃술이 마치 값비싼 귀걸이처럼 나뭇가지에 매달려 있다. 군데군데 의자와 벤치가 있지만 굳이 앉지 않아도, 보는 것만으로도 휴식이 되는 정원이다. 초대형 걸이화분과, 수백 개의 크고 작은 화분이 배치되어 어느 곳으로 눈을 돌려도 볼거리가 풍성하다. 물을 담은 커다란 수반에는 정원에서 따온 커다란 꽃잎이 둥둥 떠 있다. (딸아이가 그것을 보고는 집에 돌아와 유리 그릇에 물을 담아 꽃잎을 띄우기도 했다.) 황칠나무도 컨테이너에 심으니 제법 자태가 아름답다. 우리는 우리 땅에서 자라는 이 나무를 목재 혹은 약재로 더 귀하게 여겨왔는데 이렇게 정원수로도 쓸 수 있다는 게 놀랍기만 하다.

떡갈잎고무나무, 알로카시아, 드라세나 등 우리에게 익숙한 실내 관엽식물이 챈티클리어의 야외 테라스에서 무성하게 자라고 있다. 특히 대형 화분에는 칸나와 토란(콜로카시아), 바나나 등 커다란 잎을 가진 열대식물이 이색적이다. 이와 함께 다채로운 일년초도 식재되어 다양한 조합의 분위기를 연출한다. 나는 챈티클리어에서 바나나와 토란의 매력에 흠뻑 빠지게 되었다. 5미터 가까이 자라는 커다란 바나나 잎은 여기가 필라델피아 근처인지 하와이의 멋진 별장인지 분간이 어렵게 만든다. 또한 잎 크기가 2~3미터는 됨직한 거대한 알로카시아*Alocasia macrorrhiza* 잎이 압권이다. 이러한 열대 혹은 아열대식물의 원산지는 세계 곳곳으로 다양하다.

1 동심원 형태의 무늬가 그려진 앞마당 자갈 정원은 벚꽃이 필 무렵 바닥에 떨어진 꽃잎들로 장관을 이룬다.

2 티컵 가든으로 들어가는 길 주변의 곳곳에 배치된 화분과 벤치. 파피루스가 담긴 수반에는 매일매일 계절 꽃들을 띄워 싱그러움을 더한다.

3 파란색 클레마티스 두란디*Clematis × durandii* 꽃과 흰색 바위수국*Schizophragma integrifolium* 꽃이 환상적인 조화를 이루고 있다. 둘 다 덩굴식물로, 벽면을 장식하기에 좋은 소재다.

4·5·6 챈티클리어 하우스 테라스 주변에 조성된 화단과 화분은 바나나, 토란, 알로카시아 등 열대식물을 비롯한 다양한 식물의 풍성함이 가득하다.

1
2
3
4
5
6

1
2
3
5
6

챈티클리어 하우스의 서쪽 테라스에서는 비탈진 사면을 따라 넓게 펼쳐진 잔디밭 아래로 연못 정원과 함께 확 트인 전경을 볼 수 있다. 테라스에서 내려다보이는 풍경은 꼭 누군가 스케치를 해 놓은 것처럼 여백과 구도, 흐름이 자연스럽다. 채울 곳은 채우고 비울 곳은 비우고 부각시킬 곳은 부각시켜 놓았다. 정원 디자인에도 미학적인 구도가 적용된다. 누가 보아도 아름다운, 미켈란젤로의 인체도 같은 균형미가 중요하다.

산딸나무와 벚나무는 봄 정원에 꼭 필요한 나무들이다. 추위를 이겨낸 나무의 강인한 생명력을 보여주는 데에는 이들의 꽃만 한 것도 없다. 불두화의 연초록 꽃봉우리들도 제 역할을 톡톡히 해낸다. 봄꽃들은 미묘한 시간차를 두고 일제히 피어난다. 튤립과 수선화가 피는가 하면, 길가에 자연스레 물망초의 파란 꽃이 청아하게 피어나고, 앵초는 파스텔톤 꽃으로 약간 축축한 길 가장자리를 장식한다. 그 사이사이로 양치식물의 새순, 혹은 이미 제법 펼쳐진 잎이 보인다. 시코쿠천남성*Arisaema sikokianum*의 육중한 잎줄기 사이로는 희한하게 말려 마치 코브라처럼 생긴 불염포가 듬성듬성 모습을 드러낸다.

그냥 풀밭처럼 생긴 곳을 자세히 들여다보면 사방에 갖가지 모양의 잎이 올라오는 것이 보이는데, 이들은 잡초가 아니다. 모두 앞으로 한 시즌 동안 이 공간의 아름다움을 책임질 귀한 풀이다. 동의나물의 동그란 잎, 삼지구엽초의 앙증맞은 세 갈래 잎, 이들은 모두 가드너가 엄선하여 심어 기른 것들이다.

과거 테니스장이었던 곳이 여름과 가을의 초본류 전시를 위한 역동적인 정원으로 탈바꿈하였다. 대칭을 이룬 파르테르 정원 형태로 조성된 다섯 개의 화단에서는 계절 초화류와 관목류, 알뿌리 등의 자연스러운 혼합 식재로 색깔의 대비와 계절의 변화를 느낄 수 있다.

때로는 한두 가지 식물만으로도 단순하면서 감동적인 경관을 만들 수 있다. 사초과에 속하는 카렉스 펜실바니카*Carex pennsylvanica*가 좍 깔려 있고, 중간중간 독일가문비나무 '펜둘라'*Picea abies* 'Pendula'가 장승처럼 서 있는 경관은 예술적이기까지 하다. 정원도 예술 작품이 될 수 있다.

1 챈티클리어 하우스가 있는 언덕 위에서 내려다본 풍경

2 루인 가든에서 내려다보이는 연못 정원. 거북과 비단잉어가 있는 연못 주변으로 아이리스와 앵초류를 비롯하여 늦여름에 절정을 이루는 뉴잉글랜드아스터, 야생 당근, 블루오트그래스 등이 시즌 내내 벌과 나비를 유혹한다.

3 테니스코트 가든은 대칭 형태로 조성된 5개의 화단으로 구성되어 있다. 봄철 튤립을 시작으로 알리움과 백합, 니포피아와 다알리아 등이 여름 내내 성황을 이루며 가을엔 바늘새풀 '칼푀르스터' 등 그라스류와 함께 섬세한 질감의 꽃들이 계절의 색깔을 드러낸다.

4 매년 4월 정원이 새롭게 개장한 직후, 꽃사과를 비롯한 봄꽃들의 개화와 함께 수만 송이의 수선화가 피어난다.

5 앵초, 물망초 등 봄의 정원에 자연스레 피어나는 꽃들

6 시코쿠천남성의 독특한 불염포

7 카렉스 펜실바니카와 독일가문비나무 '펜둘라'

7

아돌프 로젠가르텐 주니어가 살았던 집터엔, 크리스 우즈의 지휘 하에 2000년에 새롭게 조성된 루인 가든Ruin Garden이 자리하고 있다. 애초에는 원래 건물을 부분적으로 해체하여 일부만을 사용하려 했으나, 안전상의 이유로 지상부를 모두 철거하고 기존의 토대 위에 벽 구조물을 새롭게 건축하였다. 조경건축가 마라 베어드Mara Baird가 설계를 맡았고, 마셔 도너휴Marcia Donahue가 대리석과 화강암 등을 이용하여 만든 돌 조각품을 배치하였다. 마치 고대 유적지처럼 골격만 남아 있는 이곳은 벽면의 일부가 휑하게 뚫려 바깥 정원과 자연스럽게 이어져 있다. 벽을 타고 자라는 덩굴식물의 굵은 줄기는 오랜 세월의 흔적을 말해준다. 제주의 숲속에서 보았던 바위수국 꽃을 개량한 품종*Schizophragma hydrangeoides* 'Roseum'이다. 숲에만 있는 줄 알았지 이렇게 정원을 장식하는 꽃으로 연출될 수 있으리라고는 생각지 못했다.

루인 가든 주변에 조성된 그래블 가든Gravel Garden에는 건조한 환경에서 잘 자라는 지중해성 식물과 사초류 등이 어우러져 있다. 쓰고자 하는 식물에 가장 알맞은 환경을 조성하는 것, 혹은 조성된 환경에 가장 알맞은 식물을 심는 것이 정원 디자인의 기본이라면, 이 정원은 그 원칙에 충실한 모델이다. 자갈밭처럼 만들어놓은 화단에는 건조한 환경을 좋아하는 테누이시마나래새, 스페인양귀비, 손바닥선인장 등이 자란다. 중간중간의 아가베와 유카는 정원의 골격을 잡아준다. 봄에는 밝은 톤의 튤립과 왜성 수선화 종류가 피어나고, 여름에는 에키나세아*Echinacea tennesseensis*, 아가스타케 루페스트리스*Agastache rupestris*, 아스클레피아스 투베로사*Asclepias tuberosa*가 이 정원의 색깔을 드러낸다.

뒷배경으로 등나무 퍼골라가 보이는데, 단정하게 손질이 되어 있다. 만약 자라는 대로 그냥 놔두었다면 가지와 잎이 산발하여 정신없어 보였을 것이다. 필요한 만큼 적당히, 주변 풍경과 어울리도록 식물을 배치하는 것, 그것이 바로 가드닝의 기술이다.

1 아돌프 로젠가르텐 주니어가 살았던 집터에 재활용 자재를 이용하여 만든 루인 가든의 안쪽

2 벽의 돌틈을 이용한 화분엔 아이오니움 '플럼 퍼디'*Aeonium* 'Plum Purdy', 용월*Graptopetalum paraguayense*, 립살리스 '리베로스 레드'*Rhipsalis* 'Rivero's Red' 등 다육식물들이 식재되어 있다.

3 루인 가든을 이루는 세 구역 중 하나인 이곳에는 작은 폭포가 있으며, 돌로 만들어진 6개의 얼굴 조각 작품을 볼 수 있다.

4 등나무 퍼골라

5 루인 가든의 밖

6 그래블 가든 전경

5

6

아시안 우드Asian Woods는 1990년대 초부터 중국, 한국, 일본 등 아시아 지역에서 수집된 식물로 조성되기 시작하여 이제는 제법 자연스럽고 완성도 높은 숲속 정원이 되었다. 먼 동방의 나라에서 온 식물들이 건강하게, 마치 제 집인양 본연의 아름다움을 뽐내고 있는 것이 신기하면서도 애틋하다. 개중에는 우리나라가 고향인 친구들도 상당수 포함되어 있다. 어떻게 여기까지 오게 되었을까? 문득 나 역시 잠시 고국을 떠나 멀리 타향살이를 하는 입장에서 약간의 동질감을 느낀다. 그래도 이 식물들은 이곳에 뿌리를 내린 이주민이니, 아주 작은 풀일지라도 대견해 보인다. 게다가 본연의 매력을 한껏 뽐내며 잘 살고 있으니 더욱 자랑스럽다.

챈티클리어에는 그냥 버려진 곳이 없다. 풀 한 포기, 돌 한 덩이에 세세하게 마음을 쓴 흔적이 엿보이는 자연스러운 숲속 오솔길에 고요한 정감이 넘친다.

정원을 걷다가 우리나라에서도 보기 힘든 광릉요강꽃 *Cypripedium japonicum* 같은 꽃을 발견하고는 깜짝 놀라기도 한다. 복주머니란속屬에 속하는 이 식물은 국립수목원에서도 철장 안에 갇힌 개체로만 볼 수 있을 정도로 희귀하기 때문이다. 그렇게 귀한 광릉요강꽃을 이렇게 쉽게 정원에서 만날 수 있다는 것만으로도 매우 값진 경험이다. 이 밖에도 중국 원산의 희귀 수종인 에메놉테리스 헨리*Emmenopterys Henryi*를 비롯하여 옥잠화, 문주란, 삼지구엽초, 야생 난초, 작약 등 아시아 원산의 식물이 숲 하부에서 자라고 있다. 아시안 우드에는 일본식 전통 건축 양식으로 만든 화장실도 있다. 대나무 숲으로 둘러싸인 이 아름다운 화장실을 짓기 위해 직접 일본까지 찾아가 자료 조사를 했다고 하니 섬세한 준비성이 일본 사람들 못지않다.

1 아시안 우드에 피어난 광릉요강꽃

2 일본식 건축 양식을 따른 화장실을 조성하기 위해 직원들이 직접 일본 교토에 파견되어 정원과 가옥에 대한 디자인을 연구하였다.

3 아시안 우드에 설치된 철제 다리는 챈티클리어의 숙련된 공예가인 더그 랜돌프Doug Randolph가 대나무 줄기 모양을 본떠 제작하였다.

4 화려한 정원의 외곽으로 시내를 따라 조성된 숲길엔 양치류가 가득하다.

1

2

3

4

과거에 미국에서는 식탁 위나 집 안팎을 꽃으로 장식하기 위해 절화를 많이 재배했는데, 그 흔적을 엿볼 수 있는 커팅 가든Cutting Garden이 챈티클리어에 있다. 바로 옆에는 계절 채소를 재배하는 키친 가든Kitchen Garden이 있다. 아스파라거스로 작은 울타리를 만들었는데, 봄철 야생동물로부터 새순을 보호하기 위해 항아리로 덮어 두었다. 마트에 잔뜩 쌓여 있는 아스파라거스가 실제로 이렇게 가든에서 새순이 올라와 무성하게 자라고 있는 모습은 생소할뿐더러, 정원용 식물로도 훌륭하다는 생각이 든다. 키친 가든이지만 침엽수로 만든 아치 터널과 각종 덩굴성 식물을 올리기 위해 만든 트렐리스와 지지물이 기하학적인 아름다움을 보여준다. 멀리서 볼 때, 이 공간의 포컬 포인트는 거대한 계수나무다. 친절하게도 암그루와 수그루를 나란히 심어 놓았다. 중국과 일본이 원산지이면서 우리나라에도 친숙한 이 나무가 미국의 정원 한복판에서 가장 중요한 위치를 차지하고 위풍당당하게 자라고 있다. 언제 심었는지 모를 정도로 우람하게 자란 이 나무에서 계수나무의 진정한 아름다움을 발견하게 된 것이 아이러니하다. 왜 전에는 이런 나무들의 아름다움을 알아보지 못했을까?

아이디어는 끝이 없다. 농업에서 중요한 작물의 아름다움을 보여주기 위해 매년 한 종류의 농작물을 선정하여 전시하는 공간이 있다. 언덕 위 하우스 테라스에서 보면 더 그럴싸하게 보이는 이 S 라인 형태의 정원은 밭 작물 재배의 고정관념을 깬다. 한 해는 참깨를, 이듬해에는 수수를, 그리고 다음해에는 두 종류의 케일*Brassica oleracea* 'Lacinato' & 'Redbor'을 섞어 심어 연출했는데, 우리에게 익숙한 작물을 키우는 밭도 아름다운 정원이 될 수 있다는 것을 보여준다.

1 다알리아, 델피늄, 백합, 해바라기 등 절화를 재배하는 전통적인 방식의 커팅 가든에는 중앙 동선을 따라 아틀라스개잎갈나무*Cedrus atlantica* 'Glauca Pendula'를 이용하여 만든 10개의 아치가 있다.

2 오래된 계수나무 아래 벤치가 있는 풍경

3·4 참깨, 수수, 케일과 같은 농작물을 해마다 바꿔가며 재배하는 화단도 전체 경관의 일부로 조성해 놓았다.

1

2

내가 챈티클리어에서 가장 좋아하는 공간은 연꽃과 수련이 있는 연못 정원이다. 연못 주변으로는 키 높은 꽃들이 여름 내내 화려한 색깔의 향연을 펼친다. 그 옆 보그 가든Bog Garden에서는 사라세니아를 비롯한 습지 식물을 볼 수 있다.

챈티클리어는 다른 원예 기관이나 예술가들과 협력하여 다양한 교육 과정과 인턴십, 장학 제도, 직원 교환 프로그램 등 가드너의 전문성을 높여 주는 프로그램을 운영하고 있다. 그리고 전체 전력 소모량의 20퍼센트를 담당하는 태양열 발전 시스템, 19만 리터의 빗물을 저장하여 관수에 이용할 수 있는 시설, 유기농 비료 등을 이용하며 환경 개선을 위한 노력도 하고 있다.

챈티클리어 외곽으로는 또다른 우드랜드 가든이 있다. 북아메리카 동부 지역의 숲에 자라는 식물을 수집해 놓은 이 정원은 개장을 위해 10년 가까이 준비했다. 입구에는 우주선을 연상시키는 모양의 터널 다리가 놓여 있다. 한 가드너의 상상력으로 만든 것인데 현대적 디자인 감각이 돋보인다. 적어도 내겐 이 터널을 통해 우드랜드로 들어가는 길이 환상 여행을 떠나는 특별한 통로처럼 느껴진다. 이어서 폐타이어에 우드칩을 섞은 재료로 포장한 쿠션감 좋은 길이 숲속으로의 탐사를 인도한다. 시냇물가에는 코이어 로그coir log라고 불리는, 코코넛 섬유로 만든 토양 침식 방지용 매트가 양쪽으로 설치되어 있다. 여기에 작은 나무와 풀이 뿌리를 내려, 겉으로 봐서는 인위적으로 꾸민 표시가 나지 않는 자연스러운 시냇물 정원이 되었다.

챈티클리어는 해마다 직원의 아이디어로 디자인된 돌계단과 철제 다리 같은 첨경물이 설치되면서 더욱 세심한 손길이 더해지고 있다. 수많은 종류의 식물과 자연에 혼재하는 것들에 의미와 가치를 부여하여 질서정연하면서도 아름다운 예술적 풍경을 만들어 내는 챈티클리어는 전문가와 일반인 모두에게 많은 사랑을 받는 정원이다.

1 연못 인근 보그 가든에는 10여 종의 앵초류와 40여 종의 사라세니아, 붉은숫잔대 등이 자라고 있다.

2 연못 정원 전경

3 우드랜드 가든으로 들어가는 입구

뉴욕 허드슨 강변의 아름다운 수채화

Wave Hill

웨이브 힐

위치	뉴욕 주 브롱크스
홈페이지	www.wavehill.org

롱우드 가든 기숙사에서 아침 일찍 뉴욕행 버스에 올랐다. 간식거리도 좀 챙겼고, 옆자리에는 인도인 단짝 친구가 앉았다. 안개가 자욱한 평온한 길을 지나 고속도로를 달리는 버스 안은 마치 수학여행을 가듯 들뜬 기분의 가드너들로 가득했다. 뉴욕의 대표 정원을 보러 가는 길이었다.

뉴욕 주 동부의 남북으로 길게 흐르는 허드슨 강 강변에는 깎아지른 듯한 절벽 팰러세이즈Palisades를 배경으로 아름답게 조성된 정원이 있다. 수많은 차와 높은 건물로 늘 복잡한 뉴욕 시에 이런 풍경을 볼 수 있는 곳이 있다는 게 신기할 정도다.

웨이브 힐Wave Hill은 뉴욕 시 중심가인 맨해튼의 북쪽 브롱크스 자치구에 위치하고 있다. 센트럴 파크, 뉴욕 식물원, 브루클린 식물원, 퀸스 식물원 등과 함께 뉴욕의 주요 정원 중 하나로 손꼽힌다.

버스에서 내린 가드너들을 반긴 사람은 웨이브 힐의 원예팀장이었다. 《내셔널 지오그래픽》을 연상시키는 베이지색 반바지와 티셔츠에다 넓은 챙모자를 쓴 그는 화창한 날씨에 패션모델처럼 근사한 차림이었다. 허드슨 강을 배경으로 펼쳐진 113,000제곱미터의 웨이브 힐은 유서 깊은 하우스들과 함께 한 폭의 그림 같은 풍경을 연출하고 있었다. 강을 바라보며 의자에 앉아 책을 읽거나 잔디밭에 앉아 평화로운 한때를 보내는 사람들은 마치 풍경의 일부인 듯 아름다웠다.

웨이브 힐은 그리 넓지 않지만 매우 세심하게 관리되고 있다. 꽃과 나무 역시 다른 데서 쉽게 볼 수 없는 것들이 많다. 플라워 가든, 드라이 가든, 와일드 가든 같은 특별한 주제를 가진 정원과 온실이 있고, 주변을 둘러싼 숲 정원은 뉴욕이라는 거대한 도시 속의 보석처럼 아름답다. 웨이브 힐은 정원과 조경의 예술적 유산을 기리고, 수려한 자연 경관을 보전하고, 원예, 교육, 예술로 구성된 다양한 프로그램을 통해 인간과 자연을 연결시키는 것을 미션으로 삼고 있다.

1 웨이브 힐의 정원은 허드슨 강을 배경으로 많은 방문객들의 휴식처가 되고 있다.

2 웨이브 힐 하우스 앞쪽으로 주황색 캘리포니아포피 꽃이 활짝 피어 있다.

History & People

웨이브 힐의 역사는 뉴욕의 법학자였던 윌리엄 모리스William Lewis Morris가 1843년 이곳에 웨이브 힐 하우스Wave Hill House를 지으면서 시작되었다. 그 후 1866년부터 1903년까지는 저명한 출판인 윌리엄 애플턴William Henry Appleton이 소유하였고, 1903년에는 J.P. 모건의 경영 파트너였던 조지 퍼킨스George W. Perkins가 웨이브 힐을 인수하였다. 퍼킨스는 강 유역을 따라 웨이브 힐의 부지를 확장해 나갔고, 건축가인 로버트 바이어스Robert M. Byers의 도움으로 온실과 수영장, 레크리에이션 시설을 갖춘 '에콜로지Ecology' 빌딩을 만들었다. 그리고 이 건물의 지붕을 잔디로 덮어, 허드슨 강과 절벽을 감상할 수 있는 전망대 겸 테라스 역할을 하도록 만들었다. 그는 또한 강 건너 팰러세이즈 지역을 보존하는 데 중요한 역할을 하였다. 당시 퍼킨스가 웨이브 힐의 부지를 넓히면서 매입한 건물 중에는 뉴욕의 재정가 올리버 해리먼Oliver Harriman의 빌라도 포함되어 있었다. 이 집은 퍼킨스와 그의 아내가 리모델링하고 확장하여 글린더 하우스Glynder House라는 이름을 붙였는데 1926년 벼락을 맞아 크게 훼손되었다가, 이듬해 뉴욕의 건축 설계자 버틀러와 코스의 디자인으로 재건축되어 현재는 미술관으로 쓰이고 있다. 놀랍게도 글린더 하우스와 에콜로지 빌딩은 지하 터널로 서로 연결되어 있고 터널의 내부는 구아스타비노 타일로 마감되어 있다.

2

역사적으로 웨이브 힐의 하우스에는 많은 중요한 게스트들이 머물렀다. 그중에는 자연과학자 토머스 헉슬리T.H. Huxley와 찰스 다윈Charles Darwin도 있었다. 특히 헉슬리는 이곳의 자연환경에 크게 매료되어 강 건너에 펼쳐진 팰러세이즈 절벽을 세계적으로 위대한 경이로움이라고 표현하였다. 1870~1871년에는 뉴욕의 은행가인 시어도어 루스벨트Theodore Roosevelt의 일가가 머물렀는데, 당시 12~13세였던 그의 아들은 훗날 미국의 제26대 대통령이 되었다. 소년이 웨이브 힐의 자연에서 받은 영감은 나중에 그가 자연 보전에 많은 관심을 기울여 수백만 에이커에 달하는 자연 공원 지역들을 보호하는 데 큰 영향을 미쳤다. 정원이 교육에 얼마나 중요한지 단적으로 보여주는 예이다. 웨이브 힐의 또 다른 유명한 거주자이자 『톰소여의 모험』과 『허클베리 핀의 모험』의 작가인 마크 트웨인Mark Twain은 1901~1903년 이곳을 임대하여 당시 문학계의 거인들과 사교의 장소로 이용하였다. 그는 잔디밭에 있던 밤나무 위에 나무집 휴게실을 만들기도 했는데, 웨이브 힐의 겨울을 다음과 같이 표현했다.

> 나는 이곳에 세상에서 가장 고귀한 광풍이 불고 있다고 생각한다. 그 광풍은 커다란 나무 꼭대기에서 휘황찬란한 에너지로 거친 노래를 부른다. 그리고 나를 전율하게 하고, 감격하게 하고, 고양시키고, 항상 살아 있고 싶게 만든다.

1942~1945년에는 20세기 전반을 대표하는 세계적인 지휘자 아르투로 토스카니니Arturo Toscanini가 웨이브 힐에서 지냈다. 엘리자베스 여왕은 1950~1956년 영국 대표단이 이곳에 거주하는 동안 다녀갔다. 1960년 퍼킨스-프리먼 가문은 웨이브 힐을 뉴욕 시에 양도하였다. 그로부터 5년 후 웨이브 힐은 강력한 커뮤니티 운동을 통해 비영리단체로 등록되었고, 공공 정원으로 일반에 개방되었다.

1

2

퍼킨스는 웨이브 힐의 경관을 더욱 아름답게 만들기 위해 많은 노력을 기울였다. 그는 부지를 여러 구역으로 나누었고, 허드슨 강의 풍경과 조화를 이루도록 다양한 희귀 나무와 관목을 식재하였다. 당시 이곳에 처음 자리잡은 많은 나무와 길과 구조물은 대부분 지금도 남아 있다.

웨이브 힐은 전체적으로 퍼킨스가 매입한 세 구역의 택지가 조화를 잘 이루도록 설계되었다. 여기에 오스트리아 빈에서 훈련 받은 가드너 앨버트 밀러드Albert Millard가 퍼킨스와 함께 정원을 조성하는 데 참여했다.

웨이브 힐을 들어서면서 허드슨 강 쪽으로 확 트인 전망을 바라보며 만나게 되는 것은 퍼골라 전망대Pergola Overlook이다. 이곳은 넓은 잔디밭의 끝자락에 위치한 이탈리아식 석조 구조물로, 허드슨 강과 함께 맞은편에 보이는 130미터 높이의 팰러세이즈 절벽을 관람할 수 있는 최적의 장소이다. 이 퍼골라 전망대를 특별하게 만들어주는 것은 이곳에서 바라볼 수 있는 그림 같은 절경과 더불어 계절에 따라 다채롭게 변화하며 주변을 화려하게 치장해 주는 독특한 식물들이다. 퍼골라는 다래*Actinidia arguta* 덩굴로 뒤덮여 있어, 이곳에서 전망을 감상하며 휴식을 취하는 사람들에게 적절한 그늘을 드리워 준다. 또한 크고 작은 화분과 걸이화분에서 자라는 식물들은 저마다 눈길을 사로잡으며 마음을 들뜨게 한다.

1 석조 구조물로 만들어진 퍼골라를 통해 보이는 경관은 보다 짜임새 있는 프레임을 제공한다.

2 퍼골라는 덩굴식물을 비롯하여 토분과 걸이화분 등 갖가지 식재 용기로 아름답게 장식되어 있다.

퍼골라 전망대에서 서쪽으로 강을 바라볼 수 있다면, 동쪽으로는 웨이브 힐 하우스와 함께 우아하게 자리잡은 마르코 폴로 스투파노 온실Marco Polo Stufano Conservatory을 감상할 수 있다. 웨이브 힐의 초대 원예부 디렉터를 기념하기 위한 이 온실은 세 구역으로 나뉘어 있으며, 세계 곳곳에서 수집된 열대 및 아열대 식물을 위한 보금자리다. 온실의 중앙 현관을 통과하면 바로 팜하우스Palm House가 있다. 아늑한 느낌이 드는 이곳에서는 남아프리카의 이색적인 알뿌리식물과 함께, 천장에 매달린 다양한 걸이화분 식물이 겨울에도 꽃을 피워낸다. 팜하우스와 연결된 두 개의 온실은 각각 건조한 기후에서 자라는 선인장과 다육식물을 위한 온실, 덥고 습한 지역으로부터 온 식물을 위한 열대 온실이다.

온실 앞쪽에는 영국 코티지 가든cottage garden 스타일의 플라워 가든Flower Garden이 부드럽고 달콤한 매력을 발산하고 있다. 꽃들이 만발한 플라워 가든은 전체적으로 하나의 거대한 꽃꽂이 작품을 보는 것처럼 화사하고 싱그러운 느낌으로 가득하다. 주변에는 퍼킨스가 처음으로 조성했음을 상기시켜 주는 삼나무 울타리가 둘러싸고 있다. 화단 구역은 벽돌길로 나뉘어 있다. 변한 것이 있다면 식물을 심는 방법이다. 과거에는 시골풍의 자연스러운 식재 패턴이었다면, 오늘날에는 다양한 숙근초와 일년초, 관목, 알뿌리식물, 열대식물을 가미하여 보다 세련되고 현대적인 느낌을 연출하고 있다. 여기에 중간중간 둥근 형태로 다듬어진 관목과 화분 식물이 정원의 틀을 잡아준다. 소박한 느낌의 나무 정자와 캔디 모양의 주목나무, 그리고 덩굴식물을 지지해주는 구조물이 겨울에도 볼거리를 제공한다. 특히 수시로 교체되는 중앙의 화분 식물은 이 공간의 중심축 역할을 한다. 이를 기점으로 사방으로 난 작은 길들은 각각 새로운 분위기의 정원으로 발길을 인도한다. 메리 월리스Mary Wallace와 뉴 돈New Dawn 등 몇몇 장미 품종은 퍼킨스 시절부터 이곳에서 자라왔는데, 지금도 시골풍의 울타리와 나무 등걸을 타고 자라며 그윽한 꽃과 향기를 피워내고 있다.

1 플라워 가든 앞에 위치한 마르코 폴로 스투파노 온실

2 타카 니베아*Tacca nivea*

3 로도키톤 스칸덴스*Rhodochiton scandens*

4 칼로코르투스 웨디*Calochortus weedii*

5 칼라디움 '옐로 블라섬'*Caladium* 'yellow blossom'

6 팜하우스에는 남아프리카 등 세계 곳곳에서 수집된 온갖 희귀식물이 가득하다.

7 선인장과 다육식물 온실

6

7

1

2

온실을 뒤로하고 웨이브 힐 하우스에서 동쪽으로 난 길로 향하면, 드라이 가든Dry Garden과 허브 가든Herb Garden이 나온다. 이곳은 과거에 다른 온실이 자리했던 곳인데, 아직도 석조 바닥재가 그대로 남아 드라이 가든의 기반을 이루고 있다. 이는 드라이 가든에 필요한 햇빛의 온기를 유지하고 식물을 전시할 수 있는 프레임 역할을 한다. 좁게 만들어진 화단과 관람로 덕분에 정원의 식물을 가까이에서 관찰할 수 있다. 드라이 가든의 식물은 대부분 은빛 잎사귀를 가지고 있는데, 주로 세이지, 라벤더, 로즈마리, 유포르비아 종류이다. 이 식물들은 건조한 환경에서 잘 자라기 때문에 배수가 잘 되는 것이 중요하다. 드라이 가든의 바로 옆에 위치한 허브 가든에는 세계 곳곳에서 수집된 관상용, 식용, 의약용 허브 식물이 자라고 있다. 드라이 가든과 허브 가든 사이로 난 계단을 따라 올라가면 알파인 하우스T.H. Everett Alpine House가 있다. 이곳에서는 늦겨울과 이른 봄에 작고 보석 같은 꽃들이 절정을 이루는 고산식물과 록 가든rock garden 컬렉션을 감상할 수 있다.

정원의 식재 디자인에서는 가드너의 취향이 드러난다. 정원에서 창의적인 아이디어는 가드너로부터 나온다. 가드너는 자신의 지식과 감각에 따라 특별한 식물을 선택하고, 조형물과 지지물 등 여러 액세서리를 정원에 추가한다. 때로는 생뚱맞은 식물 또는 아이디어를 가미하기도 하는데, 그것은 방문객의 기억에 남는 특별한 추억이 된다.

알파인 하우스를 지나 언덕의 위쪽으로 난 작은 샛길을 따라 오르면 갖가지 야생화가 펼쳐진 공간이 나타난다. 이곳은 와일드 가든Wild Garden이라 불린다. 이 정원은 언뜻 보기에 사람의 손길이 닿지 않은 것처럼 아주 자연스럽게 보이지만 사실은 가드너들이 늘 세심하게 관리를 하는 곳이다. 특히 매년 씨가 뿌려져 점점 많이 자라나는 일년초와 개체의 크기가 점점 커지는 숙근초는 적절한 규모와 비율을 유지해 주어야 한다. 구불구불한 길을 따라 이어진 언덕의 끝자락에는 1915년에 지어진 정자가 고즈넉하게 자리잡고 있다. 이곳에서는 아래쪽으로 펼쳐진 웨이브 힐의 가든과 허드슨 강의 풍경을 높은 위치에서 감상할 수 있다. 정자의 옆쪽으로 거대하게 자란 주목나무는 매년 두 번씩 전정을 해주어 물결치는 구름 모양을 유지하고 있다.

1 드라이 가든은 한때 온실이 있던 자리의 토대를 그대로 이용하고 있다.

2 알파인 가든에는 하이퍼투퍼hypertufa를 이용한 화분에 갖가지 고산식물이 자라고 있다.

3 대나물속의 일종인 김소필라 분게아나*Gypsophila bungeana*

와일드 가든이 마치 독립된 공간처럼 보이는 것은 바로 옆으로 길게 조성된 퍼골라 터널이 있기 때문인데, 다양한 종류의 덩굴식물이 올려진 이 퍼골라의 건너편에는 전혀 다른 분위기의 정원이 있다. 열대와 온대의 수련과 연꽃을 비롯한 수생식물이 자라고 있는 아쿠아틱 가든Aquatic Garden은 정형화된 연못의 형태를 갖추고 있다. 이 정원은 와일드 가든의 자연스러운 느낌과 현저한 대조를 이룬다. 연못의 바로 옆에 조성된 모노콧 가든Monocot Garden에는 토란속*Colocasia*과 바나나속*Musa* 종류, 볏과와 사초과 식물 등 외떡잎식물만 따로 모여 있다. 식물의 잎이 지닌 다양하고 감각적인 색과 질감의 아름다움을 보여주는 정원이다. 연못의 수생식물과 모노콧 가든의 식물은 늦여름부터 가을까지 절정을 이룬다.

유럽너도밤나무 '아트로푸르푸레아'*Fagus sylvatica* 'Atropurpurea', 미국느릅나무*Ulmus americana*, 설탕단풍*Acer saccharum*, 미국붉나무 '라키니아타'*Rhus typhina* 'Laciniata', 메타세쿼이아*Metasequoia glyptostroboides*, 손수건나무*Davidia involucrata*, 넓은잎목련*Magnolia macrophylla* 등 웨이브 힐의 나무들은 전체 경관의 골격을 이룬다. 크고 오래된 아름드리 나무들은 늘 변화하는 웨이브 힐의 풍경에 안정적인 배경이 되고, 다양한 곳에서 바라보는 시야의 구도를 잡아 주는 역할을 한다. 또한 이 나무들은 웨이브 힐에 서식하는 야생동물의 은신처가 되고, 관람객에게는 시원한 그늘을 선사한다.

이 외에도 웨이브 힐이 보유하고 있는 특별한 식물 컬렉션은 정원의 곳곳에서 진가를 발휘하며 방문객을 유혹한다. 이른 봄꽃을 선보이는 셰이드 보더Shade Border는 음지를 좋아하는 식물을 위해 조성되었고, 라일락 보더Lilac Border는 진한 향기와 여러 색깔의 꽃들로 4월과 5월 사이에 절정을 이룬다. 바이부르넘 보더Viburnum Border는 봄에 화사한 꽃을, 가을에는 새빨간 열매를 선보인다. 겨울 동안 침엽수들은 코니퍼 슬로프Conifer Slope에서 다양한 크기와 질감의 구과들로 추운 계절의 흥취를 돋운다. 정문 왼쪽에서 시작해 웨이브 힐을 감싸며 북동쪽 리버데일 파크까지 이르는 현자 애브론스Hyonja Abrons 숲길은 4만 제곱미터에 걸쳐 뻗어 있는데 니사 실바티카*Nyssa sylvatica*, 클라드라스티스 루테아*Cladrastis lutea* 등의 나무와 함께 자생 양치류나 야생화도 볼 수 있다.

1 새하얀 참으아리*Clematis terniflora* 꽃이 퍼골라를 덮고 있다.

2 보라색으로 앙증맞게 피어난 캄파눌라 포스카르스키아나*Campanula poscharskyana* 꽃이 수북히 담장을 덮고 있다.

3 웨이브 힐의 높은 언덕 위에 자리 잡은 와일드 가든

4 빅토리아수련과 가시연꽃, 토란 종류 등 각종 수생식물을 볼 수 있는 아쿠아틱 가든

3

4

웨이브 힐은 뉴욕 시의 문화 기관 34곳 중 하나로, 뉴욕 시 문화사업국으로부터 공공 재정 지원을 받고 있다. 또한 뉴욕 주 문화 협의회를 비롯한 여러 단체와 개인으로부터 후원도 받고 있는데, 그중에는 교육 프로그램을 위한 기부금도 있다. 이를 기반으로 웨이브 힐은 어린이, 청소년, 교사를 위한 교육 프로그램을 비롯하여, 원예와 환경 교육, 비주얼 아트와 퍼포밍 아트 등 방문객들에게 자연과 친밀함을 느끼게 하는 다양한 프로그램도 운영하고 있다. 특히 과학과 예술을 접목시키는 교육의 장으로 웨이브 힐을 이용할 수 있도록 다채로운 프로그램을 제공하고 있다.

정원은 식물과 자연의 아름다움을 보여줄 뿐만 아니라 지역 공동체의 문화와 교육, 예술 수준을 가늠하게 해주는 곳이다. 특히 어린이와 청소년이 서로 소통하며 생명이 지닌 가치와 아름다움에 대한 지식과 경험을 나눌 수 있는 공간으로서 정원은 무한한 잠재력을 지니고 있다. 정원에서 오는 이러한 혜택을 많은 사람들이 공유한다면, 사회와 자연 환경에 더욱더 긍정적이고 지속가능한 영향력을 미칠 수 있을 것이다. 웨이브 힐은 바로 그러한 정원의 훌륭한 모델이다.

1 캄프시스 타글리아부아나 '마담 갈렌'*Campsis* x *tagliabuana* 'Madame Galen'

2 독특한 색과 무늬의 수피를 가진 산겨릅나무 '화이트 타이그러스'*Acer tegmentosum* 'White Tigress'

3 유럽너도밤나무 '아트로푸르푸레아'*Fagus sylvatica* 'Atropurpurea'

4 웨이브 힐의 아쿠아틱 가든

4

Wave Hill

세상을 위한 어느 자선가의 선물

Daniel Stowe Botanical Garden

대니얼 스토 식물원

위치	노스캐롤라이나 주 버몬트
홈페이지	www.dsbg.org

1

함께 공부하는 친구들, 그리고 지도교수와 함께 노스캐롤라이나 주로 일주일간 정원 여행을 떠났다. 2년간의 롱우드 대학원 과정 중에서 아주 매력적인 일정 중 하나였다. 미국 50개 주 가운데 어느 한 주를 선택하여 그 주의 식물원들을 집중 탐사하는 프로그램이다. 우리는 여러 훌륭한 정원들이 밀집한 노스캐롤라이나 주를 선택했다. 각 정원을 방문하면 그곳의 디렉터와 직원들이 스페셜 투어를 시켜 주고, 식사와 미팅을 갖는 등 환대가 이어진다. 롱우드 프로그램의 영향력과 네트워크 덕분이다.

지도교수의 배려도 빛을 발했다. 마치 가이드처럼 우리를 새로운 정원들로 인도했는데, 그중에는 그가 전에 디렉터로 일하던 곳도 있었다. 덕분에 우리는 많은 식물 전문가를 만나 인맥을 넓힐 수도 있었다. 노스캐롤라이나의 유명한 맛집을 방문하고, 미국의 전통적인 남부 스타일 요리를 맛보는 것도 빠트릴 수 없는 즐거움이었다. 이 환상적인 노스캐롤라이나 여행길에서 첫 번째로 찾아간 정원이 바로 대니얼 스토 식물원이다.

> 가드닝에는 단순히 땅을 일구는 것 이상의 의미가 있다. 그것은 자연과 함께 새로운 생각들을 탐색하고, 우리의 마음을 고요하게 만드는 길이다. 이 모든 것은 우리가 무언가를 다시 대지로 돌려주는 일이다. 가드닝은 우리가 성장하는 데 꼭 필요한 일이다.
>
> —대니얼 스토

대니얼 스토 식물원은 노스캐롤라이나 주에서 가장 큰 도시 샬럿Charlotte에서 차로 30분 거리에 있다. 궁전의 입구처럼 웅장한 자태를 자랑하는 방문자 센터의 회의실에서 식물원 디렉터를 만나 이야기를 들었다. 성공한 커리어우먼의 카리스마를 지닌 그 디렉터도 롱우드 프로그램 출신이었다. 회의실 창문 밖, 식물원 너머로 보이는 와일리 호수와 초원에 살랑이는 바람이 평온하게 주변을 감싸고 있었다. 대니얼 스토 식물원은 1999년 10월에 문을 열었지만 지금의 식물원이 되기까지 아주 오래전부터 한 사람의 꿈과 노력이 있었다.

1 온실 안에 전시된 브로멜리아드 터널
2 방문자 센터 전경
3 사계절 정원과 퍼골라 뒤쪽으로 온실이 보인다.

대니얼 스토 식물원은 피드먼트Piedmont 지역에 위치하고 있다. 피드먼트 지역은 노스캐롤라이나뿐 아니라 미국 동부 지역의 대부분을 아우르며 애팔래치아 산맥의 동쪽부터 대서양 연안에 이르는, 즉 산악 지역과 해안 평원의 중간에 위치한 지역을 말한다. 대니얼 스토 식물원이 위치한 땅은 원래 북미 원주민인 카토바Catawba와 체로키Cherokee 부족이 사냥을 하고 어업을 하면서 생계를 이어가던 곳이다. 이 지역은 아주 오랫동안 자연 상태로 유지되어 수많은 야생 동식물이 서식해 왔다. 프랑스 식물학자 앙드레 미쇼Andre Michaux가 1795년 이 근방에서 넓은잎목련*Magnolia macrophylla*을 비롯한 새로운 식물들을 발견하기도 했다. 나중에 이 지역은 초기 유럽 정착민들의 터전이 되었고, 그 후 대니얼 스토 가족의 소유가 되었다. 그들에게 이 땅은 울창한 낙엽수와 소나무 숲으로 둘러싸인 평화롭고 소중한 목장이었다.

식물원 설립자인 대니얼 스토Daniel J. Stowe(1913~2006)는 원래 농업을 주업으로 삼았던 집안에서 태어났다. 그는 가족과 함께 1930년대에 직물 제조업을 시작하여 50년 동안 회사를 경영했다. 스토 밀스Stowe Mills라는 이름의 이 회사는 노스캐롤라이나에서 가장 크고 유명한 직물 제조 회사였다. 은퇴 후 그는 1991년 78세 생일을 맞이하여 식물원 조성에 대한 뜻을 밝혔고, 곧 자연 그대로의 초원 지역을 비롯한 숲 지대 등 1.6제곱킬로미터에 이르는 부지와 함께 1400만 달러를 식물원 조성을 위해 내놓았다. 그는 이 식물원이 향후 40년 동안의 정원 조성을 거쳐 국제적인 식물원이 될 수 있도록 마스터 플랜을 준비하게 했다. 여기에는 그의 아내 알렌Alene, 대니얼 스토 식물원의 첫 번째 디렉터가 된 윌리엄 스틸William L. Steele, 애틀랜타 식물원Atlanta Botanical Gardens의 디렉터였던 앤 크래먼드Ann Crammond, 듀크 전력회사의 회장 윌리엄 리William Lee, 그리고 조경설계가 조프리 로치Geoffrey Rausch의 도움이 있었다.

대니얼 스토가 노년에 이르러 식물원 조성에 자신의 모든 것을 바친 데에는 이유가 있었다. 그의 가족은 개스턴 카운티에서 오래전부터 농사를 지었는데, 그의 아버지는 대니얼에게 언제나 자연과 땅에 감사하는 법을 가르쳤다. 어린 시절의 교훈을 새겨 열정적인 가드너가 된 대니얼과 그의 아내 알렌은 1940년부터 소유해 온 세븐 오크스Seven Oaks 농장을 정성껏 돌보았고, 이것을 지역사회와 후세를 위해 대니얼 스토 식물원으로 남겼다.

설립자의 뜻에 따라, 대니얼 스토 식물원은 주변의 자연 지역을 보전하면서 최상의 원예 기술과 정원을 보여주는 식물원을 지향한다. 자연의 아름다움과 정원의 즐거움을 동시에 만끽할 수 있도록 하기 위함이다. 1994년에 처음 마련된 40년 마스터 플랜에 따라 식물원 조성은 순조롭게 진행되고 있다. 현재 40여 명의 직원과 100여 명의 자원봉사자가 함께 일하고 있으며, 4만 제곱미터의 면적에 화이트 가든, 정형식 디스플레이 가든, 숙근초 정원 등 12개 전시원과 750제곱미터의 난 온실을 갖추었다. 여기에 독창적인 디자인과 아이디어로 만들어진 12개의 분수가 설치되었고, 40만 제곱미터의 숲속에 800미터에 이르는 탐방로도 갖추었다.

미국과 캐나다에 널리 알려진 가정 원예 전문 텔레비전 방송인 HGTV는 대니얼 스토 식물원을 미국의 20개 우수 정원 중 하나로 꼽았고, 《유에스에이 투데이USA Today》는 이 식물원을 미국의 화려한 가을을 맛볼 수 있는 10대 명소 중 하나로 소개했다.

1 야생의 느낌이 가득한 숙근초 정원에는 거대한 새장이 있다.
2 서펜타인 가든으로 이어지는 생울타리 출입구

1

디렉터와의 미팅이 끝난 후에는 방문자 센터를 좀 더 자세히 살펴보았다. 수백만 달러가 투입된 방문자 센터는 중앙 지붕에 스테인드글라스 양식의 돔을 갖추고 1999년에 정식으로 개장하였다. 내부에는 기념품 매장과 회의실 등이 있는데, 특히 결혼식 같은 행사를 위한 연회장이 마련되어 있다. 방문자 센터는 장차 계속 늘어날 방문객을 위해 연간 60만 명까지 수용할 수 있는 규모로 설계되었다.

방문자 센터의 맞은편 출입구로 들어서면 정원 구역이 나타난다. 건물 외벽은 연노랑 치장 벽토로 칠해져 있고, 식물원 본원 쪽으로는 20개의 투손Tucson 양식 기둥이 동판 지붕으로 덮여 길게 뻗어 있다. 잔디 광장을 사이에 두고 동편과 서편에 조성된 이 퍼골라에는 하부의 풍성한 식재를 비롯한 걸이화분과 덩굴식물의 온갖 화려한 꽃으로 가득하다.

평일 오전이라 한가하고 고요하기만 한 식물원은 벌써부터 따가워진 햇살에 여기저기 꽃들이 만발하여 약간은 몽환적인 분위기로 다가왔다. 그 사이사이로 나비는 물론이고 간간이 벌새가 날아다니는 것도 보였다.

디스플레이에 중점을 두고 있는 대니얼 스토 식물원은 원예 및 가드닝 관련 교육 프로그램뿐 아니라 예식 사업 등 다양한 행사 유치를 주요 수입원으로 삼고 있다. 집약적인 디자인으로 최상의 관리 상태를 유지하고 있는 방문자 센터 주변의 정원들은 특히 그러한 이벤트에 아주 중요한 공간이다. 양쪽의 퍼골라 길 사이에 조성된 포시즌 가든Four Season Garden은 말 그대로 봄, 여름, 가을, 겨울 언제나 즐길 수 있는 정원으로, 계절에 어울리는 색깔과 모양 그리고 질감이 일년 내내 흥미를 불러일으킨다. 칸나속*Canna*과 토란속*Colocasia*, 잎 색이 강렬하고 묵직한 알로카시아속*Alocasia*, 식물 전체가 보랏빛을 띠는 수크령 '루브럼' *Pennisetum* x *advena* 'Rubrum'이 한창이다.

볏과에 속하는 수크령의 풍성한 잎과 꽃술은 숱이 많은 금발 여인을 연상시킨다. 그 사이로 잎도 열매도 짙은 보라색을 띠는 꽃고추 '퍼플 플래시'*Capsicum annuum* 'Purple Flash', 빨갛고 노란 하와이무궁화, 백일홍과 배초향 같은 꽃도 보인다.

1 연중 색다른 식물들의 다양한 색과 질감을 즐길 수 있는 사계절 정원

2 스테인드글라스로 장식된 돔이 보이는 방문자 센터의 내부

3 남쪽으로 길게 뻗은 퍼골라 가든

방문자 센터의 연회장으로부터 서쪽으로 이어지는 길을 따라 조성된 화이트 가든Nellie Rhyne Stowe White Garden은 결혼식 같은 특별한 행사를 위한 공간으로 접근이 편리한 최적의 장소다. 꽃과 정원을 좋아한다면, 천편일률적인 호화 예식장보다 이런 곳에서 예식을 올리는 것도 아주 특별할 것이다. 새하얀 무궁화, 장미, 문주란, 댕강나무, 일일초, 세이지, 채송화, 도라지꽃을 비롯하여 이 정원의 꽃들은 모두 흰색이다.

식물원의 남쪽을 향해 계속 이어지는 정원은 바로 코티지 가든Cottage Garden이다. 이 정원은 대니얼 스토 식물원에서 제일 먼저 조성된 곳이다. 코티지 가든의 분위기와 향기는 이곳 사람들에게 마치 시골 할머니의 집과 같은 느낌을 준다. 곳곳에 전시된 에얼룸heirloom 식물이 이 정원에 의미를 부여한다. 에얼룸 식물이란 여러 세대에 걸쳐 씨앗으로 전해져 온 토종 식물을 말한다. 이들은 농업의 기계화, 대량화 이전인 19세기 말과 20세기 초에 인기가 있었던, 향수를 불러일으키는 채소들이다. 정원을 아름답게 꾸미기 위한 알뿌리식물, 일년초, 숙근초, 나무와 관목이 함께 어우러져 있다. 건강과 웰빙이 점점 중요해지면서 토종 전통 채소에 대한 관심이 높아지고 있는 만큼, 식물원에서도 그런 식물에 대한 정보를 실물로 많이 제공하고 있다.

1 화이트 가든

2 화이트 가든의 흰색 빈카Vinca 품종

3 코티지 가든

코티지 가든을 둘러보고 나오면서 바로 마주하는 광경은 남쪽으로 뻗은 긴 수로 주변으로 조성된 커낼 가든Canal Garden이다. 커낼 가든을 내려다볼 수 있는 위치에는 여러 그루의 배롱나무 '빌록시'*Lagerstroemia* x 'Biloxi'가 마치 신전의 기둥처럼 서 있다. 흔히 크레이프 머틀crape myrtle이라 불리는 배롱나무*Lagerstroemia indica*는 원래 1790년대 프랑스 식물학자 앙드레 미쇼에 의해 중국과 한국으로부터 사우스캐롤라이나로 건너왔다. 그 후 많은 품종으로 개량되었는데, 이제는 주변에서 매우 흔하게 볼 수 있다. 배롱나무원Crape Myrtle Grove이라고 불리는 이 정원의 지피식물로는 애기소엽맥문동*Ophiopogon japonicus* 'Nanus'이 사용되었고, 이른 봄에는 크로커스 꽃들이 모습을 드러낸다. 청동으로 만들어진 어린이 조각상도 인상적이다.

한눈에 시선을 사로잡는 커낼 가든은 가운데 좁은 수로를 따라 양편으로 화려한 무지개색 꽃들로 조성되어 있다. 풋볼 경기장 너비만큼 길게 이어진 이 수로의 끝에는 가운데에 위치한 분수대가 물을 뿜어내며 장관을 이룬다. 노란색에 이어 진홍색, 분홍색 등으로 변화하는 꽃들은 시원한 라벤더색과 보라색 등으로 이어지고 전체적으로 보면 다양한 색깔의 물감을 짜놓은 거대한 팔레트와 같이 이곳을 장식하고 있다. 여름에는 보다 크고 굵직한 느낌의 진저, 바나나, 알로카시아, 토란, 야자, 칸나, 히비스커스 등이 주변 화단에서 더 풍성한 배경이 되어 준다. 중앙 수로를 따라 마치 물고기가 뛰어오르듯 표현된 조각상이 있어 온갖 색으로 가득한 이 정원에 역동적인 재미를 더한다.

4 커낼 가든
5 「디 어웨이크닝The Awakening」, 완다 A. 홀Wanda A. Hall의 작품
6 「평화의 어린이Child of Peace」, 개리 리 프라이스Gary Lee Price의 청동 작품

1

2

방문자 센터에서 출발하여 계속 남쪽으로 이어지는 정원들은 아직 베일을 벗지 않은 비밀의 정원을 향해 다가가듯 설렘으로 가득하다. 작은 오솔길을 지나다가 갑자기 펼쳐지는 광대한 초원을 먼발치에서 보게 되기도 하고, 거대한 생울타리의 좁은 문을 통과하는가 하면, 다시 새로운 정원을 만나곤 한다. 정원 디자인의 비밀이 바로 여기에 있다. 보여주고 싶은 것을 한꺼번에 다 보여주는 것이 아니라, 상상할 수 있는 모든 방법을 동원하여 방문객에게 재미와 감동, 스릴을 주며 하나의 정원에서 다른 정원으로 자연스레 이끌려갈 수 있도록 하는 것이다. 정원에서 온갖 꽃과 신기한 장면에 매혹돼 눈에 힘을 잔뜩 주고 한시도 긴장을 풀지 못하는 나 같은 사람들은 저절로 앉고 싶은 마음이 드는 아름다운 공간 속의 벤치가 나타나면 그제야 잠시 앉아 휴식을 취하곤 한다.

대니얼 스토 식물원의 숙근초 정원Perennial Garden은 바로 그런 식으로 설계되어 있다. 구불구불하게 이어진 길은 서로 확연히 다른 네 개의 정원으로 구성되어 있다. 1.6킬로미터 가까이 뻗어 있는 이 정원 길을 따라 다양하고 드라마틱한 꽃들을 거의 매주 새롭게 만날 수 있다. 숙근초 정원으로 진입하는 입구에는 그래스류와 양치류가 보초를 서고 있고, 맨 처음 등장하는 앨리 가든Allee Garden에는 터널 분수를 비롯하여 아이들이 좋아하는 요소가 많다. 이어 스크롤 가든Scroll Garden에서는 다양한 숙근초의 생김새와 질감을 접할 수 있는데, 온화한 계절에는 꽃가루를 옮겨주는 폴리네이터pollinator를 위한 정원, 그리고 겨울에는 겨울만의 볼거리가 있는 정원으로 디자인된다. 리본 가든Ribbon Garden은 생울타리로 된 입구를 통과해 들어간다. 굴곡이 있는 수로를 따라 물줄기가 뿜어져 나오는 이 정원에서는 노란색과 주황색, 그리고 빨간색 꽃이 피는 미국 자생식물들이 매력을 발산한다. 서펜타인 가든Serpentine Garden은 기다랗고 구불구불한 형태로 디자인되어 있는데, 하얀색부터 분홍, 초록, 은색에 이르기까지 서로 다른 색의 테마 식물로 꾸며진 둥근 연못들이 있다.

1 숙근초 정원의 입구
2 팜파스그래스가 인상적인 리본 가든
3 배롱나무 '레드 로켓'*Lagerstoemia indica* 'Red Rocket'
4 서펜타인 가든

3

4

이렇게 네 개의 숙근초 정원을 통과하면 이윽고 초원과 나비 정원을 만난다. 여기에 나비 가드닝을 위한 팁이 있다. 먼저 나비를 유혹하기 위해 밝은 색상의 꽃들을 이용하는데, 나비 성충에게 꿀을 제공하는 이러한 흡밀 식물 외에, 나비가 알을 낳고 애벌레를 키울 수 있는 파슬리, 금관화, 시계꽃 같은 먹이 식물도 함께 심는다. 이런 식물 여럿을 모아 심으면 나비들이 쉽게 찾아서 날아온다. 애벌레가 먹은 잎들이 보기 싫다면 보기 좋은 꽃들 뒤쪽으로 이 먹이 식물들을 심어서 배경으로 처리한다. 특히 노란색과 주황색 등 나비를 잘 유혹하는 밝은 색상의 꽃들은 초록색 배경에서 더욱 선명하게 눈에 띈다. 대니얼 스토 식물원에서 나비 정원이 위치한 초원 지대는 많은 야생화가 어우러져 나비에게 중요한 서식처다.

그 밖에 침엽수 정원Conifer Garden, 500종의 아잘레아가 있는 앙코르 아잘레아 가든Encore Azalea Garden, 600본의 버들 종류로 이루어진 윌로 메이즈Willow Maze 등이 있다. 특히 미로 정원인 윌로 메이즈는 어린이들에게 인기 있는 탐험 장소이다.

캐롤라이나 주에서 단 하나뿐인 8,000제곱미터의 난초 온실The Orchid Conservation에는 난초와 열대식물이 전시되어 있다. 미국 동부 지역에서 실내 전시로는 가장 큰 규모인 브로멜리아드Bromeliad 터널도 있다. 브로멜리아드는 파인애플과의 식물들을 일컫는데, 이 터널에는 주로 틸란드시아와 아나나스 종류가 쓰였다. 또 5미터 높이에서 물이 흘러내리는 트로피컬 캔버스Tropical Canvas에는 곱고도 화려하게 피어난 난초를 비롯한 착생식물로 가득하다. 이 밖에 관상용 열대 과수, 섬세한 미니 오키드, 수생식물, 그리고 희귀 난 등도 열대우림 같은 습기 속에 마치 예술 작품처럼 전시되어 있다. 온실 주변에는 세계의 다양한 다육식물 컬렉션이 전시되어 있다. 온실은 방문객이 대니얼 스토 식물원을 연중 내내 즐길 수 있는 곳이다.

1·2 나비 정원
3 온실로 가는 길
4 틸란드시아를 비롯한 파인애플과 식물로 조성된 브로멜리아드 터널

3

4

1

2

이렇게 다양한 볼거리와 더불어 재미와 즐거움이 가득한 특별 행사도 끊이지 않는다. 가드닝과 조경 디자인부터 도자기 공예와 허브 요리에 이르기까지, 일반 관람객뿐 아니라 학생과 다양한 연령대를 위한 교육 프로그램도 운영되고 있다.

벌새를 비롯한 많은 새가 찾아올 정도로 야생의 느낌과 자연의 아름다움이 충만한 대니얼 스토 식물원은 최근 와일리 강변 외곽 숲을 따라 급속도로 퍼져 가는 칡을 생태적인 방법으로 관리하기 위해 50마리의 염소를 동원했다. 이 프로젝트는 듀크에너지로부터 서식지 개선 프로그램의 일환으로 10,000달러 상당의 기금을 지원받아 진행했다. 칡을 좋아하는 염소들이 5주 동안 이곳 4만 제곱미터 면적에서 지내며 이 외래 침입종을 먹어치웠다.

대니얼 스토 식물원은 홈 데먼스트레이션Home Demonstration 가든, 어린이 정원, 장미 정원, 아시아 가든, 레스토랑 등을 조성할 계획도 세웠다. 특히 12,000제곱미터에 이르는 어린이 정원은 600만 달러의 예산을 들여 2013년 봄에 개장했다. 설립자의 뜻을 바탕으로 1994년에 시작된 50년간 마스터플랜이 그 절반에 가까운 세월 동안 착착 진행되어 대니얼 스토 식물원을 더 훌륭한 공공 정원으로 완성해 가고 있다.

1 난초 꽃과 착생식물로 가득한 트로피컬 캔버스

2 온실 주변에 조성된 다육식물 컬렉션

3 헬리코니아 로스트라타*Heliconia rostrata*와 크로톤*Codiaeum variegatum*

옛것과 새것, 자연과 인공의 어우러짐

Lewis Ginter Botanical Garden

루이스 긴터 식물원

위치	버지니아 주 리치먼드
홈페이지	www.lewisginter.org

오월의 어느 날, 버지니아 주 노퍽 식물원Norfolk Botanical Garden의 아름다운 정원에서 열릴 친구의 결혼식에 참석하기 위해 여행을 떠났다. 롱우드 가든 기숙사에서 함께 생활하며 친해진 친구였다. 아미시Amish 출신으로 늘 멋진 구레나룻을 뽐내곤 했던 그 친구는 식물원 큐레이터가 되고자 했고, 우리는 틈나는 대로 나무와 풀에 대해 많은 이야기를 나누었다. 결혼식을 보고 노퍽 식물원을 구경했는데, 오는 길에 루이스 긴터 식물원에 들르는 것도 중요한 일정 중 하나였다. 델라웨어에서 도버 해안을 따라 남쪽 버지니아 바닷가 방향으로 가는 길은 드넓은 경작지와 숲길, 중간중간 아담한 소도시들을 지나는 평온하면서도 아름다운 드라이브 코스였다.

루이스 긴터 식물원이 위치한 리치먼드는 버지이나 주의 주도로서 노퍽에서 북쪽으로 자동차로 한 시간 반 거리에 있는데, 그 중간쯤에는 미국의 유서 깊은 민속촌이 있는 도시 윌리엄스버그가 자리잡고 있다. 시간이 허락한다면 그곳에도 들러 괜찮은 카페에서 커피라도 한 잔 할 요량이었다. 리치먼드는 워싱턴 D.C.에서도 남쪽으로 두 시간 거리에 있어 살기 좋고 일하기 좋은 문화 도시로 유명하다. 이곳에 괜찮은 식물원이 하나쯤 자리하고 있는 것은 어쩌면 당연한 일일지 모른다.

History & People

루이스 긴터 식물원이 위치한 곳은 아주 오래전 포하탄Powhatan이라는 인디언 부족의 사냥터였다. 1805년에 이르러 존 로빈슨John Robinson이라는 사람이 이 땅을 사들여 23년간 각종 나무와 복숭아를 심어 과수원을 만들었다. 그 후 반 세기 동안 땅 주인이 계속 바뀌다가 1884년 마침내 루이스 긴터Lewis Ginter의 소유가 되었다. 그는 기업가이자 육군 장교로 리치먼드에서 큰 성공을 거두어, 박애주의자로서 많은 사회사업과 자선사업을 벌였다. 긴터 공원Ginter Park과 제퍼슨 호텔Jefferson Hotel은 그가 지역사회에 기여한 많은 흔적들 중 일부다. 그는 장차 루이스 긴터 식물원이 될 땅에 레이크사이드 휠 클럽Lakeside Wheel Club이라는 자전거 동호회 클럽하우스를 만들었다.

1897년 그가 죽은 후, 질녀 그레이스 아렌츠Grace Arents가 루이스 긴터 소유의 부동산 대부분을 비롯하여, 각종 자선사업과 원예사업을 물려받게 되었다. 그레이스 역시 열렬한 박애주의자로서 평생을 자선사업에 바쳤다. 그녀는 많은 조직과 기관을 후원하였고, 특히 레이크사이드 휠 클럽을 도시의 아픈 어린이들을 위한 요양원으로 만들었다. 루이스 긴터의 네덜란드 선조들이 살았던 작은 마을의 이름을 기려 '꽃들의 계곡'이라는 뜻의 블뢰멘달 농장Bloemendaal Fram이라고 불렸던 이곳에 그녀는 희귀 나무와 관목을 심고, 재배 온실과 숙근초 화단을 조성했다. 장미 정원도 이때 만들어져 오늘날까지 루이스 긴터 식물원에 남아 있다. 블뢰멘달 농장은 은행나무를 비롯한 미국호랑가시나무류, 남부에 자생하는 목련류를 보유했으며, 당시 최고의 농업 현장 모델로 인정받았다. 잡풀이 우거졌던 사냥터가 오랜 세월 동안 좋은 주인들을 만나 정원으로 일구어져 온 것이다.

세월이 흘러 1926년 어느덧 그레이스 역시 죽음을 맞이했다. 그녀는 블뢰멘달 농장에 루이스 긴터를 기념하는 식물원을 만들라는 유언을 남겼다. 이 유언은 그녀와 함께 살았던 동반자 메리 갈런드 스미스Mary Garland Smith가 1968년에 죽고 나서야 본격적으로 실현되기 시작했다. 리치먼드 시의 공원과 휴양 시설을 담당하는 부서에서 블뢰멘달 농장의 운영과 관리를 맡게 되었기 때문이다. 곧 이곳에는 식물 육묘장이 들어서 도시의 가로수용 묘목을 재배했고, 작은 유리 온실이 마련되어 거리를 아름답게 꾸미기 위한 화단 식물을 키워냈다. 1984년 마침내 그레이스 아렌츠 기금의 주도 하에 리치먼드 원예협회, 식물학자, 원예가, 시민이 함께 모여 루이스 긴터 식물원을 설립했다.

식물원의 첫 번째 디렉터는 뉴욕 식물원 출신의 로버트 헤브Robert S. Hebb가 맡았다. 초기의 프로젝트는 주로 식물 컬렉션 수집과 교육 프로그램에 중점을 두었다. 그 후 1988년에 블뢰멘달 협회라는 자원봉사자 조직이 꾸려져 도서관과 기념품 가게를 운영하고 포럼과 심포지엄을 개최하기 시작했다. 이어 조경 디자인에 대한 지역 공동체의 높은 관심에 힘입어, 조지워싱턴 대학교의 후원으로 관련 분야 전문가 과정이 개설되었다. 곧 식물 판매와 강연, 워크숍과 투어 등이 자리를 잡았고, 2005년에는 어린이 정원이 조성되었다. 리치먼드 대학교는 루이스 긴터 식물원에서 조경 디자인 수업을 시작하였고, 버지니아 커먼웰스 대학교는 루이스 긴터 식물원에 있는 식물 표본실의 관리와 운영을 맡았다.

이러한 일련의 과정에서 이 식물원이 짧은 시간에 어떻게 놀라운 발전을 이루었는지 알 수 있다. 지역민과 자원봉사자들을 중심으로 커뮤니티를 형성하고, 대학교와 연계하여 교육 프로그램을 구축하여 식물원을 지역 문화 발전과 교육, 소통의 중심으로 키워 나간 것이다. 이것은 애초부터 박애주의에 뜻을 두고 좋은 씨앗을 뿌린 루이스 긴터와, 그의 뜻을 기려 하나하나 기초를 마련한 그레이스 아렌츠가 있었기에 가능했다.

Garden Tour

루이스 긴터 식물원의 방문자 센터는 세련되면서도 고풍스럽다. 입구 현관을 장식하고 있는 기둥과 아치 모양의 창문은 이 건물이 18세기 영국에서 발달한 조지 양식으로 지어졌다는 것을 말해 준다. 창문으로 새어 들어오는 자연스러운 빛이 편안함을 주는 가운데, 본격적인 정원 여행에 앞서 방문자 센터 레스토랑에서 햄버거와 커피를 주문했다. 패티와 샐러드로 속이 두툼한 커다란 햄버거와 감자튀김은 훌륭한 한 끼 식사여서, 몇 시간 동안 식물원 구석구석을 돌아다닐 에너지를 보충하기에 충분한 양이었다.

진한 커피 향으로 흡족한 식사를 마무리하고 방문자 센터를 나서자 멋진 풍경이 펼쳐졌다. 테라스 가든에서 곧게 이어지는 시선은 저 멀리 온실까지 다다른다. 온실로 가는 길 주변에는 아기자기한 정원들이 꾸며져 있다. 맨 먼저 만나는 정원은 개구리 조각상들이 분수를 뿜고 있는 아담한 테라스 가든이다. 한쪽 벽면에 새겨진 명패에는 '포시즌스 가든 분수 정원'이라고 되어 있고 그 밑에는 "기르는 것을 사랑했던 재니 퀸 사운더스를 기리며… 그녀의 딸들, 제인 퀸 사운더스와 앤 리 브라운 헌정"이라고 적혀 있다. 식물원에 조성된 여러 정원의 명판에는 그 정원을 만드는 데 기여한 사람의 이름과 정원의 의미가 함께 적혀 있다.

이를 비롯해 식물 라벨과 안내판 등 정원의 설계자 혹은 원예가가 곳곳에 적어놓은 메시지들은 분명히 정원의 중요한 일부로 기능한다. 단지 보는 것을 넘어 의미 부여와 특별한 사유의 공간으로서 정원은 다양한 해설이 필요하다. 발 아래를 보니 거기에는 또 다른 작은 안내판이 보인다.

"왜 화단을 밟으면 안 될까요? 화단을 밟으면 흙이 눌려 단단해지고, 여러 병해충을 옮길 수 있습니다. 또한 잡초를 막기 위해 덮어놓은 멀칭mulching 재료들이 흩어지게 되며, 식물에게도 물리적인 해를 입힐 수 있습니다."

1

2

보통은 그냥 "들어가지 마시오"라고 짤막한 경고문을 표시하기 마련인데, 이것은 정원을 찾아온 방문객에게 필요한 정보를 제공하면서 정중하게 주의를 당부하는 친절한 안내판이다.

계속해서 온실 쪽으로 난 주관람로를 따라 걸음을 옮기면 발 밑의 식물과 머리 위의 나무까지 구석구석 눈길이 간다. 개중에는 어디서 많이 본 듯한 익숙한 꽃도 있지만, 이제까지 거의 보지 못한 생경한 꽃도 있다. 머릿속은 분주히 내가 보고 있는 식물들의 이름을 떠올리고, 눈은 라벨의 학명을 확인하며 대조한다. 주홍과 하양이 섞인 겹꽃이 만개한 왜성 석류나무*Punica granatum* var. *nana* 'Sarasa Shibori'도 신기하게 눈을 사로잡아 한참을 들여다보게 된다.

방문자 센터에서 그리 멀지 않은 곳에 아담하게 자리잡은 힐링 가든이 있다. 중세 시대 회랑 정원을 연상시키며 대칭 구조를 띤 이 정원은 치유와 명상, 사색을 위한 공간이다. 사실 수천 년 동안 정원은 여러 중요한 약초식물로 채워져 예술과 치료에 중요한 역할을 했다. 고대 중국의 약초학자는 물론이고 초기 이집트인부터 중세 수도사에 이르기까지 다양한 문화의 정원에서 재배되어 온 식물 치료제들은 현대 과학에 의해 그 효과가 속속 입증되고 있다. 유럽 남서부 원산으로 콩팥과 전립샘에 좋은 흰무늬엉겅퀴*Silybum marianum*, 꽃대가 높게 자라 정원용 식물로도 손색 없는 야생 리크*Allium ampeloprasum*가 눈에 띈다. 빨간 벨가못과 하얀 컴프리 꽃도 한창이다.

루이스 긴터 식물원의 힐링 가든은 두 부분으로 나뉜다. 벤치와 분수가 있는 공간은 사색과 명상을 통한 영적인 힐링을 위한 장소로 설계되었다. 막자와 사발이 있는 두 번째 공간에는 여러 육체적 고통에 특별한 치료 효과가 있다고 알려진 약초들이 세계 곳곳에서 수집되어 전시되어 있다. 1545년 이탈리아 파도바에 조성된 르네상스 정원으로부터 영감을 받아 만든 커다란 막자 사발이 인상적이다. 화강암으로 만든 이 작품은 식물이 의약학적으로 얼마나 중요한지를 상징하고 있다.

이어서 고전적 돔 양식의 웅장한 온실 쪽으로 발길을 옮기다 보면 분수 정원이 나온다. 일종의 선큰 가든sunken garden 형태로, 밑으로 움푹 꺼진 이 정원은 멀리서 보면 보이지 않다가 가까이 다가가면 눈앞에 나타나, 뜻밖의 보너스를 받는 기분이 든다. 계단을 내려가 에메랄드빛 물로 가득한 분수 주변을 거닐어 보면, 주위가 참호처럼 둘러싸여 있어 아늑한 느낌이다. 가운데 연못에서 솟아나는 분수에는 "춤추는 물Dancing Waters"이라는 이름이 새겨져 있다. 분수에도 이름을 부여하니 나름 재미가 있고, 자세히 관찰해 보면 물이 정말 춤을 추는 것 같다. 평온하게 위요된 이 공간에 방해되지 않을 만큼만 감각을 일깨우는 위트다. 분수 연못 주변으로는 알로카시아 칼리도라 '퍼전 팜'*Alocasia calidora* 'Persian Palm'이 시원스레 잎을 펼치고 있고, 주변으로 올망졸망한 안젤로니아 꽃이 화사한 분위기를 연출한다.

1 컨테이너 가든

2 힐링 가든

1

분수 정원을 지나면 드디어 식물원의 보석이라 할 수 있는 온실에 도착한다. 온실 입구의 양옆으로는 수생식물을 위한 연못이 있다. 푸른빛 꽃을 피워내고 있는 열대수련과 검은색 토란 '블랙 매직'*Colocasia esculenta* 'Black Magic'이 물속에서 이방인을 반긴다. 녹조류가 끼는 것을 막고 수련의 꽃색을 도드라지게 하며 수면 위로 비치는 반사 효과까지 주기 위해 검은 염료로 물들인 연못은 훌륭한 익스테리어exterior 장식 정원이다. 1,000제곱미터의 아담한 크기로 지어진 온실의 중앙 부분은 20미터 높이의 돔 형태를 이루며 야자원으로 조성되어 있다. 그리고 세 개의 날개를 이루는 온실에는 각각 난초류 같은 아열대 식물을 소개하는 정원, 계절마다 변화하는 색과 분위기를 즐길 수 있는 테마 정원, 그리고 나비 정원으로 구성되어 있다. 때마침 나비를 주제로 한 전시가 한창이었다. 온갖 밀원식물과 먹이들이 가득한 나비 정원에서 사람들은 넋을 놓은 채 꽃과 나비를 감상한다. 화단과 컨테이너, 심지어 천으로 만든 주머니 등 다양한 아이디어가 돋보이는 전시원에는 란타나와 아가스타체, 샐비어 꽃이 절정이다. 가끔씩 온실 천장에서는 스프레이가 분사되어 마치 짙은 안개가 자욱한 것처럼 몽환적인 분위기를 자아낸다. 그런 광경을 넋을 잃고 바라보는 사람들과 환상적인 날갯짓을 하는 나비들, 그리고 예쁜 꽃을 피우고 있는 식물들은 우리가 이렇게 공존하며 살아가야 한다는 것을 일깨운다.

1 고전적 돔 양식이 돋보이는 온실 앞의 분수 정원
2 온실 나비 정원

호접지몽에 빠지듯 나비 구경을 마치고 온실 바깥으로 나오면 이번에는 저 아래로 장미 정원과 호수, 그리고 호수 건너편의 또 다른 세상이 펼쳐진다. 2008년에 새단장한 장미 정원에서는 5월부터 11월 초까지 오랫동안 꽃을 감상할 수 있다. 이를 위해 연중 꽃이 여러 번 피고, 향기가 좋고, 추위와 병충해에 강한 80품종 1,800본의 장미가 엄선되었다. 이 장미들 중에는 유전적으로 우수한 최신 품종들이 포함되어 있다. 최근에는 접목을 하지 않고 실생實生으로 키운 품종을 점점 더 많이 도입하고 있다. 호수를 배경으로 조성된 장미 정원은 그림 같은 풍경을 연출한다. 돌로 만든 가제보gazebo의 벤치에서는 머리가 반백인 사람들이 편안하게 둘러앉아 담소를 나누고 있다. 장미 정원의 관람로는 폭이 1.8미터 정도다. 너무 넓지도 좁지도 않은 이 길을 따라 관람객들은 꽃을 더 가까이 즐기며 다양한 색과 향기를 향유한다.

루이스 긴터 식물원의 침엽수 정원에는 다양한 모양과 색깔, 질감을 가진 침엽수들이 모여 있다. 꽃을 피우지 않고 화려하지도 않으면서 눈길을 끄는 종들이 많다. 구상나무 '피콜로' *Abies koreana* 'Piccolo'와 같이 키 작은 왜성 품종이 있는가 하면, 침엽수 정원의 중심을 잡으며 주변 경관을 압도하는 거대하게 솟은 삼나무도 있다. 숲을 이룬 테다소나무 사이로는 다양한 품종의 수국 꽃이 아주 자연스럽게 배치되어 있다. 수국 '니코 블루'*Hydrangea macrophylla* 'Nikko Blue'와 수국 '도쿄 딜라이트'*Hydrangea macrophylla* 'Tokyo Delight' 등 선명한 색깔이 돋보이는 수국 품종들이 이 조용한 침엽수 정원에 강렬한 액센트를 부여한다. 침엽수 정원에 잘 어울리는 다른 식물 종도 무척 많다. 유카와 세덤, 관상용 그라스, 그리고 봄에 꽃을 피우는 알뿌리 종류도 그중 일부다. 우리나라에선 아직 생소하지만 에우포르비아 마르티니 '타이니 팀'*Euphorbia* x *martinii* 'Tiny Tim' 같은 식물도 매력적이다. 아마 일 년 내내 이 침엽수 정원을 지켜볼 수 있다면 시나브로 나타나는 다양한 식물과 풍경의 변화가 참 재미있을 것이다. 시간 가는 줄 모르게 침엽수 정원을 탐닉하다 보면 침염수의 다양한 잎들에 매료된다. 수피bark의 문양이 예쁜 백송, 다른 상록 침엽수와 달리 잎을 떨구는 잎갈나무, 10년에 겨우 50~60센티미터밖에 자라지 못하는 왜성종 등 신기한 나무가 많다. 어쩌면 침엽수는 조경 디자인에서 가장 중요하게 쓰이는 나무가 아닐까? 침엽수는 건물의 보기 흉한 귀퉁이와 기둥 따위를 가려주기도 하지만, 그 색깔과 크기, 모양과 질감으로 사계절 내내 흥미를 일으킨다.

1 장미 정원

2 왜성 침엽수를 중심으로 다양한 질감과 색깔의 침엽수로 이루어진 침엽수 정원

3 호숫가를 따라 테다소나무와 다양한 수국 품종이 그림 같은 풍경을 연출한다.

2
3

어린이 정원에서 아이들이 거대한 뽕나무를 타며 놀고 있다.

호수 건너편에는 8,100제곱미터 규모의 어린이 정원이 있다. 세계의 다양한 건축 양식과 문화, 정원과 자생식물을 보여주는 국제 마을은 아이들 눈높이에 맞춰 모든 것이 아담한 크기로 축소되어 있다. 이 정원에서는 어린이들이 직접 정원을 디자인할 수 있는 현장 견학을 운영한다. 자연 재료를 이용하는 미술 프로그램을 비롯하여 분수와 제트 물놀이 공간도 어린이와 가족들에게 아주 인기 있는 장소다. 아이들은 이곳에서 100년 된 뽕나무를 타고 노는가 하면 벌레들의 아파트에서 장구벌 찾기 놀이를 하기도 한다. 진흙 파이 만들기, 식물에 대해 배우는 토요 가족 워크숍, 꿀벌 댄스, 농장 체험 등 다양한 프로그램이 운영되고 있다.

1 장미 정원에서 바라본 호수 건너편 어린이 정원의 풍경

2 블뢰멘달 하우스 가든

3 블뢰멘달 하우스로 가는 길. 배롱나무 아래 흰색 우단동자꽃이 만발해 있다.

어린이 정원의 뒤쪽으로는 블뢰멘달 하우스Bloemendaal House와 그레이스 아렌츠 가든Grace Arents Garden이 있다. 이곳은 루이스 긴터 식물원의 핵심 구역으로, 가장 중요한 역사를 품은 정원이다. 블뢰멘달 하우스는 1884년에 자전거 동호인들을 위한 클럽하우스로 지어졌다가 나중에 그레이스에 의해 어린이 요양원이 되었다. 그녀는 죽을 때까지 이곳에서 지냈다. 건물 앞쪽으로는 우아한 빅토리아 양식의 정원이 조성되었다. 이 정원은 1990년 버지니아 가든 클럽에 의해 1900년대 초에 존재했던 원래의 디자인으로 복원되었다. 요즘 유행하는 식물과 옛 정원 양식을 잘 혼합하였다. 아름다운 정자와 아치가 덩굴장미로 덮여 있고 화단은 전통적인 회양목 산울타리로 둘러싸여 있다. 이 정원은 결혼식이나 특별 이벤트가 열리는 장소로 인기가 높다.

1

2

3

옛것과 현대적인 것, 자연과 인공이 잘 어우러진 루이스 긴터 식물원에는 습지도 조성되어 있다. 마르타 앤드 리드 웨스트아일랜드 가든The Martha and Reed West Island Garden이라는 다소 긴 이름으로 불리는 이 정원은 2012년 복원 프로젝트가 완료되었다. 사라세니아 등 특별한 식충식물 컬렉션을 비롯하여 습지 환경에서 잘 자라는 자생식물, 그리고 이곳에 서식하는 야생동물이 가득하다. 왜가리를 비롯한 자생 조류와 거북이 자연스럽게 정원에서 공존하는 모습이 인상적이다. 습지 복원 사업을 통해 웨스트아일랜드 호수의 바닥을 준설하여 공기가 통하게 하고 가장자리에 돌을 견고하게 쌓았다. 바닥에서 걷어낸 유기질 토양은 다른 장소에 쌓아두어 원예용으로 재사용할 수 있도록 하였다. 관람로 역시 재활용 플라스틱과 나무를 이용하여 만들었다. 때마침 사라세니아의 붉고도 강렬하게 솟은 잎들 사이로 핑크빛 칼로포곤 팔리두스*Calopogon pallidus* 꽃이 앙증맞게 피어나, 한참을 들여다보았다.

식물원은 관람객에게 아름다운 볼거리를 제공하는 것을 넘어, 생태 보전 메시지를 전달하는 역할도 한다. 그리고 습지는 그러한 역할을 수행하는 데 아주 중요한 정원이 될 수 있다. 개인적으로 석사 논문의 주제가 습지 정원이었기에 루이스 긴터 식물원의 습지는 더욱 특별한 공간으로 다가왔다.

이미 긴 시간 동안 너무나 많은 식물과 정원의 볼거리들로 충분한 포만감을 느끼고 있던 와중에 눈앞에 펼쳐진 헨리 플래글러 숙근초 정원The Henry M. Flagler Perennial Garden은 다시금 깊은 숨을 들이쉬게 했다. 770여 종의 숙근초와 관목류, 각종 나무와 알뿌리식물들로 채워진 12,000제곱미터의 정원으로 이어진 구불구불한 길은 또 하나의 설레는 여정이 되었다. 미국 동부 연안에서 가장 다양한 종류의 숙근초를 보유하고 있는 이 정원에는 새 관찰로와 숲길, 아름다운 조각품이 어우러져 있다. 시간만 허락한다면 이곳에서 하루 종일이라도 시간을 보낼 수 있으리라.

어느덧 해가 저무는 느낌이 들어 조급한 마음으로 아시아 가든에 들어섰다. 식물원을 혼자 즐길 때는 내가 원하는 것을 마음껏 볼 수 있어서 이렇게 시간을 잊기도 한다. 아쉽게도 카메라의 메모리가 가득 찬 지 이미 오래였기에 그저 눈에만 담아야 했다. 로라 앤드 클레이본 로빈스 티 하우스 앤드 아시안 밸리The Lora and Claiborne Robins Tea House and Asian Valley라는 이름의 이 정원은 동아시아에 자생하는 식물 중 미국 남동부 연안 기후에 잘 적응하는 식물을 모아 놓았다. 멋들어진 수형의 나무들, 작은 폭포에서 떨어지는 물소리, 돌의 배치 등을 주요 디자인 요소로 하는 아시아 가든은 자연의 신성함을 보여주면서 조용한 명상의 장소를 제공한다.

거의 폐장 시간이 될 때까지 꽉 채운 식물원 관람을 마치고, 사진기 메모리와 나의 머리와 가슴속 모두에 느낌과 기억을 가득가득 담은 채 루이스 긴터 식물원을 나섰다. 나중에 안 사실이지만 루이스 긴터 식물원은 지역의 배고픈 이들을 위해 신선한 농산물을 재배하는 일과 도시 녹화 사업, 물 관리 사업에도 적극적으로 참여하고 있다. 뿐만 아니라 지역 경제 개발과 직업 훈련, 식물과 인간의 상호 의존성에 관한 청소년 및 성인 교육도 선도하고 있다.

루이스 긴터 식물원은 대외적으로도 여러 의미 있는 기록들을 보유하고 있다. 2011년에는 미국 내 손꼽히는 박물관 중 하나로 인정받아 국가 훈장을 수훈했다. 그리고 수백만 명의 청취자가 듣는 스토리콥스StoryCorps라는 유명한 방송 프로그램에서 국가 역사 구술 프로젝트National Oral-history Project의 일환으로 식물원 커뮤니티의 이야기가 다루어지기도 했다. 또한 《콘데나스트Conde Nast》 잡지와 《유에스에이 투데이USA Today》 같은 유명 매체에서 미국 내 가장 아름다운 정원 중 하나로 꾸준히 선정되고 있다. 최근에는 연말 축제 시즌 불빛이 가장 아름다운 정원으로도 인기가 높다.

1 마르타 앤드 리드 웨스트아일랜드 가든(습지 정원)

2 사라세니아와 칼로포곤

3 헨리 플래글러 숙근초 정원

FLOWERING TOBACCO

사계절 꽃 축제로 화려한 꿈의 정원

Longwood Gardens

롱우드 가든

위치	펜실베이니아 주 케넷스퀘어
홈페이지	longwoodgardens.org

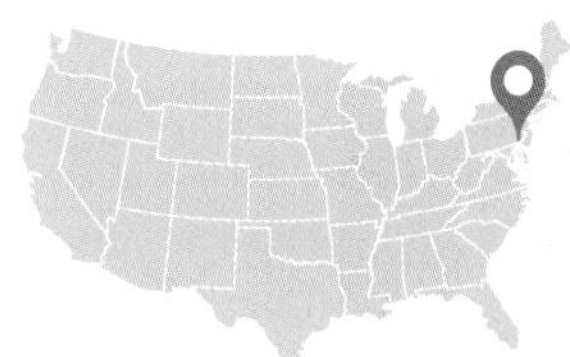

필라델피아 공항 대합실에서 커다란 이민 가방과 배낭을 잡고 누군가를 기다린다. 이윽고 한 사람이 나에게 다가온다. 스키니진에 짧은 반팔 셔츠를 입은, 나이와 신분을 가늠할 수 없는 금발의 여자다. 그녀와 7인승 RV 차를 타고 롱우드 가든으로 향한다. 롱우드 가든에서 국제 정원사 양성 과정을 밟기 위해 이제 막 미국 땅을 밟은 것이다. 그녀는 나와 같은 과정을 몇 개월 전에 시작한 영국 출신의 교육생 리사였다. 40분쯤 달려 롱우드 가든에 도착해서 기숙사 방을 배정 받고 여장을 풀었다.

늦은 오후 룸메이트가 가든을 안내해 주었다. 드디어 그 유명한 롱우드 가든을 직접 보게 되었다. 숙소에서 정원 구역으로 가는 길은 관람객이 입장하는 정문과는 정반대쪽이었다. 조용한 숲길을 지나니 아름드리 나무 사이로 정체를 알 수 없는 건물이 있고, 그중 하나의 문을 열고 들어가자 거대한 유리 온실 속 정원들이 펼쳐지기 시작했다. 앨리스의 모험처럼, 꿈인지 생시인지 그 순간은 마치 마법과도 같았다.

롱우드 가든은 미국 동부 펜실베이니아 주의 소도시 케넷 스퀘어에 위치한 세계적인 정원이다. 일년 중 어느 때 방문해도 완벽에 가까운 꽃 전시와 특별한 이벤트를 경험할 수 있는 곳이 바로 롱우드 가든이다. 다양한 정원 교육 프로그램으로 수많은 교육생을 배출하는 곳이기도 하다.

History & People

롱우드 가든을 탄생시킨 사람은 듀폰duPont과 제너럴 모터스General Motors의 회장이었던 피에르 듀폰Pierre Samuel du Pont(1870~1954)이다. 그는 1906년, 개발 위기에 처한 피어스 공원을 사들여 그 땅과 나무들을 지켜냈고, 지금과 같은 멋진 정원으로 바꾸어 놓았다. 피어스 공원이 위치한 땅은 원래 윌리엄 펜William Penn의 소유로, 오래전부터 퀘이커 가에서 가꾸어온 유서 깊은 수목원이었다.

한 사람의 의지와 힘이 이렇게 대단할 수 있을까? 또 그동안 얼마나 많은 사람들의 땀이 이 정원에 스며들었을까? 롱우드 가든에는 정원과 원예를 사랑하는 사람들의 100년이 넘는 정성이 담겼다. 특히 온실Conservatory은 보석 같은 공간이다. 모두 20개의 주제원으로 구성되어 있는 온실에서는 일년 내내 화려한 꽃 축제가 펼쳐진다.

맨 처음 지어진 온실은 1921년 완공된 오랑주리●다. 이곳에서 듀폰은 지인과 임직원을 초대하여 댄스 파티 혹은 디너 파티를 즐겼다. 추수감사절 무렵부터 시작되는 연휴 시즌마다 이곳에 거대한 크리스마스 트리를 세우는 전통은 이때부터 시작되었다.

● 17~19세기 유럽에서 발달한 온실의 한 형태. 원래 추운 겨울 동안 오렌지 나무를 보호하기 위한 용도로 사용되었다.

1 롱우드 가든 설립자를 기념하고 있는 듀폰 하우스

2 롱우드 가든 온실 전경

3 오랑주리 온실에는 오렌지 나무 화분들이 놓인 잔디밭이 조성되어 있으며, 주변 화단에는 사계절 내내 꽃이 가득하다.

온실 정문으로 들어오는 사람들이 한눈에 볼 수 있는 것은 바로 오랑주리의 입체적이면서도 화려한 디스플레이다. 온실에 잔디밭이 있는 것도 신기하고 주변으로는 계절 초화가 가득하다. 천정에는 둥그런 걸이화분이 주렁주렁 달려 있다. 이곳이 오랑주리였다는 것을 알려주듯 실제 오렌지 나무를 심은 거대한 화분들이 잔디밭 위에 놓여 있다. 일년 내내 싱그러운 초록과 화려한 꽃을 볼 수 있다는 것은 온실의 가장 큰 이점이다.

오랑주리 바로 뒤로는 펀플로어Fern Floor 혹은 전시홀Exhibition Hall이라 불리는 공간이 있다. 이 역시 오랑주리와 같은 시기에 만들어진 듀폰의 오리지널 작품이다. 그때 심은 부겐빌레아가 벽면을 타고 천정까지 올라가 분홍색 꽃을 내려뜨리고 있다. 100년 동안 이곳에서 자라온 셈이다. 선큰 가든sunken garden● 형태로 만들어진 대리석 바닥 위에는 거대한 나무고사리Tree Fern, *Cyathea cooperi* 화분들이 자리하고 있다. 호주 원산의 이 나무고사리는 습한 환경을 좋아하므로, 바닥에는 항상 야트막하게 깨끗한 물이 채워져 있다. 날씬한 나무고사리의 줄기가 위로 쭉쭉 뻗어 있고 거대한 잎이 시원하게 펼쳐진 모습은 마치 열대의 울창한 숲속처럼 이색적이다. 온실 천정에는 페추니아 등 계절별 꽃을 심은 거대한 걸이화분이 매달려 있어 나무고사리와 함께 환상적인 조화를 이룬다. 펀플로어는 연중 특별한 꽃 축제나 연회, 오페라 같은 공연을 위한 이벤트 공간으로 쓰이기도 한다. 3월에는 군자란, 4월에는 수선화, 9월에는 다알리아, 11월에는 분재와 국화, 12월에는 크리스마스 전시가 이곳에서 열린다.

중앙 전시홀에서 서쪽으로는 테마 온실과 재배 온실이 연결되어 있고, 동쪽으로는 2006년 새롭게 조성된 이스트 컨서버토리East Conservatory가 뻗어 있다. 원래의 것을 보존하며 새로운 것을 계속 보완해 가고 있는 롱우드 가든의 온실은 늘 살아 움직이는 거대한 박물관이다. 온실 안에서 공간과 공간이 작은 출입문 혹은 통로로 연결되어 미로처럼 얽혀 있다.

오랑주리 서쪽 벽에 두 개의 문이 나 있다. 한쪽 문으로 들어가니 온통 은빛 세계가 펼쳐진다. 실버 가든Silver Garden이다. 주로 선인장과 다육식물 중에서 은빛 나는 식물만 모아 놓았다. 올드맨 캑터스Old Man Cactus, *Cephalocereus senilis*라는 이름이 붙은 선인장의 하얀 머리칼이 신기하다. 백묘국 시러스*Senecio cineraria* 'Cirrus', 아르테미시아 마우이엔시스*Artemisia mauiensis*, 가자니아 '선드롭' *Gazania* 'Sundrop', 틸란드시아 알비다*Tillandsia albida*, 디콘드라 아르겐테아 '실버 폴스'*Dichondra argentea* 'Silver Falls' 같은 식물들이 바닥에 물결을 이루며 펼쳐진다. 거대한 카루 소철*Encephalartos lehmannii*과 여우꼬리용설란 '노바'*Agave attenuata* 'Nova'도 은빛 잎을 뽐낸다. 뜨거운 사막에서 빛을 반사시키고 수분 증발을 막기 위해 이런 색깔을 띠게 된 식물이다. 건조한 지역에 사는 식물들이라서 물을 최대한 아끼며 사는 방법을 알고 있다. 남향으로부터 충분한 빛이 들어와 이곳 식물들에게 최상의 컨디션을 제공한다.

계속해서 서쪽으로 난 문을 통과한다. 이번에는 바나나 하우스Banana House다. 1921년 온실을 개장할 때부터 존재한 곳이다. 그리 넓지 않은 면적에 커다란 키의 바나나가 숲을 이루고 있다. 작은 공간을 이렇게 활용할 수 있다는 게 기발하다. 미국뿐 아니라 전 세계에 유통되는 식용 바나나*Musa acuminata* 'Williams Hybrid'가 자라는 모습을 직접 볼 수 있다.

● 위에서 밑으로 내려다볼 수 있는 형태의 정원

1 오랑주리와 이어진 펀 플로어Fern Floor. 높은 습도를 좋아하는 나무고사리에 알맞게 바닥에 물이 고여 있다.

2 은빛 식물이 가득한 실버 가든

3 바나나 하우스

작은 길은 계속해서 트로피컬 테라스Tropical Terrace로 이어진다. 열대의 숲속 생태원을 연상시키는 이곳에는 생강의 일종인 횃불생강Torch Ginger, *Etlingera elatior*과 크로톤*Codiaeum variegatum*, 디펜바키아 '트로픽 메리앤'*Dieffenbachia* 'Tropic Marianne', 코르딜리네 '플로리다 레드'*Cordyline* 'Florida Red', 페페로미아 옵투시폴리아 '바리에가타'*Peperomia obtusifolia* 'Variegata' 같은 열대식물이 가득하다. 50년 이상 된 넉줄고사리가 공중에 매달려 있는가 하면, 크산토소마 사기티폴리움 '라임 진저'*Xanthosoma sagittifolium* 'Lime Zinger'의 커다란 잎이 펼쳐져 있고, 브라질 원산인 키수스 시키오이데스*Cissus sicyoides*의 흰 뿌리가 커튼처럼 드리워져 있다.

또 하나의 문을 지나면 로즈 하우스Rose House가 나타난다. 이곳 역시 1920년대에 만들어진 역사적인 공간이다. 장미를 온실에서 선보이는 것도 참 독특한 아이디어다. 게다가 여기에는 장미만 있는 것이 아니다. 꽃이 아이 얼굴만 한 하와이무궁화도 전시되어 있다. 뒤쪽 벽으로는 천사의나팔*Brugmansia* x *candida* 꽃이, 마치 나팔을 든 병정처럼 죽 늘어서 있다.

서쪽 끝에는 캐스케이드 가든Cascade Garden이 있다. 사람들의 관람 동선을 활용한 정원이다. 아나나스*Ananas*와 구즈마니아*Guzmania* 등 열대 아메리카 지역의 무덥고 습한 곳에 사는 관엽식물이 폭포 주변과 벽면을 가득 메우고 있다. 예술가적인 관점에서 다채로운 잎으로 숲길과 절벽 등을 묘사하였다. 마치 인조로 만든 것처럼 보이는 아나나스 종류는 분명 자연이 만든 살아 있는 식물이다. 이 식물은 잎이 모인 가운데 동그란 부분에 물이 차 있으면 좋아한다. 자연스럽게 휘감아 도는 길을 따라 다시 다음 온실로 향한다.

1 커튼처럼 드리운 브라질 원산의 시수스 시키오이데스

2 연중 장미꽃을 볼 수 있는 로즈 하우스

3 캐스케이드 가든

4 바닥과 벽, 공중에서 자라는 양치식물로 가득한 고사리 정원

5 난초 전시원

6 몽환적인 느낌이 드는 아카시아길은 온실과 온실을 이어주는 통로 역할을 한다.

이번에는 고사리 정원Fern Passage이다. 30미터 정도 되는 길고 좁은 통로 주변과 천정에 온통 고사리 종류가 가득 차 있다. 줄을 타고 올라가는 실고사리*Lygodium flexuosum*, 거대한 새둥지처럼 생긴 둥지파초일엽*Asplenium nidus*, 벽면에 액자처럼 걸려 있는 박쥐란*Platycerium superbum*, 천장에 매달려 있는 다발리아 그리피티아나*Davallia griffithiana*와 석위*Pyrrosia lingua*, 동남아시아와 호주, 멕시코 등지에서 온 다양한 나무고사리가 매일같이 가드너가 주는 물로 흠뻑 샤워를 한다. 고사리 새순이 막 펼쳐지기 전 동그랗게 말려 있는 모습이 신기하다. 꽃보다 초록색 싱그러운 잎이 마음을 더 편안하게 해준다. 정교하게 디자인된 잎을 가진 고사리들은 꽃 피는 개화식물이 지구상에 등장하기 훨씬 전부터 지구의 생태계를 먹여살려 온 주인공들이다. 그리고 원래의 모습에서 그리 많이 달라지지 않은 채 아직도 지구에 살고 있는 귀한 존재들이기도 하다. 공룡들이 보았던 모습을 우리도 똑같이 보고 있는 것이다.

고사리와 잘 어울리는 식물 중에는 난초가 있다. 고사리 정원을 지나면 바로 난초 전시원Orchid House이 나온다. 연중 100만 명이 넘는 관람객이 롱우드 가든에 와서 빼놓지 않고 보게 되는 주요 전시원 중 하나 치고는 그리 넓지 않은, 20평 남짓한 아주 작은 공간이다. 하지만 수준은 최고다. 벽면을 포함하여 사방을 가득 채운 난초 하나하나가 모두 이름도 족보도 귀한 것들이다. 남아프리카에서 온 디사*Disa uniflora*라는 난초의 강렬하면서도 독특한 꽃 모양이 인상적이다. 호피 무늬를 한 브라시아*Brassia lanceana*의 꽃도 춤추는 무희처럼, 혹은 행진하는 전사처럼 눈을 현란하게 만든다.

난초 전시원은 오랑주리와 아카시아길Acasia Passage로 연결되어 있다. 밑으로 늘어지는 하늘하늘한 아카시아 잎이 좁은 통로를 몽환적인 느낌의 터널로 만든다. 바깥에 수련 전시원이 보이는 거대한 벽창으로 저녁 햇살이 비칠 때면 마치 꿈속 장면처럼 아름다운 풍경이 연출된다. 백합과 게발선인장, 베고니아 등이 아카시아와 함께 이 공간을 장식한다.

이제 다시 오랑주리와 전시홀로 돌아온다. 전시홀에서 바깥으로 나가는 거대한 문이 있는데 거기에는 수련 전시원Water Lily Display이 있다. 롱우드 가든에서 가장 맘에 드는 정원이다. 수련 전시원에 처음 왔을 때는 담당 가드너 팀 제닝스Tim Jennings가 온실 옥상으로 안내해 주었다. 거기에서는 수련 전시원 전체를 내려다볼 수 있었다. 원 형태의 중앙 연못과 주변의 사각 형태 연못이 기하학적인 문양을 이루고 있다. 그 안에는 색상 고운 자수 무늬처럼 알록달록한 수련의 잎과 꽃이 자라고 있다. 제주도 여미지식물원에서 수련 담당으로 일을 해본 터라 이 전시원의 아름다움 이면에 숨겨진 가드너의 노고를 알 것 같았다. 위에서는 전체의 구조를 볼 수 있었다면, 밑에서는 수련의 생생한 멋과 향기를 고스란히 느낄 수 있다. 수련 전시원의 주인공은 빅토리아수련이다. 세계에서 잎이 가장 큰 수련으로 알려진 빅토리아수련은 아마존 등 아메리카 열대 지역이 원산지다. 롱우드 가든에는 빅토리아 크루지아나*Victoria cruziana*와 빅토리아 아마조니카*Victoria amazonica* 두 종과 함께, 이들 사이의 교잡종으로 탄생한 롱우드 하이브리드Longwood Hybrid 품종이 있다. 롱우드 하이브리드는 롱우드 가든의 수련 전시원 초대 가드너였던 패트릭 넛Pattrick Nutt이 1960년대에 처음으로 육종하여 세상에 알렸다. 넓은 수면 위에 2미터 가까이 되는 잎이 둥둥 떠 있는 모습이 장관이다. 잎 가장자리가 올라가며 쟁반 같은 테두리 모양을 하고 있어 처음 보는 사람들은 이게 진짜 살아 있는 식물인지 의아해하며 놀라움을 금치 못한다. 커다란 빅토리아수련 잎 위에 날씬한 여인이 올라가 기념 사진을 찍는 것도 과거에는 인기였다. 잎 밑면에는 정교하게 얽히고설킨 잎맥과 날카로운 가시가 있어 잎 위로 쏟아지는 폭우와 물속 동물의 침입을 막는다. 꽃은 첫날 새하얀색으로 피었다가 둘째날 분홍색으로 바뀐다. 빅토리아수련의 꽃을 수정시키는 특별한 딱정벌레를 위한 메커니즘이다. 꽃은 이 딱정벌레가 좋아하는 진한 향기를 내뿜기 위해 열기까지 발생시킨다고 하니 빅토리아수련은 결코 평범한 식물이 아니다. 빅토리아수련 외에 호주열대수련 같은 다양한 열대수련도 많이 볼 수 있다. 개중에는 낮에 피는 종류가 있고 밤에 피는 종류가 있다. 밤에 피는 수련 꽃 위에는 핀 조명이 하나씩 설치되어 있다. 여름에는 야간에도 식물원을 개장하므로 밤에 수련 꽃을 보는 즐거움도 크다.

수련 전시원의 서쪽에 있는 온실은 지중해 정원Mediterranean Garden이다. 이곳에는 프로테아 레펜스*Protea repens*와 방크시아 세라타*Banksia serrata*, 레몬병솔나무*Callistemon citrinus*, 헤베*Hebe* spp., 에키움*Echium* spp., 플룸바고 아우리쿨라타 '모노트'*Plumbago auriculata* 'Monott' 터널, 불꽃 백합이라고 불리는 글로리오사*Gloriosa superba*가 자라고 있다. 에우포르비아 티루칼리 '스틱스-온-파이어' *Euphorbia tirucalli* 'Sticks-on-fire', 시클라멘*Cyclamen persicum*, 아마릴리스 '레몬 라임'*Hippeastrum* 'Lemon Lime', 플렉트란투스 마다가스카리엔시스*Plectranthus madagascariensis*, 로즈마리*Rosmarinus officinalis*처럼 계절에 따라 교체되며 전시되는 식물도 있다.

이렇게 여름에는 선선하고 건조하고, 겨울에는 습하고 온화한 지중해성 기후에 자라는 식물만으로도 아주 특별한 정원이 만들어진다. 다른 기후대에 사는 사람들로서는 쉽게 볼 수 없는 꽃이 많아서 이국적인 느낌을 받을 수 있다.

1 롱우드 가든에서 직접 육종한 빅토리아수련이 자라고 있는 수련 전시원

2 지중해 정원에서는 아마릴리스, 시클라멘 같은 지중해 식물들이 이국적인 분위기를 자아낸다.

지중해 온실은 팜하우스Palm House와 연결되어 있다. 난간 밑으로 내려다볼 수 있게 되어 있는 팜하우스에서는 붉은 줄기를 지녀 립스틱 팜Lipstick Palm이라고 불리는 인도네시아 원산의 키르토스타키스 렌다*Cyrtostachys renda* 야자를 비롯해, 남아프리카 원산의 엔케팔라르토스 빌로수스*Encephalartos villosus* 같은 소철류, 그리고 그 밑으로 디펜바키아와 필로덴드론 종류들이 멋진 수관을 보여준다.

바로 옆에는 분재 전시원Bonsai Collection이 있다. 1959년에 마련된 이 공간은 13개의 분재로 시작해서 현재는 50개 이상의 작품을 선보이고 있다. 그 다음에는 가드너들이 일하는 포팅셰드Potting Shed, 그리고 그 앞과 주변으로 재배 온실이 있다.

내가 이곳에 온 첫날 온실로 통하는 마법의 문처럼 열린 것이 바로 이 포팅셰드의 문이다. 관람객은 여기까지 지나다니면서 가드너가 일하는 모습과, 재배 온실에서 자라는 카네이션 같은 식물도 구경할 수 있다.

중앙 전시홀 동쪽에 있는 이스트 컨서버토리East Conservatory에는 어린이 정원, 플라워 가든, 동백나무 정원, 거대한 파이프 오르간이 있는 볼룸Ball Room이 있다. 바깥에서 꽃을 보기 힘든 겨울 동안 온실에서는 얼마든지 여러 꽃과 이벤트를 즐길 수 있다. 2010년에 완공된 이스트 플라자East Plaza에는 그린월Green Wall 화장실이 있다. 미국 동부 지역에서 규모가 가장 큰 온실 수벽 정원이다. 화장실은 별도 룸 형식으로 되어 있어 웬만한 호텔급 수준을 자랑한다. 온실에 부족한 화장실 시설을 보완하고 수벽 정원이라는 개념을 도입하여 새로운 볼거리를 제공한다. 온실은 짧은 동선으로 많은 방이 치밀하게 연결되어 최대의 효율성을 지니고 있다.

1 팜하우스는 거대한 열대식물들의 수관을 위에서 아래로 감상할 수 있도록 선큰 가든 형태로 되어 있다.

2 분재 전시원

3 동쪽 온실 끝에 대규모로 조성된 수벽정원 화장실

온실 바깥으로 나오면 광활하게 펼쳐진 옥외 정원들이 있다. 먼저 온실 앞쪽으로는 넓은 잔디 광장과 함께 분수 정원Fountain Garden이 있다. 듀폰이 직접 설계에 참여한 제트 분수가 40미터 높이로 물을 쏘아올린다. 조명 시설까지 갖추어 밤에는 불꽃놀이와 함께 화려한 분수 쇼가 펼쳐진다. 분수의 수관은 중앙통제실로 연결되어 있는데 그곳에는 거대한 기계와 펌프가 자리 잡고 있다. 1930년대에 만들어진 이 기계실은 아직도 깨끗하게 관리되고 있어, 이제는 마치 박물관 같은 느낌마저 든다. 그런데 분수 정원은 2년에 걸쳐 9천만 달러 규모의 리노베이션이 진행되어 2017년 새롭게 재탄생하였다.

초기에는 분수 정원의 뒤쪽 배경으로 심겨진 나무도 작고 볼품 없었지만, 이제는 아름드리 나무가 되어 분수 쇼의 완벽한 배경이 되고 있다.

롱우드 가든에 심겨진 나무들 하나하나는 정확한 이력과 함께 세심하게 관리가 되어 왔고, 그중 대다수는 이제 펜실베이니아 주뿐 아니라 미국의 챔피언 나무 반열에 오르기 시작했다. 19세기 뽕나무*Morus alba*가 그 육중한 몸을 거대한 지지대에 의지하며 분수 정원 서쪽 한 귀퉁이를 차지하고 있다. 높이 12미터, 줄기 지름 2미터에 이르는 이 나무는 펜실베이니아 주 챔피언 나무Champion Tree로 선정되었다. 주변 가로수길에 심겨진 노르웨이단풍*Acer platanoides*은 사각형 형태로 가지치기를 하여 거대한 초록 상자 모양을 하고 있었다. 하지만 이 나무들이 침입종으로 알려져 작은잎유럽피나무*Tilia cordata* 'PNI 6025'로 교체되었다.

4 리노베이션이 되기 전 분수 정원의 모습

5 2년 8개월 간의 공사를 거쳐 2017년 새롭게 오픈한 분수 정원

6 펜실베이니아 주 챔피언 나무로 선정된 뽕나무

분수 정원 동쪽으로는 플라워 가든 워크Flower Garden Walk가 있다. 이곳은 초창기에 만들어진 유서 깊은 정원으로, 듀폰의 저택Du Pont House에서 잘 내려다보이는 곳에 위치하고 있다. 200미터 정도 되는 길 양 쪽으로 꽃이 빽빽하게 심겨 있고 가운데에는 분수가 있으며 남쪽 계단을 따라 선큰 가든 형태의 작은 테라스 가든으로 연결된다. 봄철 알뿌리식물과 일년초, 화관목 등으로 연중 집약적인 관리가 되는 곳이다. 보라색, 파란색 계열부터, 분홍과 빨강, 노랑과 주황, 하양까지, 플라워 가든 워크는 꽃의 색상을 테마로 디자인되어 있다. 봄에는 색깔별로 튤립의 파도가 펼쳐지고, 5월부터는 일년초가 그 자리를 대신한다. 팬지, 맨드라미 같은 꽃에 익숙한 우리에게 폭과 높이가 1~2미터 크기로 자라는 일년초의 화려한 변신은 신선한 충격이다. 대개 꽃이 지면 2~3주 단위로 갈아주기 바쁜 우리에게, 한번 심은 꽃을 지속적인 관리로 계속 키워 나가고 계절이 깊어질수록 더 좋게 만드는 가드닝 기술은 새로운 발견이다. 특히 숲꽃담배*Nicotiana sylvestris*와 풍접초 '핑크 퀸'*Clemome hasslerina* 'Pink Queen' 같은 일년초 품종이 화려하고 풍성한 정원을 이룬다.

여기서 동쪽으로 향하면 피어스 우드Pierce's Woods라는 숲속 정원이 나온다. 듀폰이 롱우드 가든을 시작할 때 우선적으로 나무를 지키고자 한 곳이 바로 이곳이다. 여기서 북쪽으로 향하면 드넓은 메도 가든Meadow Garden이 나오고 계속 동쪽으로 향하면 거대한 호수와 이탈리아 정원Italia Garden이 나온다. 듀폰 부부가 1913년 유럽을 여행할 때 본 이탈리아 플로렌스 지방의 빌라 감베라이아Villa Gamberaia에 영감을 받아 1927년에 만들었다. 신기하게도 뒤쪽에 있는 사각 연못이 앞쪽 것보다 4미터 정도 길다. 앞에서 볼 때 똑같아 보이도록 설계한 것이다.

1

2

3

1 플라워 가든 워크
2 선큰 가든 형태의 작은 테라스 가든
3 이탈리아 정원

로맨틱한 분위기가 물씬 느껴지는 이탈리아 정원의 주변 길을 따라 걸으며 커다란 나무와 숲속 야생화, 호수와 트리 하우스Tree House를 감상하면 조용하고 평화롭고 공기 좋은 정원의 아름다운 산책 코스가 완성된다. 자연과 인공의 조화는 바로 이런 풍경일 것이다. 투박한 빌딩과 거무튀튀한 아스팔트가 아닌, 초록과 나무, 물과 하늘이 어우러진 모습이다. 거기에 새와 나비도 편안함을 느껴 이 열린 정원에서 주인 행세를 한다. 호숫가를 따라 늘어선 메타세쿼이아*Metasequoia glyptostroboides*는 1950년대 초에 심겨졌다. 메타세쿼이아는 1940년까지 멸종되었다고 알려졌었는데, 1940년대 후반 중국에서 발견되어 그 씨앗이 전 세계로 퍼져나가 다시 지구에 번성하고 있다. 이 나무와 비슷하게 생긴 낙우송*Taxodium distichum*도 한쪽에 숲을 이루고 있다. 무릎knee이라 불리는 기근이 물가 땅위로 솟아 있는 모습이 신기하다. 낙우송은 물이 있는 곳을 좋아하는데, 뿌리가 물속에서는 숨을 못 쉬므로, 땅 위로 얼굴을 내밀어 숨을 쉰다. 역시 물을 좋아하는 붉은숫잔대*Lobelia cardinalis*와 태청숫잔대*Lobelia siphilitica*가 이 고요한 정원에 인상적인 색채를 더한다. 봄이면 앉은부채*Symplocarpus foetidus*의 노란 꽃 역시 이 호숫가의 파수꾼이 된다. 백조의 호수를 연상케 하는 하얀 퍼골라는 이 전체 경관의 포컬 포인트다. 이것이 없다면 아마 흔한 시골 풍경처럼 밋밋했을 터인데, 아무튼 정원에서는 이런 작은 요소들까지도 아주 중요한 포인트로 사람들의 마음에 신선한 파동을 일으킨다. 큰 나무에 기대어 2층 집으로 지어진 트리 하우스도 그런 존재다. 사람들의 마음속에 동경처럼 자리잡고 있는 꿈의 집인 숲속 오두막집이나 트리 하우스는 이런 풍경식 정원에서 빼놓을 수 없는 요소다.

4 거대한 호수에는 중세 유럽의 로맨틱한 분위기를 자아내는 퍼골라가 자리잡고 있다.

5 호숫가에 자라는 낙우송의 뿌리는 넓게 퍼져 무릎처럼 솟아 있다.

우드랜드 가든의 하이라이트는 봄이다. 큰꽃연영초*Trillium grandiflorum*와 스킬라 시비리카*Scilla sibirica*, 노랑너도바람꽃*Eranthis hyemalis*, 수선화*Narcissus* spp., 설강화*Galanthus* spp., 키오노독사 포르베시*Chionodoxa forbesii* 같은 봄꽃이 우드랜드 바닥부터 순차적으로 피어 올라온다. 알뿌리식물이기 때문에 제각기 저장 양분을 갖고 있고 별도의 관리를 해주지 않아도 알아서 번식해 매년 화사한 봄꽃을 선사한다. 파란색 혹은 노란색, 흰색 카페트가 숲 바닥에 깔려 있는 모습은 직접 보지 않고서는 묘사하기 어렵다.

메도 가든은 넓은 초원이다. 아스클레피아스 투베로사*Asclepias tuberosa*, 대청숫잔대*Lobelia siphilitica*, 리아트리스 스피카타*Liatris spicata*, 루드베키아*Rudbeckia hirta*, 솔리다고 카나덴시스*Solidago canadensis*, 조파이 위드Joe-Pye weed라 불리는 에우파토리움 피스툴로숨*Eupatorium fistulosum*, 모나르다 피스툴로사*Monarda fistulosa*, 그라스류가 초원을 가득 메우고 누가 먼저랄 것도 없이 함께 어우러져 자란다. 말로만 듣던 파랑새도 두세 종류가 이곳에 둥지를 틀고 날아다닌다. 가드너들이 작은 새집을 만들어 2~3미터 높이의 기둥 위 곳곳에 설치해 놓았다. 새들은 주저하지 않고, 인간이 제공하는 혜택을 누린다. 운이 좋으면 벌새도 볼 수 있다. 물론 더 높은 곳에서는 독수리가 이 광활한 정원 위를 날아다닌다. 메도 가든의 하이라이트는 늦여름부터 가을까지 바람에 살랑거리는 풀과 파스텔 톤 꽃의 장관이다. 꽃 하나하나는 그리 화려하거나 이쁠 것도 없지만 대단위로 모여서 드러내는 색채와 질감은 예술적이기까지 하다. 내가 화가가 되어 그림을 그린다면 바로 이런 풍경을 그리지 않을까? 겨울에도 수많은 동식물의 은신처이자 서식지 역할을 하는 메도 가든에는 키르시움 디스콜로르*Cirsium discolor*, 자관백미꽃*Asclepias incarnata*, 피크난테뭄 비르기니아눔*Pycnanthemum virginianum* 등의 열매가 그대로 달려 있다.

1 우드랜드 가든에 피어난 노랑현호색과 실라 시베리카의 파란 꽃이 색의 대비 효과를 보여주고 있다.

2·3 메도 가든 곳곳에는 파랑새 등 다양한 새를 위한 집이 마련되어 있다.

4 어린이 정원의 중앙에 위치한 분수와 벤치
5 아이디어 가든의 일부로 조성된 채소 정원

다시 분수 정원으로 향해, 이번에는 서쪽으로 발길을 옮긴다. 어린이 정원Children's Garden과 아이디어 가든Idea Garden이 나타난다. 아이들은 색에 민감하고 물을 좋아한다. 꽃으로 여러 가지 패턴을 보여주고, 소리를 낼 수 있는 자연 소재의 악기를 이용할 수 있게 한다면 금상첨화다. 어린이 정원은 이 모든 것을 갖추었다. 컬러 타일로 장식된 작은 분수대 옆 벤치에는 부모들이 한가롭게 앉아 있고 그 주변은 온통 뛰어다니는 아이들의 웃음소리로 가득하다.

행복한 가족의 즐거움을 맛볼 수 있는 이런 분위기의 연장선상에 있는 바로 옆 아이디어 가든에서는 가정에서 생활 속 정원으로 이용할 수 있는 여러 아이디어를 선보인다. 나무 울타리로 경계를 지어 놓은 300평 정도의 텃밭 정원은 아기자기한 재미가 쏠쏠하다. 나무로 만든 작은 퍼골라와 덩굴 과채류가 타고 올라갈 수 있는 트렐리스는 재미있는 디자인을 뽐내며 골격을 잡아준다. 백일홍, 샐비어, 스위트피 등과 함께 채소 정원도 아름다운 꽃으로 가득하다. 가족 단위 관람객들이 이 정원을 거닐며 대화와 웃음꽃을 피운다. 아마 '집 한쪽에 저걸 심으면 어떨까', 아니면 '이런 걸 만들어 놓으면 재미있지 않을까' 하는 이야기일 듯싶다.

채소 정원 남쪽으로는 일년초 화단과 숙근초 화단이 나란히 있다. 이렇게 식물을 채소류, 일년초화류, 숙근초화류와 같이 나누어 조성한 것은 보는 이들에게 매우 유용하다. 일년초 화단은 사각형의 블록 화단이 50여 개 정도 나열되어 있다. 여기에 봄에는 튤립, 수선 등 알뿌리식물들이, 5월 이후에는 새로운 품종의 일년초와 일부 열대 관엽식물이 식재된다. 한쪽에는 사람들이 이러한 신품종에 대해 평가할 수 있는 안내판이 설치되어 있다.

일년초 화단이 매우 집약적인 관리가 필요하다면, 숙근초 정원은 연중 내내 세심한 관리가 필요하다. 숙근초는 여러해살이풀이므로 제한된 화단 안에서 오랫동안 잘 어우러져 꽃을 피우게 하려면 시든 꽃 정리와 분주, 순지르기 등 관리를 잘

1

2

3

4

5

해 줘야 한다. 기장과 참억새, 무늬풍지초, 가는잎나래새 같은 그라스류와 사초류도 숙근초 정원에 꼭 필요한 식물이다. 에키나시아, 플록스, 작약, 우단동자꽃, 펜스테몬*Penstemon digitalis* 'Husker Red', 금꿩의다리, 서양톱풀*Achillea millefolium* 'Coronation Gold' 같은 꽃이 연속적으로 피어난다. 원추리, 니포피아, 알리움과 백합 등 알뿌리식물도 때가 되면 모습을 드러낸다. 비비추, 휴케라 등 잎을 주로 감상하는 식물도 꽃이 전체적으로 색과 질감이 잘 어우러지도록 도와준다. 큰 때죽나무가 뼈대를 이루고, 미국수국 '아나벨'*Hydrangea arborescens* 'Annabelle', 말발도리 같은 관목류가 중간중간 섞여 있다. 잎에 흰무늬가 들어간 흰말채나무와 보랏빛이 강한 양국수나무도 빼놓을 수 없는 양념이다.

아이디어 가든 한쪽에서는 가을마다 기차 정원Garden Railway이 조성된다. 할로윈 시즌을 겨냥한 임시 정원인데 철도와 터널, 다리, 절벽과 폭포 등 미니어처 형태의 구조물이 설치되고, 그 크기에 맞춘 작은 꽃과 나무가 식재된다. 당연히 주인공은 철도 위를 달리는 여러 대의 기차다. 아이들은 물론 어른도, 마치 실제와 같은 분위기 속에 움직이는 기차에서 시선을 떼지 못한다.

계속해서 남쪽으로 난 길은 마치 라푼젤 성 같은 차임 타워Chimes Tower로 향한다. 벽돌로 지어진 40미터 높이의 이 건축물은 1960년대에 지어졌다. 맨 꼭대기에는 차임이 있다. 거대한 종들로 음악을 연주하는 것이다. 당시 수십억 원을 들여 네덜란드에서 들여온 이 차임은 롱우드 가든의 랜드마크 중 하나다. 시간이 되면 울려퍼지는 차임 연주는 정원을 산책하는 사람들에게 유럽의 목가적인 평온함을 느끼게 해준다. 타워 주변으로는 동아시아 느낌의 화관목과 지피식물이 있다. 철쭉, 진달래, 풍년화, 소나무가 있어 꼭 우리나라의 어느 산자락을 걷는 느낌이다. 앞쪽으로 목련 컬렉션도 있다. 침엽수 정원은 거대한 히말라야시다와 구상나무 종류, 전나무 종류로 큰 숲을 이루고 있다. 온실 앞에서 분수 쇼를 볼 때 뒤쪽의 울창한 배경이 바로 이 나무들이다.

1 숙근초 정원
2 일년초 화단
3 기차 정원
4·5 차임 타워

차임 타워에서 가까운 곳에 아이스 오브 워터Eyes of Water가 있다. 중앙아메리카 코스타리카에 있는 비슷한 구조물에서 영감을 받아 1968년 조성되었다. 차임 타워 밑 저수지로부터 끌어올려진 물이 여기서 다시 흘러나가 폭포를 연출한다. 저수지는 중앙 분수 정원의 물 공급원이다. 아이스 오브 워터는 물의 상징적 의미를 보여주는 구조물이다. 가만히 앉아서, 블랙홀처럼 생긴 커다란 원으로부터 에메랄드빛 물이 솟구쳐 올라 사방으로 흘러가는 모습을 보는 것만으로도 마음속에 어떤 깊은 울림과 영감이 느껴지는 곳이다.

롱우드 가든의 남쪽 외곽 동쪽으로는 산딸나무, 벚나무 등 수목류가 마치 정원을 지키는 거대한 파수꾼처럼 서 있다. 하나하나 충분한 간격을 두고 아름드리 수관을 형성하며 자라고 있어서 그림 같은 풍경을 연출한다. 특히 4월 말부터 5월 중순까지 이 나무들에서 화사하게 피어나는 꽃은 봄의 절정을 보여준다.

방문자 센터는 오가는 사람들로 늘 분주하다. 도슨트Docent가 곳곳에서 방문객을 맞이하고 안내한다. 기념품 가게에는 책과 소품, 주방용품과 의류, 장난감, 식물 등 정원 관련 상품으로 가득하다. 롱우드 가든의 아름다운 로고가 박힌 '기념품'이다.

롱우드 가든에선 학생과 일반인을 대상으로 하는 평생교육 프로그램Continuing Education이 진행된다. 개오동 룸Catalpa Room, 자작나무 룸Betula Room 등 나무 이름을 딴 교육실과 대형 강의실이 있어 크고 작은 강연과 워크숍이 열린다. K-12라 불리는 유치원생 및 초등학생 대상 교육 프로그램, 고등학생 여름 실습 프로그램, 대학생 인턴 제도, 전 세계 가드너 지망생을 위한 국제 정원사 양성 과정International Gardener Training Program, 미국 내 전문 가드너 양성을 위한 프로페셔널 가드너Professional Gardener 프로그램, 공공 정원의 관리자급 전문가를 양성하는 롱우드 펠로 프로그램Longwood Fellows Program 등 다양한 교육 프로그램이 운영되고 있다.

롱우드 가든은 무려 4제곱킬로미터에 이르는 엄청난 면적에, 400여 명의 임직원과 800여 명의 자원봉사자, 50여 명의 교육생이 이루는 공동체의 규모도 대단하다. 자원봉사자부터 디렉터까지, 롱우드 가든에서 만난 모든 이들은 자신의 일을 사랑하고 즐기는 사람들이었다. 롱우드 가든은 하나의 거대한 자연 마을을 형성해 거의 모든 것을 자급자족할 수 있는 시스템을 갖추고 있다. 목공소, 철공소, 재활용 처리 시설, 대단위 퇴비장, 심지어 자체 주유소도 있다. 롱우드 가든에서 나오는 모든 식물 부산물은 초본류, 목본류, 흙으로 분류되고 수집되어 퇴비장으로 옮겨지는데, 여기에서 6개월 이상 부숙돼 만들어지는 퇴비와 멀칭 재료는 다시 정원에 뿌려지고 사용된다. 태양열 시설로 자체 전력의 30퍼센트를 충당하고, 빗물을 저장하여 생활 용수로 활용한다. 차량과 장비도 종류와 보유 수량이 어마어마하다. 교육생은 자신의 텃밭에서 가꾼 수확물을 롱우드 가든의 레스토랑에 납품하여 해외 연수 비용에 보탠다. 이 동화 속 마을 같은 곳에서 사는 사람들은 축제와 파티를 좋아한다. 수백 명의 직원들이 매월 온실에 있는 볼룸Ball Room에 모여 비전을 공유하고 변화를 얘기한다. 그들의 미션은 전시와 교육, 예술과 가든 디자인을 통해 사람들에게 영감을 주는 정원을 유지하라는 피에르 듀폰의 뜻을 지켜나가는 것이다.

1 롱우드 가든의 남쪽 외곽으로 벚꽃과 키오노독사 꽃이 한창이다.
2 아이스 오브 워터

2

RIVERBAN
BOTANICAL GA

동물과 식물의 균형 잡힌 아름다움

Riverbanks Zoo and Garden

리버뱅크스 동식물원

위치 사우스캐롤라이나 주 컬럼비아

홈페이지 www.riverbanks.org

사우스캐롤라이나는 열대의 분위기가 충만했다. 5월이었는데도 공기는 후끈 달아올랐고 식물들 역시 더운 지방 특유의 풍성함으로 한창이었다. 무어팜스 식물원Moore Fams Botanical Garden의 연구원 채용 면접이 있어 이 지역으로 여행을 간 적이 있다. 면접이라고 했지만 실은 손님으로 초대받아 식물원 구경도 잘하고 좋은 대접을 받았다. 식물원 안에 있는 숙소에서 1박을 하고 디렉터를 비롯한 다른 직원들과 점심과 저녁, 아침을 함께하며 시간을 보냈다. 식물원 설립자인 달라 무어Darla Moore는 레이크 시티의 땅 대부분을 소유한 유지일 뿐 아니라 미국 내에서도 손꼽히는 여류 자산가였다. 그녀는 라이스 전 국무장관과 함께 어거스타 내셔널 골프 클럽Augusta National Golf Club의 둘밖에 없는 여성 회원이기도 했다. 그녀와 점심을 함께했는데, 할리우드의 여배우처럼 멋진 외모였다.

1박 2일 동안의 면접을 마치고 사우스캐롤라이나 주의 다른 식물원도 방문했다. 토피어리로 유명한 펄 프라이어Pearl Fryar의 정원도 가까이 있었다. 그는 1960년대에 한국을 방문했다가 서울의 한 개인 주택에 있던 꽃과 폭포 정원을 보고 큰 영감을 받았다고 했다. 컬럼비아 시의 한 호텔에서 1박을 더 하고 다음날은 리버뱅크스 동식물원Riverbanks Zoo and Garden에 들렀다. 동물원으로 유명하지만 식물원을 같이 운영해서 원예 프로그램으로도 잘 알려진 곳이다. 롱우드 프로그램에서 함께 일한 교육생 중에 이곳에서 인턴을 지낸 친구도 있어서 이야기를 많이 들은 곳이다.

리버뱅크스 동식물원의 전체 면적은 70만 제곱미터에 이른다. 여기에는 동물원, 수족관, 식물원이 모두 있다.

1 리버뱅크스 동물원 내 수족관 앞에 조성된 정원

History & People

이곳은 원래 1960년대 초 컬럼비아 지역 사업가들의 생각에서 시작되었다. 컬럼비아 시는 사우스캐롤라이나 주의 주도였고, 그들은 여기에 동물원이 하나쯤은 있어야 한다고 생각했다. 그들의 초기 계획은 자금 문제 등으로 실현되지 못하다가 1969년에 구체화되기 시작했다. 컬럼비아, 리치랜드, 렉싱턴, 이 세 카운티가 파트너십을 결성하여 리치-렉스 리버뱅크스 파크 특목 지구를 만들었고, 이것이 동물원으로 발전하기 시작했다.

리버뱅크스 동물원은 1974년에 개장했다. 하지만 불과 2년 만에 동물원은 자체 수익으로 자립할 수 없는 것으로 판명났다. 이 상황을 극복하기 위해 리버뱅크스 동물협회가 창설되었다. 그들은 적극적으로 회원을 모집하고 시민들로부터 자금을 모아 동물원을 운영하고자 하였다. 그 중심에는 새로운 디렉터 파머 새치 크란츠Palmer Satch Krantz가 있었다. 3년간 수천 명이 협회에 가입하여 동물원 지원을 약속했다.

식물원은 1994년부터 만들어지기 시작했다. 600만 달러의 공채 발행이 이루어졌고, 1995년 6월에 문을 열었다. 1997년에는 1,500만 달러의 추가 자금이 투입되어 동물원과 식물원을 개선하는 데 쓰였다. 1999년부터 2002년까지는 식물원 지역으로 새로운 입구부를 만들고, 동물원의 버드하우스를 새롭게 꾸미고, 방문객 서비스 센터를 새로 짓는 등 대규모 리뉴얼 공사가 진행되었다.

끊임없는 개혁으로 리버뱅크스 동식물원은 사우스캐롤라이나의 가장 큰 관광지가 되었고, 매년 100만 명 이상의 관람객을 끌어모으고 있다. 전철 이용객이 80만 명 정도인 컬럼비아 규모에서는 상당히 많은 관광객이다. 리버뱅크스 동식물원은 미국 남동부 지역 관광 협회의 우수 관광지로 네 차례나 선정됐다. 또 사우스캐롤라이나 휴양 관광 부문에서 주지사 상도 두 번이나 받았다.

안내해 주기로 약속했던 직원은 갑자기 일이 생겨 만나지 못하고 혼자서 동물원과 식물원 구경을 했다. 그 직원의 배려로 입장은 무료였다. 식물원만 본격적으로 둘러볼 계획이었지만, 그쪽으로 가는 길에 어차피 동물원 지역을 지나가야 했다. 햇살이 약간 뜨겁긴 했지만 살에 닿는 느낌이 나쁘진 않았다. 동물원에는 아이들과 가족 단위 방문객이 많았다. 나도 그들 사이에서 괜히 마음이 들떴다. 식구들이 곁에 없어 아쉬웠지만 언젠간 함께 이곳을 다시 방문할 수 있으리라 생각했다. 동물원에서 알락꼬리여우원숭이, 침팬지, 갈라파고스땅거북, 독수리, 앵무새 들을 차례로 구경하면서 주변에 심겨진 다양한 식물도 눈여겨보았다. 떼 지어 날아오르는 나방들처럼 높게 솟아오른 아칸투스 몰리스*Acanthus mollis*의 꽃은 동물원에 참 잘 어울렸다. 로마의 신전 기둥 장식에도 쓰일 만큼 인상적인 꽃임이 분명하다. 포웰 문주란*Crinum x powellii*의 핑크빛 꽃이나, 남부 목련이라고 불리는 태산목*Magnolia grandiflora*의 크고 하얀 꽃, 비파나무의 노란 열매처럼 눈길을 확 사로잡는 식물도 군데군데 세심하게 심겨 있었다.

수족관 앞으로는 용설란*Agave americana*과 크니포피아*Kniphofia* spp., 아이크메아*Aechmea* spp.가 일정한 패턴으로 심겨 있고, 엉뚱하게도 노랗고 빨간 맨드라미 꽃이 사이사이에 있어 나는 살포시 미소를 지었다. 서양머위*Petasites officinalis*의 넓은 잎이 마치 바다의 물결을 표현하듯 주변에 늘어서 있었다.

동물원의 특별한 정원 디자인에 감탄하는 사이 어느새 식물원 지역으로 접어들었다. 리버뱅크스 동식물원의 정원들은 잡지《내셔널 지오그래픽》과《호티컬처Horticulture》에도 여러 번 소개되었다고 하니 기대가 되었다. 특히《호티컬처》는 리버뱅크스 동식물원을 '신선한 자극을 주는 미국 정원 톱 10'으로 선정하기도 했다. 또한 HGTVHome & Garden Television는 리버뱅크스를 미국의 우수한 공공 정원 20곳 중 하나로 선정했다.

동물원과 식물원은 살루다 강Saluda River을 사이에 두고 250미터에 이르는 다리로 연결되어 있다. 식물원에는 방문자 센터, 수벽 정원, 장미 정원, 해설 센터, 1킬로미터 정도의 자연 탐방로가 있다. 긴 다리를 따라 살루다 강을 건너 트램을 타고 식물원 입구에 도착했다. 식물원 면적만 따로 떼어 본다면 약 70에이커(약 28만 제곱미터) 정도다. 여기에는 4,200종이 넘는 자생식물, 외래식물이 있다. 트램이 돌고 있어 관람이 편리하다.

식물원은 동물원과 분위기가 사뭇 다르다. 일단 사람들이 그렇게 많지 않다. 방문하는 사람들의 행동도 조금 다르다. 식물은 동물처럼 움직이지 않기 때문에, 사람들도 천천히 그리고 차분하게 정원을 감상한다. 마치 박물관에서 작품들을 감상하듯이. 사실 식물원은 엄연히 식물 컬렉션과 큐레이션 시스템을 갖춘, 살아 있는 박물관이라 할 수 있다.

입구부에 조성된 컨테이너 가든은 고급스럽고 수준이 높아 보였다. 디키아 '체리 코크'*Dyckia* 'Cherry Coke'나 토란*Colocasia* spp. 종류 같은 아열대성 식물이 눈에 띄어 더 특별해 보였다. 알스트로이메리아 프시타키나 '바리에가타'*Alstroemeria psittacina* 'Variegata'의 신기한 꽃과 무늬 있는 잎은 눈길을 확 사로잡았다. 맑은 쪽빛의 세라믹 소재 화분과 물방울 모양의 유리공예 작품도 액세서리처럼 예쁜 포인트 장식 역할을 했다. 붉은 벽돌로 된 방문자 센터 기둥을 타고 올라가는 덩굴식물도 잘 어울렸다.

1·2 동물원에 식재된 다양한 꽃이 생생하고 역동적인 느낌을 더한다. 스피겔라 마릴란디카*Spigela marilandica*(위)와 아칸투스 몰리스*Acanthus mollis*(아래)

방문자 센터를 통과하여 정원 구역으로 들어섰다. 맨 먼저 보이는 광경은 대칭 구도의 정형식 정원formal garden인 월 가든Wall Garden이다. 이곳은 1995년에 개장했으며, 식물원 내 최초의 정원 구역이다. 미국의 많은 정원에 이 같은 형태의 정원이 있는 것으로 보아 미국인들은 질서정연하고 깔끔한 정원을 좋아하는 것 같다. 이탈리아나 프랑스 등 유럽의 역사적인 정원 스타일의 영향을 많이 받은 탓이리라.

34,000제곱피트의 월 가든은 전체가 완벽한 대칭 구도를 이루고 있다. 중앙의 수로가 정원을 반으로 나누고, 시작과 끝에는 분수가 있다. 정원 안으로 들어가면 온갖 디테일이 살아 있다. 똑같은 넓이의 작은 정원들이 제각각의 주제에 따라 다르게 디자인되어 있다. 마치 커다란 초콜릿 상자 안의 조그만 칸마다 여러 가지 모양과 맛의 초콜릿들이 들어 있는 듯하다.

리버뱅크스 동식물원이 위치한 지역은 USDAUnited States Department of Agriculture 내한성 7b에 속한다. 겨울에 영하 15도까지 견딜 수 있는 식물들이 월동할 수 있는 지역을 뜻한다. 그런데 사발야자*Sabal minor*가 있는 걸 보니 더 따뜻한 지역에 사는 식물 가운데 일부도 월동이 가능한 것 같다. 이 정원의 포컬 포인트focal point는 아무래도 중앙에 일정한 간격으로 배치된 짙은 피란색의 키 큰 화분이다. 거기서는 문주란 '퀸 에마'*Crinum* 'Queen Emma'가 청동색 창 모양의 잎을 시원스럽게 펼치며 분홍빛 꽃을 피워내고 있다. 한쪽에는 이 문주란과 색깔과 모양이 비슷하면서 크기가 좀더 작은 코르딜리네 '루브라'*Cordyline fruticosa* 'Rubra' 화단이 있어 전체적으로 대칭 혹은 반복의 효과를 준다. 우리나라의 겨울 최저 기온이 약간만 높아도 중부 지방에서 이렇게 다양한 식물을 야외에서 기를 수 있을 텐데 하는 아쉬운 마음이 들었다. 물론 다른 기후 조건도 어느 정도 맞아야 하겠지만 말이다.

리버뱅크스 동식물원은 전반적으로 벽돌 길과 기하학적 모양의 화단이 형식적 기초를 이루고 있다. 붉은 벽돌로 만들어진 바닥과 경계석, 파티오 등은 마치 오래된 교회당 주변을 산책하듯 고풍스러우면서도 차분한 느낌을 만들어낸다. 군데군데 테라코타 화분과 하얀 대리석 난간도 편안하게 자리잡고 있다. 자칫 딱딱해 보일 수 있는 라인을 부드럽게 만들어 주는 것은 다름 아닌 식물들이다. 가장자리마다 다소 느슨하게 늘어져 길 위를 침범하는 식물들이 정원의 긴장감을 풀며 편안한 여유를 준다.

곳곳의 벤치에는 기증자의 이름이 붙어 있다. 정원의 아름다움은 전체적인 톤과 질감뿐 아니라 곳곳에 깃든 기부자들의 뜻과 마음으로 완성된다. 정원을 함께 나누고 즐기려는 마음이 없다면 정원은 결코 아름다울 수 없다. 계절감을 잘 살린 이러한 정원은 늘 새로운 아이디어로 영감을 주며, 이 지역에 사는 사람들이 각자의 정원을 만드는 데 큰 영향을 미친다.

1 식물원의 방문자 센터 입구
2 대칭 구도의 정형식 정원 형태로 설계된 월 가든

월 가든을 지나 이더블 가든Edible Garden으로 들어서면, 한눈에 봐도 기발한 아이디어가 가득하다. 말 그대로 먹을 수 있는 식물들로 이루어진 공간이다. 남부 지방의 특색을 살린 소박한 아이템들이 아기자기하게 전시되어 있는데, 최소 공간에서 최대 수확을 얻기 위한 다양한 방법이 소개되어 있다. 나무로 짠 플랜트 박스에 방울토마토가 한가득하고, 버킷이나 타이어를 재활용한 화분에는 바질과 감자 같은 식물이 자라고 있다. 지지대를 타고 위로 자라는 식물을 위한 버티컬 가든Vertical Garden도 있다. 정원에 입체감을 더하는 버티컬 가든 기법은 울타리 혹은 차폐용으로도 괜찮은 방법이다. 대부분 한해살이 채소류지만 여러해살이 허브류도 같이 있어 풍성함을 더한다.

이더블 가든을 소개하면서 친환경적인 가드닝 기법을 빼놓을 수 없다. 그중에서 자체적으로 퇴비를 만드는 방법은 쉽고 재미있다. 이런 정보를 알려주는 안내판에는 퇴비를 만들 때 넣어주면 좋은 재료와 좋지 않은 재료가 나열되어 있다. 잘라낸 건강한 풀잎, 나뭇잎과 음식물 찌꺼기, 신문지는 좋은 재료지만, 병들어 상한 식물이나 고기류, 유제품, 잡지 따위는 좋지 않은 재료다. 정원의 한쪽에 만들어 놓은 예쁜 퇴비장이 마치 보물 단지처럼 탐난다. 아름다운 정원 식물들에게 퇴비는 건강과 활력을 주는 최고의 선물이다.

1 지역에서 기를 수 있는 채소와 허브류, 덩굴식물 등을 재배하는 다양한 아이디어로 가득한 이더블 가든

2 밝고 화사한 색감과 다양한 질감의 식물 소재를 이용하는 정원과 조형물은 어린이 정원의 분위기를 좌우하는 중요한 요소다.

이더블 가든에서 이어지는 곳은 어린이를 위한 정원이다. 사마귀를 비롯한 곤충 모양의 거대한 조형물들이 있고, 아이들이 가드닝 수업을 받을 수 있는 야외 체험 교육장도 있다. 아이들에 맞게 축소된 오솔길과 구조물이 아기자기하게 배치되어 있다. 붉은 벽돌로 된 담장에는 타일과 공예품으로 만들어진 예술 작품이 동심과 상상력을 자극한다. 오솔길에 놓인 돌판 위에는 꽃무늬 자수와 타일 장식이 되어 있다. 누가 정원을 만들었는지 참 소박하고 세심하다는 생각이 들었다. 아이들은 이곳에서 어떤 느낌을 갖게 될까? 한번 보고 나면 가끔씩 꿈속에서 다시 만날 법한 마법의 정원이다.

이 정원에서 이렇게 깊은 인상을 받게 되는 데는 다 이유가 있다. 붉은 벽돌 담장에 노란색 해바라기 모양을 한 태양의 여신과 함께 모나르다의 새빨간 꽃이 대조를 이룬다. 건강하게 자란 손바닥선인장 밑으로 노란색 멕시칸세덤이 깔려 있고 뒤로는 주황색 아치 모양 구조물이 서 있다. 주변으로는 포미움과 알로카시아, 바나나 같은 열대식물이 시원시원하게 풍성함을 더한다. 시선을 끄는 것은 색과 대비, 볼륨감이다. 이 정원은 야생생물 서식지로 인증을 받았다. 가든 프로그램을 위한 파빌리온pavillion에는 빗물을 받아서 재활용할 수 있는 빗물 집수조rain barrel가 설치되어 있다. 물과 같이 소중한 자원을 아끼는 기본에서부터 가드닝 교육이 시작된다. 아이들 키 높이에 맞춘 목재 흙작업대가 너무 앙증맞아서 당장이라도 화분에 흙을 담아 꽃을 심고 싶다. 사방이 열린 시원한 구조물은 아이들 교육에 안성맞춤이다. 아마도 이곳의 가드너 혹은 자원봉사자가 만들었을 크고 작은 소품들은 다른 어디에서도 볼 수 없는 독특한 창작물이다.

3 어린이 정원에는 아이들이 좋아하는 조형물이 가득하다.

4 어린이 야외교육장에서는 빗물 집수조 등을 활용해 자연 환경을 지속가능하게 이용하는 법을 가르친다.

어린이 정원에서 한참을 보내고 다음 정원 쪽으로 발길을 옮긴다. 거대한 토분에 다육식물이 심겨 있다. 붉은색 송이석을 이용했는데 토분과 정말 잘 어울린다. 작고 납작한 화분에는 키작은 에케베리아와 용설란 종류가, 보다 큰 화분에는 무늬아가베와 테무늬용설란과 여우꼬리용설란이 있다. 오렌지색 다육이와 은빛 다육이도 보인다. 남아프리카에서 자라는 쿠소니아 스피카타*Cussonia spicata* 같은 귀한 식물도 있다.

리버뱅크스 식물원에는 특별한 컬렉션 가든이 있다. 이곳의 주요 식물 종은 문주란이다. 문주란 속명인 크리눔*Crinum*은 하얀 백합이라는 뜻의 그리스어 크리논*Krinon*에서 유래했다. 영어로는 밀크 릴리Milk Lily 또는 와인 릴리Wine Lily라고 불린다. 수선화과에 속하는 문주란은 전 세계에 약 200종이 있는데, 리버뱅크스 동식물원은 100종 넘게 보유하고 있다. 문주란은 꽃이 크고 화려하며, 관리가 그리 까다롭지 않은 알뿌리식물로 오랫동안 많은 사람들의 사랑을 받아왔다. 우리나라 제주도에도 문주란*Crinum asiaticum* var. *japonicum*이 자생한다. 문주란은 보통 이른 봄 혹은 늦가을에 꽃이 피지만 절정기는 여름 초·중반이다. 하양, 빨강, 분홍, 줄무늬 등 다양한 색깔을 볼 수 있다. 문주란 알뿌리는 수선화과 식물 중에서도 꽤 큰 편이다. 성숙한 알뿌리는 소프트볼보다 크기도 하다. 컬렉션 가든에서는 품종만 소개하는 것이 아니라 이 식물들이 다른 일년초와 숙근초, 관목류나 큰 나무들과 얼마나 잘 어울리는지도 보여준다. 때마침 흰색 바탕에 분홍빛 줄무늬가 돋보이는 크리눔 불비스페르뭄*Crinum bulbispermum* 꽃이 가우라와 함께 활짝 피어 있었다.

1 크리눔 불비스페르뭄과 가우라 꽃이 함께 어우러진 모습

Riverbanks Zoo and Garden

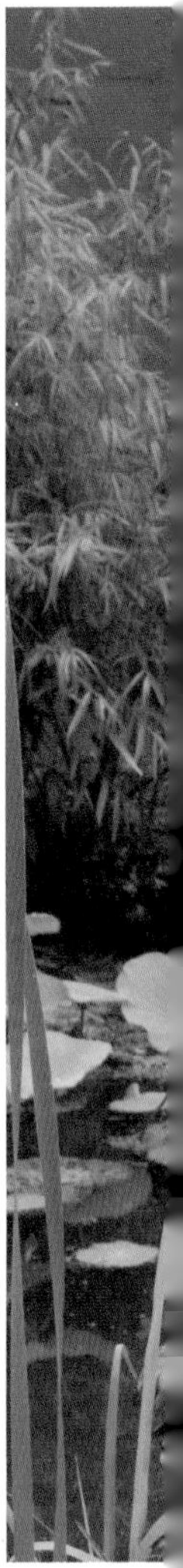

1

2

플레이 가든Play Garden은 또 다른 어린이 정원이다. 예쁜 집과 거대한 실로폰, 거미 모양 조형물, 나비의 일생을 알 수 있는 전시 공간, 검정색과 노란색 줄무늬를 띤 거미 조형물이 있다. 어린아이들은 자기보다 훨씬 큰 이 거미를 보고 놀랄 것이다. 하지만 이 거미는 사람에게 해롭지 않다는 사실과, 그들이 어떻게 생태계 일원으로 살아가는지를 설명을 통해 배울 수 있다.

길은 숲속 한가운데를 따라 만들어놓은 다리를 걷게 되어 있다. 그늘을 좋아하는 식물을 볼 수 있는 이 길은 아시아 가든Asian Garden과 보그 가든Bog Garden으로 이어진다. 보그 가든은 밝은 보라색 벽면 덕분에 멀리서 보아도 매우 인상적이다. 이곳은 웨스트컬럼비아 쪽으로 새롭게 조성된 입구 구역의 핵심 정원이다. 거대한 화강암을 중심으로 연못과 그 주변의 다양한 수생식물을 연출해 놓았다. 정원은 설계에 따라 그렇게 광대한 면적이 필요하지 않을 수 있다. 폭포와 돌, 물과 나무, 속새 같은 수변식물, 연꽃과 수련, 자생 식충식물이 다채로우면서도 조화롭게 보그 가든을 꾸미고 있다. 자귀나무도 한쪽 귀퉁이에서 꽃을 피우고 있다. 보그 가든 맞은편 구석에 위치한 아시아 가든은 아주 작은 규모다. 일본식 꽃꽂이 단체 '이케바나 챕터 #182 컬럼비아'의 기부금으로 2009년에 조성되었다.

여기서는 조용하고 비어 있고 정적이고 외진 느낌을 일반적인 아시아 가든 디자인의 포인트로 보는 것 같다. 조약돌로 둘러싸인 작은 연못과 폭포, 그리고 물 한가운데에 벗풀 종류가 심겨 있는 것이 전부다. 하지만 벤치에 앉아 물소리를 들으며 휴식을 취할 수 있는 최상의 조건을 갖추고 있다. 다양한 아시아 원산의 나무들, 관목과 숙근초, 대나무를 볼 수 있다. 잎에 무늬가 들어간 박태기나무가 커다랗게 자란 모습도 인상적이다.

1 아이들에 맞춰 축소된 집과 거대한 의자

2 놀이 기구가 설치된 플레이 가든의 풍경

3 보라색 벽면을 활용하여 식충식물, 연꽃과 수련 등 다양한 수생식물을 전시한 보그 가든

4 아시아 가든은 조용하고 평온한 쉼터다.

1

2

올드로즈 가든Old Rose Garden에는 세계에서 가장 대중적인 장미를 모아놓은 느와제트Noisettes 컬렉션이 있다. 이 장미들은 올드로즈의 한 계통으로, 첫 번째로 육종된 장미 그룹이다. 미국에서 개발되어 전 세계에 소개되었다. 사실상 이 장미들은 사우스캐롤라이나 주에서 그 기원을 찾을 수 있다. 향기가 좋아 향수의 원료로 널리 쓰이고, 개화기가 길며, 사우스캐롤라이나의 문화와 역사적으로 깊은 관계를 맺고 있다. 이 고전적인 장미들은 관리하기가 쉽고, 풍성하게 자라며, 여름 내내 향기로운 꽃을 피우기로 유명하다. 또한 병충해에도 강해서 농약을 살포하지 않아도 된다. 이곳에서는 장미와 잘 어울리는 부들레야, 샐비어, 가우라 같은 숙근초와 관목도 볼 수 있다. 멕시코 와인 컵이라는 별명을 가진 칼리르호이 인볼루크라타 테누이시마*Callirhoe involucrata* var. *tenuissima*라는 꽃도 있다. 파빌리온을 중심으로 만들어놓은 정원의 골격과 디자인은 거기에 심겨진 식물들과 잘 어우러져 있다. 방문자 센터 앞 연못에서 좁은 수로를 통해 이어진 물은 이곳 로즈 가든 파빌리온의 연못에서 끝을 맺는다.

수로의 왼편을 따라 내려온 길을 이번에는 오른편 길을 따라 올라간다. 여기에 다양한 정원들이 있다. 10평 남짓한 곳은 독립적인 하나의 룸 가든으로 조성되어 있다. 사발야자와 비파나무의 풍성한 잎들이 주변 지역과 이곳의 경계를 만들어준다. 수많은 사람들이 리버뱅크스 동식물원에 있지만, 이 룸 가든의 벤치에 가만히 앉아 있으면 마치 외딴 숲 정원에 혼자 있는 듯 평온할 것이다. 윈터 가든과 아트 가든 등 이러한 작은 정원들에 담긴 아이디어는 무궁무진해 보인다.

어느새 리버뱅크스 동식물원을 한 바퀴 돌고 다시 방문자 센터로 나왔다. 연극 혹은 뮤지컬 한 편을 보듯 생생한 정원의 풍경을 감상하고 나니 뿌듯함이 밀려왔다. 무엇보다 동물원과 어우러진 새로운 형태의 정원을 본 것이 큰 수확이었다. 많은 사람들이 즐겨찾는 동물원과 식물원의 역할은 빠르게 변하고 있다. 기존의 단순한 전시 형태에서 벗어나 이제는 보전과 교육이 핵심 미션으로 떠오르고 있다. 단체와 개인의 기부와 참여 덕분에 리버뱅크스 동식물원은 더 창조적인 운영 전략을 펼치게 되었다. 오늘날의 대중은 더 다양하고 구체적이고 풍성한 것을 원하고 있다.

1 올드로즈 가든 전경. 장미와 잘 어울리는 식물이 함께 심겨 있다.

2 중앙 수로 주변으로 조성된 작은 룸 가든이 사발야자와 비파나무 등으로 둘러싸여 독립된 정원의 느낌으로 충만하다.

Theme II

HEALING GARDENS

희귀 자생식물의 완벽한 보금자리

Mt. Cuba Center

마운트 쿠바 센터

위치	델라웨어 주 호케신
홈페이지	www.mtcubacenter.org

1

"야생화는 우리 땅에서 빠르게 사라져 가고 있다. 나는 이곳이 사람들로 하여금 자생식물에 감사해야 하는 이유와, 이 식물들이 어떻게 그들의 삶을 풍요롭게 만드는지 알게 함으로써, 그들이 자연 서식지 관리자가 되는 법을 깨우치는 장소가 되길 바란다."

—파멜라 코플랜드

처음으로 마운트 쿠바 센터Mt. Cuba Center에 대한 이야기를 들었을 때 이름이 참 특이하게 느껴졌다. 왜 '쿠바'라는 이름을 갖게 되었을까. 그런데 몇 차례 마운트 쿠바 센터를 방문하면서 그 이름이 이 식물원이 지닌 고유의 분위기와 참 잘 어울린다는 생각을 하게 되었다. 높은 언덕 위로 난 길을 따라 마치 조용한 숲속의 신비로운 성을 찾아가듯 만나게 되는 마운트 쿠바의 정원들은 비밀스럽고도 독립적인 느낌을 준다.

250만 제곱미터에 이르는 광대한 면적에 걸쳐 펼쳐진 완만한 구릉과 숲지대에 위치한 마운트 쿠바 센터는 자생식물과 야생화의 연구, 보전, 전시를 위한 완벽한 보금자리다. 그중 25만 제곱미터의 부지가 정원으로 조성되어 집중 관리되고 있는데, 이곳에는 동부의 해안 평원과 애팔래치아 산맥 사이의 드넓은 피드먼트Piedmont 지역에서 자라는 1,800여 종의 자생식물로 가득하다.

1 봄꽃이 만발한 서쪽 경사로의 풍경

2 마운트 쿠바 센터 본관 주변의 항공 사진

3 본관 건물은 콜로니얼 리바이벌Colonial Revival 양식으로 1937년 건축가 빅토린과 새뮤얼 홈지Victorine and Samuel Homsey에 의해 설계되었다.

History & People

마운트 쿠바 센터는 라모트 듀폰 코플랜드Lammot du Pont Copeland 부부가 1935년부터 만들기 시작하였다. 맨 처음 코플랜드 부부는 델라웨어 주 그린빌 부근의 마운트 쿠바에 위치한 농장 부지를 매입하였고, 척박한 언덕 위에 콜로니얼 양식의 하우스와 테라스, 정형식 정원을 만들었다. 여기에는 필라델피아의 이름난 조경건축가 토머스 시어스Thomas W. Sears의 도움이 있었고, 그후 1950년대에 디자이너 메리언 코핀Marian Coffin이 몇몇 정원들을 추가하였다. 다방면에 관심이 많은 원예가였던 코플랜드 부인은 버려진 목장과 숲을 매입하여 숲속 정원 만들기에 열정을 쏟아부었다. 1965년에는 조경건축가 세스 켈시Seth

2

© Mt. Cuba Center

3

© Mt. Cuba Center

Kelsy와 함께 연못을 만들고 관람 동선을 설계하는 등 본격적인 정원 조성을 시작하였다.

켈시가 1970년 마운트 쿠바를 떠난 후 코플랜드 부부는 그들의 목표를 다시 점검하게 되었고, 델라웨어 대학교 교수이자 롱우드 대학원 과정의 코디네이터였던 리처드 라이티Richard W. Lighty의 조언을 받아들여 피드먼트 지역의 자생식물 수집에 초점을 맞추기로 결정했다. 당시 앨라배마부터 거의 뉴욕 시에 이르는 해안 평원 지대와 애팔래치아 산맥 사이에 뻗어 있는 구릉에 위치한 자연 서식지들은 농업과 상업의 확장, 교외 지역의 개발로 인해 지속적으로 위협을 받거나 파괴되고 있었다. 이러한 상황 속에서 코플랜드 부부는 자연 서식지에서 자생식물이 사라지고 그와 함께 생태계가 파괴되는 것을 더욱 우려하게 되었다. 1985년 라이티는 마운트 쿠바 센터의 첫 번째 디렉터가 되었고, 마운트 쿠바 센터는 이 지역의 자생식물을 보전하고 뛰어난 야생화 품종을 선별하여 전문 재배 농가에 보급하는 등 정원 식물 발굴을 위한 일을 시작했다. 1998년 은퇴할 때까지 그는 마운트 쿠바 센터에 수천 종의 식물 데이터베이스를 구축하였고, 컴퓨터로 수집종에 대한 지도화 작업을 시작하였으며, 수백 종의 자생식물을 새롭게 정원에 도입하였다. 코플랜드 부부가 세상을 떠난 후 마운트 쿠바 센터는 사유지에서 공공 정원으로 전환되어 일반인에게 개방되었고, 코플랜드의 뜻을 이어받아 전시, 교육, 연구를 통한 자생식물 및 환경 보전에 노력하고 있다.

1

2

© Mt. Cuba Center

Garden Tour

봄철 새롭게 잎을 내기 시작한 미국물푸레나무*Fraxinus americana*, 참나무, 그리고 목련 아래로 아잘레아, 산딸나무, 산월계수가 꽃망울을 떠뜨리며 꽃의 향연을 펼치고 있는 마운트 쿠바 센터의 숲속 정원은 아주 특별한 감흥을 준다. 마운트 쿠바 센터의 숲에 있는 나무들은 대부분 낙엽수다. 그중 튤립나무*Liriodendron tulipifera*, 미국물푸레나무, 루브라참나무*Quercus rubra* 등이 숲의 상층부를 이루는데, 키가 크고 곧은 튤립나무의 줄기는 마치 대성당 같은 웅장함을 느낌을 준다. 관목에는 미국만병초*Rhododendron maximum*, 핑크셸*Rhododendron vaseyi*, 때죽생강나무*Lindera benzoin*, 병솔칠엽수*Aesculus parviflora*, 블루허클베리*Gaylussacia frondosa* 등이 있다. 바닥층에는 캐나다진저*Asarum canadense*, 버지니아블루벨*Mertensia virginica*, 메이애플*Podophyllum peltatum*, 미국천남성*Arisaema triphyllum*을 비롯한 수백 종의 야생화와 양치식물이 자라고 있다. 숲속의 정원에서는 빛 또한 중요한 요소다. 숲속의 빛은 계절에 따라 시시각각 변하기 때문에 가드너는 빛이 변화하는 조건에 대해 잘 알아야 한다. 빛에 대한 인식은 숲속의 우드랜드woodland 정원을 디자인하는 데 핵심이다. 키 큰 나무가 햇빛을 너무 많이 가리기 때문에 주기적으로 낮은 곳에 위치한 가지들을 중심으로 전정을 해주어 더 많은 빛이 숲 하부의 관목과 초본 식물에 닿을 수 있도록 해주어야 한다. 그래야 숲속의 정원이 더욱 풍성하고 아름다워진다.

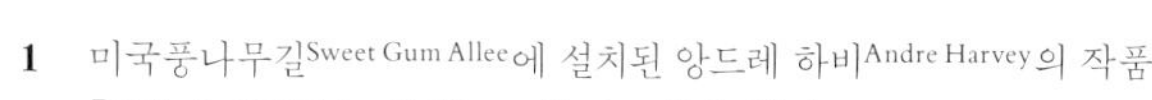

1 미국풍나무길Sweet Gum Allee에 설치된 앙드레 하비Andre Harvey의 작품 「바람에 회전하는 시과Samara Turning with the Wind」

2 노란색 미국얼레지*Erythronium americanum* 꽃과 파란색 버지니아블루벨*Mertensia virginica* 꽃이 숲속 정원에서 조화를 이루고 있다.

3 튤립나무 등 키 큰 나무가 숲속의 울창한 분위기를 형성한다.

마운트 쿠바 센터의 정원에 있는 식물은 모두 자세히 눈여겨볼 필요가 있다. 대부분 하나하나 신중하게 엄선하여 의도적으로 식재한 것들이기 때문이다. 그중에서 마운트 쿠바 센터를 특별하게 만드는 것은 바로 야생화다. 봄철 이곳 숲의 바닥층에서는 다른 곳에서 볼 수 없는 무수한 야생화가 춤을 추듯 피어난다. 야생화도 이렇게 풍성할 수 있구나, 감탄할 정도다. 이런 봄꽃들은 다른 계절의 꽃들이 범접할 수 없는 고귀함과, 흉내낼 수 없는 자태를 지니고 있다. 마운트 쿠바 센터는 특별히 지역에 자생하는 야생화를 숲 하부에 자연스럽게 군락을 지어 식재함으로써 많은 꽃들을 감상할 수 있도록 하였다. 커다란 나무 아래 옹기종기 피어나는 꽃들은 마치 숲속에서 만나는 신비로운 요정과 같다. 식물의 조합은 보통 대여섯 종의 야생화를 혼식하고 그 사이사이에 한두 종의 흔치 않은 야생화를 두어 강조하는 식이다. 이때 습도와 빛, 토양에 대한 요구 조건이 비슷한 것끼리 모아 식재하는 것도 하나의 중요한 팁이다. 이러한 식재 패턴은 아름다움을 느끼게 하기 때문에 작은 규모의 야생화 정원을 원하는 홈 가드너에게 유익한 정보가 된다. 야생화들은 크건 작건 함께 조화를 이루어 숲의 바닥층을 생동감 있게 만들어준다. 우불라리아 그란디플로라*Uvularia grandiflora*, 꿩의다리 '핑크 펄'*Thalictrum thalictroides* 'Pink Pearl' 같은 봄꽃은 플록스 스톨로니페라*Phlox stolonifera*와 단풍매화헐떡이풀*Tiarella cordifolia*로 자연스럽게 이어지고, 그 다음에는 연영초*Trillium* spp. 종류들이, 그리고 공작고사리*Adiantum pedatum* 같은 여러 종류의 양치식물이 나타난다.

1 우불라리아 그란디플로라*Uvularia grandiflora*

2 네덜란드금낭화*Dicentra cucullaria*

3 꿩의다리 '핑크 펄'*Thalictrum thalictroides* 'Pink Pearl'

4 단풍매화헐떡이풀 '시그넷'*Tiarella* 'Cygnet'

5 자연스럽게 혼합 식재된 다양한 색깔과 질감의 야생화 정원

Mt. Cuba Center

마운트 쿠바 센터에서 정말 놓치지 말아야 할 식물은 트릴리움*Trillium*이다. 우리나라에서는 연영초속屬 식물로 알려져 있는 트릴리움은 이름이 뜻하듯 잎과 꽃받침, 꽃잎이 각각 세 장으로 이루어져 있는데, 자세히 보면 암술머리 역시 세 개로 되어 있다. 트릴리움은 미국 원주민과 초기 정착민에게 봄을 알려주는 중요한 식물이었다. 그들은 큰꽃연영초*Trillium grandiflorum*의 뿌리줄기로 차를 만들어 마셨고, 다른 종들은 분만 촉진제나 부인병 치료제로 사용하였다.

트릴리움 꽃은 남부 지방에서 2월에 피기 시작하여 북부 지방에서 5월까지 개화하는데, 마운트 쿠바 센터에서는 대부분 4월부터 5월 중순까지 개화한다. 트릴리움은 전형적인 우드랜드 식물이지만 범람원, 숲의 암반 경사지, 침엽수림 등 다양한 서식지에서 볼 수 있다.

트릴리움의 세계는 심오하다. 꽃 색이 다양하고 잎 무늬도 여러 가지다. 미국 동부 지역의 낙엽수림은 트릴리움이 가장 풍부한 서식지 중 하나이며, 전 세계 48종 가운데 35종의 원산지가 북미 지역이다. 한편 재배가 까다롭기로 유명한 트릴리움은 씨앗이 발아하기까지 두 계절이 걸리고 꽃을 피울 수 있는 크기로 성장하는 데 5~7년이나 걸리기 때문에 더 귀한 대접을 받는다. 또한 수명이 짧은 편이고, 부엽토와 점토질이 풍부한 낙엽수림에서 따뜻한 봄날이 올 때까지 겨울 휴면기를 보내야 하며, 주변 나무들의 잎이 자라 수관이 닫힐 때까지 개화와 결실, 쇠퇴를 모두 마치는 특징이 있다. 트릴리움은 1960년대 우드랜드 가든이 조성된 이래로 마운트 쿠바 센터에서 봄 야생화 전시의 주요 볼거리였다. 정원마다 화려한 꽃이 한창일 무렵 피어나는 트릴리움 꽃은 튤립처럼 나 좀 봐 달라고 짙게 꾸미지 않고도 시선을 사로잡는 묘한 아름다움을 지니고 있다.

1

트릴리움이 마운트 쿠바 센터에 도입되어 식재된 과정은 정원 조성, 원예학적 교류, 번식 연구, 그리고 보전에 대한 노력과 깊은 관련이 있다. 마운트 쿠바 센터는 초기에 전문 재배 농가로부터 트릴리움을 도입하기 시작해, 수십 년 동안 분주 작업

1 큰꽃연영초*Trillium grandiflorum*

2 트릴리움 푸실룸*Trillium pusillum* var. *pusillum*

3 레몬향이 나는 노란색 트릴리움 루테움*Trillium luteum*

4 트릴리움 세실레*Trillium sessile*

5 흰색 트릴리움 꽃은 시간이 지남에 따라 색깔이 변하기도 한다.

과 파종 번식을 거쳐 현재 24종의 트릴리움을 보유하고 있다. 이는 시간과 인내, 정성스러운 보살핌으로 만들어낸 마운트 쿠바 센터의 핵심 컬렉션이다. 1990년대에는 버지니아 주의 허가를 받고 채종한 씨앗으로 1,000여 본에 이르는 트릴리움 재배에 성공하기도 했다.

본관 건물 남쪽 테라스 끝에 가면 미국호랑가시나무와 산월계수, 마취목 등의 나무로 둘러싸인 라운드 가든Round Garden에 계절 초화류가 몰타의 십자가 모양을 한 연못 주변으로 전시되어 있다. 이 정원은 메리언 코핀의 디자인으로 1949년에 조성되었다. 4월 말부터 5월에 걸쳐 튤립과 델피늄이 주를 이루고 여름에는 다양한 일년초와 숙근초로, 가을에는 국화로 이어진다.

숲길Woods Path은 1938년부터 인근 튤립나무 숲으로부터 묘목을 이식하기 시작하여 1960년대에 완성된 모습을 갖추었다. 여러 다른 정원으로 이어진 길들이 숲길의 주 관람 동선과 연결되어 있고, 다채로운 야생화가 숲길을 따라 연속적으로 나타나고 사라짐으로써 이곳은 언제나 계절의 변화를 느끼게 한다.

서쪽 경사로West Slope Path는 숲길 끝에서부터 완만하게 굽어 내려가다가 종착지인 연못에 이르도록 설계되어 있다. 구불구불하게 이어지는 호젓한 길을 따라 내려가면서 굽이를 돌 때마다 색다른 분위기의 꽃을 만날 수 있다. 이 길은 산딸나무의 길게 뻗은 나뭇가지 아래쪽으로 굽어 내려가는 길을 따라 점점 좁아지며, 점차 더 아늑하고 신비롭고 매력적인 공간으로 바뀐다. 이윽고 방문객은 로도덴드론, 호랑가시나무, 수국으로 이루어진 좁은 터널을 지나 반대편에서 나타나는 또 다른 분위기 속으로 이끌려간다. 이러한 드라마틱한 요소들은 이 길을 걷는 내내 다채로운 느낌들을 선사한다.

1

2

3

4

1 남쪽 테라스South Terrace

2 튤립과 델피늄이 어우러진 라운드 가든Round Garden의 봄 풍경

3 서쪽 경사로West Slope Path

4 숲길Woods Path

연못의 봄 풍경

이윽고 숲길의 끝에서 다다르게 되는 연못은 마치 아무도 없는 숲속에서 돌연 숨이 멎을 듯 아름다운 곳을 발견하는 것처럼 놀랍고도 비밀스러운 순간을 맛보게 해준다. 1960년대에 코플랜드와 조경건축가 세스 켈시는 잡목이 우거진 이 지역에 물을 자연스럽게 들여와 정원을 조성하려고 많은 시간을 보냈다. 네 개의 연못은 첫 번째 연못에서 다음 연못들로 순차적으로 자연스레 흐르게 되어 있는데, 이곳은 피드먼트 지역에 넓게 분포하는 자생 양치식물과 습지식물을 위한 이상적인 환경 조건을 갖추고 있다. 또한 짙은 튤립나무 숲으로 둘러싸인 공간 속에서 물과 빛, 그리고 다양한 패턴이 만들어내는 고요하고 맑은 정원의 풍경 덕분에 이곳은 마운트 쿠바 센터에서 가장 인기 있는 장소가 되었다. 네 개의 연못은 마치 원래 그곳에 있었던 것처럼 자연스럽게 숲의 작은 계곡 안에 터를 잡고 다양한 수생생물과 새, 습지식물의 아늑한 보금자리가 되어 왔다. 연못 주변으로는 조각배와 정자, 그리고 작은 시내를 건널 수 있는 다리가 설치되어 있다. 연못의 유지 관리를 위해 가드너들은 매년 봄 2주에 걸쳐 연못 바닥에 쌓인 잎과 온갖 찌꺼기를 제거하는 작업을 한다.

연못에서 다시 완만하게 위쪽으로 올라가며 조성된 산딸나무 길Dogwood Path은 곧이어 나타나는 12,000제곱미터인 메도 가든Meadow Garden의 가장자리를 둘러싸고 있다. 산딸나무는 우드랜드 가든에서 필수적인 역할을 하는데, 숲 가장자리와 초원에서 풍성한 꽃을 피워내고 가을에는 화려한 단풍을 선보이기 때문이다. 산딸나무 길은 멀리서 보면 화려한 풍경을 이루고 있을 뿐 아니라 구석구석에 보금자리 같은 오붓한 공간도 있다. 궁극적으로 마운트 쿠바 센터에서 계절과 계절을 이어주는 다리 역할을 하고 있다. 이러한 이유로 마운트 쿠바 센터의 가드너들은 미래의 정원을 위한 새로운 산딸나무 묘목을 지속적으로 재배하고 필요한 곳에 식재하고 있다.

1 시냇가의 다양한 습지 식물들

2 오론티움 아쿠아티쿰*Orontium aquaticum*

3 산딸나무 길Dogwood Path

4 봄철 꽃이 피기 전 꽃산딸나무 '체로키 프린세스'*Cornus florida* 'Cherokee Princess'에 새순이 돋은 모습

3

© Mt. Cuba Center

4

© Mt. Cuba Center

초원의 아래쪽에 위치한 모스 뱅크Moss Bank는 선애기별꽃*Houstonia caerulea*, 이리스 크리스타타*Iris cristata*, 노빌리스 노루귀*Hepatica nobilis* var. *obtusa* 같은 섬세한 봄 야생화를 위한 정원이다. 이 그늘진 환경은 그 너머에 있는 초원을 돋보이게 해주고 역동적인 대비를 이룬다. 모스 뱅크는 마운트 쿠바 센터의 다른 구역과 마찬가지로 세심하게 관리되고 있는데, 정원의 특성상 아주 작은 야생화들 사이의 잡초를 제거하기 위해 핀셋을 이용하기도 한다. 마운트 쿠바 센터를 둘러싼 주변의 숲과 초원, 도로로부터 들어오는 수많은 외래 침입종을 막기 위한 철저한 잡초 관리는 모든 정원에 필수적인 작업이기도 하다.

마운트 쿠바 센터는 4월부터 시작되는 봄 시즌, 그리고 여름과 가을 사이의 투어 프로그램을 통해서만 정원을 관람할 수 있다. 모든 방문객은 미리 예약을 해야 하는데, 매년 5월 1일은 야생화 기념일이어서 가이드 없이 정원을 무료로 즐길 수 있다. 또한 마운트 쿠바 센터에서 운영하고 있는 다양한 온/오프라인 교육 프로그램은 연중 내내 참여가 가능하다. 마운트 쿠바 센터는 다른 많은 공공 정원에서 볼 수 있는 화려함보다는 자연스러운 경관 속에서 사람들에게 깊은 영감을 주는 수수함을 보여준다. 하지만 그 수수함은 결코 지루하지 않은 수준 높은 아름다움을 지니고 있다. 또한 오랜 세월 축적된 경험과 깊이 있는 연구를 바탕으로 마련된 식물 보전 및 자생식물에 관한 교육 프로그램은 마운트 쿠바 센터를 다른 식물원과 차별화된 특별한 곳으로 만들어주고 있다.

마운트 쿠바 센터를 돌아보며 나는 숲과 초원, 연못이 주는 고요한 평화로움에 감사하고, 곳곳에 피어 있는 다양한 꽃들에 호기심을 갖게 되고, 이 모든 것이 조화롭게 어우러진 하나의 그림 같은 풍경에 경이로움을 느꼈다. 또한 가장 높은 수준의 가드닝은 바로 자연 그 자체가 지닌 야생의 아름다움을 고스란히 담아내는 생태 정원에 대한 지식과 경험, 그리고 보전에 대한 인식으로부터 비롯되지 않을까 하는 작은 깨달음을 얻기도 하였다.

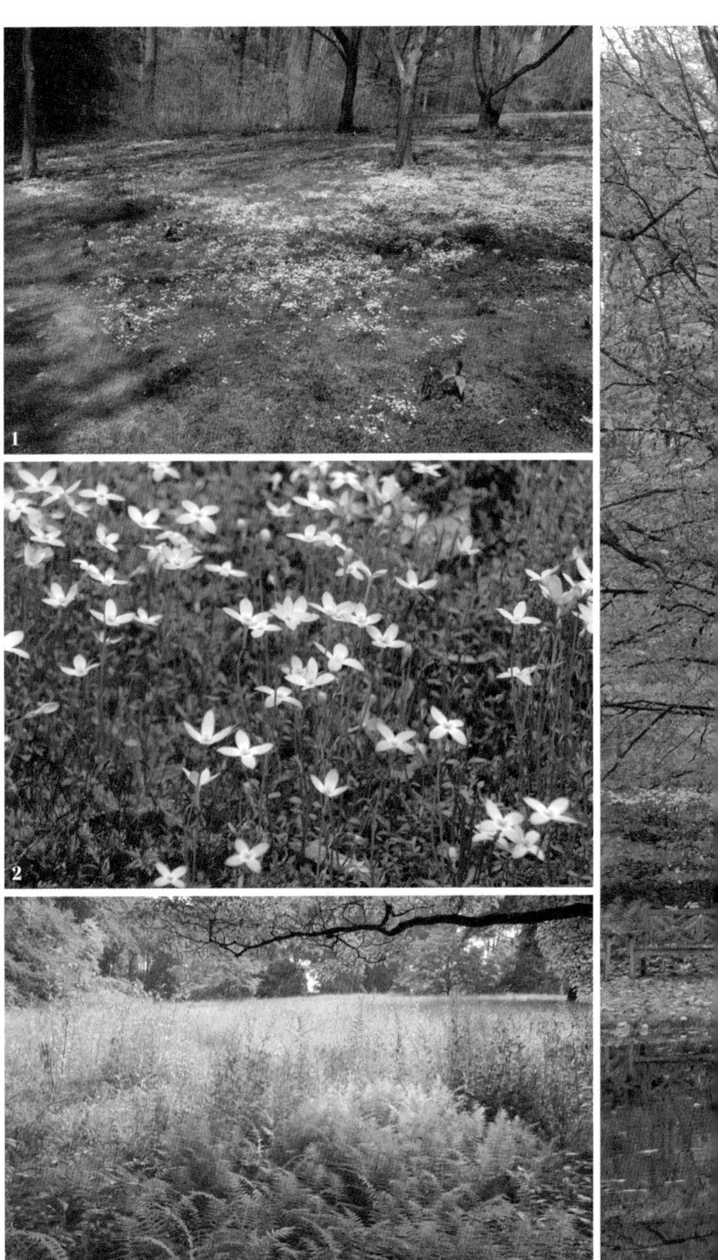

1 모스 뱅크Moss Bank

2 선애기별꽃*Houstonia caerulea*은 봄에 가장 먼저 개화하는 꽃 중 하나다.

3 메도 가든의 봄

4 메도 가든의 가을

골동품과 예술 작품을 품은 와일드 가든

Winterthur

윈터투어

위치 델라웨어 주 윌밍턴

홈페이지 www.winterthur.org

1
2

봄이 되면 가장 먼저 생각나는 정원이 있다. 그 정원은 겨우내 문을 닫았다가 봄이 되어야 다시 문을 연다. 겨울이 지나고 문득문득 봄기운이 느껴지기 시작하면 케넷파이크 52번 국도에 있는 이 정원의 입구를 지나면서 어서 빨리 개장하길 기다리곤 했다. 이 정원은 특히 이른 봄에 진수를 맛볼 수 있기 때문에 그 시기를 놓치면 다시 또 1년을 기다려야 한다.

이른 봄 숲속의 플라워 카펫, 한번 시작되면 멈출 줄 모르고 계속되는 봄꽃의 향연, 로도덴드론과 숲속 야생화가 끝없이 펼쳐지는 곳, 마법의 동화 속에 나올 법한 거대한 목련이 아이 얼굴만 한 꽃을 가득 피워내는 그림 같은 풍경이 있는 곳, 이 정원을 생각할 때 떠오르는 장면들이다. 평화롭고 조용한 곳에서 아무 생각없이 울창한 나무와 꽃의 아름다움을 감상하며 휴식하고 싶다면 이 정원이 바로 그런 곳이다.

윈터투어Winterthur는 델라웨어 주 윌밍턴 시의 북쪽, 한적한 교외 지역에 자리잡고 있는 정원이자 박물관이면서 도서관이다. 펜실베이니아 주와 델라웨어 주를 관통하는 브랜디와인 강 주변에는 숲과 초원, 구릉 같은 비옥하고 아름다운 경관이 펼쳐져 있는데, 전체 면적이 400만 제곱미터에 이르는 윈터투어는 그러한 지형을 골고루 갖추고 있다. 그중 24만 제곱미터가 일반인에게 개방되어 있다.

이곳에는 정원만 있는 것이 아니라 박물관과 하우스, 도서관도 있다. 오래된 하우스를 박물관처럼 운영해서 과거 이곳에 살았던 주인들의 럭셔리한 생활 모습도 볼 수 있다.

1 키 큰 나무들 사이로 윈터투어 하우스가 보인다.

2 방문자 센터. 카페와 기념품 가게, 교육과 강연을 위한 강당 등의 시설을 갖추고 있다.

History & People

이야기는 1800년 피에르 새뮤얼 듀폰 드 느무르Pierre Samuel du Pont de Nemours와 그의 가족이 아메리카 대륙에 도착한 때로 거슬러 올라간다. 듀폰의 가족은 브랜디와인 계곡에 터를 잡았고, 큰아들 E. I. 듀폰E. I. du Pont이 화약 제조사를 설립했다. 이 사업은 크게 성공해서 듀폰 일가는 이후 두 세기가 넘도록 미국에서 가장 부유한 가문 중 하나가 되었다. 훗날 듀폰과 제너럴모터스를 경영하고 롱우드 가든을 설립한 P. S. 듀폰의 고조할아버지가 바로 E. I. 듀폰이다. E. I. 듀폰은 1810년에 지금의 윈터투어가 위치한 부지의 핵심 지역을 매입했고, 자식들에게 물려주었다.

1839년 E. I. 듀폰의 딸 에벌리나 듀폰Evelina du Pont과 그녀의 남편 자크 앙투안 비더만Jacques Antoine Bidermann이 이곳에 터를 잡았다. 그들은 자크의 선조가 살았던 스위스의 지명을 본따 이곳을 윈터투어라 부르기 시작하였다. 그 후 3대에 걸쳐 후손들이 이곳에 살았다. 현재의 윈터투어의 모습을 일군 사람은 헨리 프랜시스 듀폰Henry Francis du Pont(1880~1969)이다.

남북전쟁의 영웅이자 상원의원인 아버지를 두었던 헨리 프랜시스 듀폰(이하 듀폰)은 어린 시절 새알과 우표 수집을 좋아했던 부끄럼 많고 외로운 아이였다. 우연히 아널드 수목원의 수업에 참석한 것이 계기가 되어, 그는 하버드 대학교에서 원예학을 공부하고, 꽃에 심취하였다. 어머니가 돌아가시고 나서 윈터투어를 책임지게 된 그는 농장을 만들고 젖소를 기르기 시작했다. 어린 시절부터 운동과 학업에 소질이 없었던 듀폰을 항상 놀리곤 했던 사촌들은 그를 '우유 짜는 여자'로 놀리기도 했다. 하지만 듀폰은 매사추세츠 공과대학MIT 출신의 조경건축가 메리언 코핀Marian Coffin의 도움을 받아 하우스 주변의 정원을 비롯한 광활한 농장 부지의 조경을 설계하여, 윈터투어를 미국의 가장 훌륭한 사유지 중 하나로 일구어냈다. 그는 1925년까지 윈터투어에 채소 정원과 플라워 가든, 온실, 제재소, 철도역, 우체국뿐 아니라, 칠면조와 닭, 양, 돼지를 기르면서 유제품을 생산하는 농장까지 갖추는 등 놀라운 발전을 이루었다. 1920년대 말 윈터투어가 전성기를 맞이했을 때, 전체 부지 면적은 10제곱킬로미터 이상으로 확장되었고, 윈터투어에서 정원과 가축을 돌보는 일꾼이 250명에 이르기도 했다.

하우스를 개보수하고 증축하는 것 외에 그는 현대식 외양간barn도 지었는데, 그가 키운 소는 한때 세계 최고의 유지방 기록을 갱신하기도 했다. 듀폰은 1916년 루스 웨일스Ruth Wales와 결혼하였고, 1923년 아내와 함께 버몬트의 한 농가를 방문한 이후 미국의 골동품에 각별한 관심을 갖게 되었다. 처음으로 구입한 1737년산 펜실베이니아 궤를 시작으로 그는 미국의 장식 미술품과 건축학적인 요소들을 수집하기 시작했다. 1928년부터 1931년까지 듀폰은 대규모로 하우스를 확장하였고 175개의 방을 만들어 초기 미국 건축 양식에서 중요한 내부 장식들을 테마별로 수집해 전시하였다. 당시 대부분의 미국인이 유럽의 문화, 예술, 가구에 빠져 있을 때, 그는 미국인의 손에서 직접 만들어진 물건들을 모으기 시작한 것이다. 듀폰은 곧 이 분야에서 수준 높은 감식안과 권위를 갖게 되었다. 그는 뉴욕의 쿠퍼 박물관을 살리는 일을 도왔고, 존 F. 케네디 전 미국 대통령의 부인 재클린 케네디Jacqueline Kennedy가 12명의 백악관 복원위원회를 구성할 때 의장으로 선출되기도 했다. 유년기와 학창 시절에 별 두각을 나타내지 못한 한 소년이 탁월한 원예가이자 젖소 사육 전문가, 미국의 손꼽히는 예술품 수집가로 변모한 것이다.

1951년 헨리 프랜시스 듀폰은 마침내 그의 어린 시절의 집이자 박물관인 윈터투어 하우스를 대중에게 개방하였다. 또한 델라웨어 대학교와 결연을 맺고 미국 장식미술을 연구하는 학위 과정의 개설을 도왔다. 그는 1915년부터 1958년까지 듀폰사의 이사로 재직했으며, 제너럴모터스, 필라델피아 미술관, 뉴욕 식물원을 비롯한 다른 기업과 문화 기관의 디렉터 및 이사, 그리고 델라웨어 대학교의 재단 이사를 지내기도 했다.

1 선큰 가든Sunken Garden에서 바라본 윈터투어 하우스 전경

2 175개의 방이 있는 윈터투어 하우스 내부의 나선형 계단

3 윈터투어 하우스의 전시룸. 175개의 방마다 미국의 독특한 장식 미술품과 인테리어에 관한 특별 전시가 열리고 있다.

3

1870년 윌리엄 로빈슨William Robinson은 그의 저서『와일드 가든 *Wild Garden*』을 통해 인공적으로 꾸며지지 않은 자연스러운 형태의 정원을 제시하였다. 이로부터 촉발된 와일드 가든은 영국과 아일랜드, 미국에 널리 퍼지게 되었는데, 윈터투어는 이러한 와일드 가든의 원래 개념과 형태를 오늘날까지 유지하고 있는 몇 안 되는 곳 중 하나다. 대부분의 와일드 가든이 20세기 초 전쟁 후의 토지 개발과 자연 재해를 피하지 못했기 때문이다. 와일드 가든은 건축물보다는 식물이 중심을 이루기 때문에, 한번 방치되기 시작한 와일드 가든은 말 그대로 야생의 정원이 되었고, 거의 회복이 불가능하게 되었다.

듀폰은 애초부터 와일드 가든의 개념을 받아들여, 정원이 자연스러운 경관과 잘 어우러져서 인위적으로 만들어진 것처럼 보이지 않아야 한다고 생각했다. 그리고 윈터투어의 숲은 듀폰이 마음속에 그린 와일드 가든의 형태와 잘 맞아 떨어지는 환경을 지닌 곳이었다. 무엇보다 그는 우드랜드를 비롯하여 그 자신이 윈터투어에서 자라며 보고 느낀 경관에 대한 풍부한 영감을 갖고 있었다.

일반적으로 자연스러운 우드랜드疎林에는 네 개의 층이 있다. 지피류, 관목류, 소교목, 교목이 그것인데, 이러한 우드랜드는 대개 초목층이 매우 두껍고 짙어서 그 속을 들여다보기가 어렵다. 그러나 듀폰은 우드랜드에 대한 아이디어를 새롭게 다시 상상하여, 아름다운 경치와 풍경을 창조해냈다.

주로 토착화된 외래식물로 구성된 윈터투어의 식물상植物相은 마치 자연발생적으로 자란 것처럼 보이도록 식재되었다. 색과 형태가 조화를 이루도록 다른 식물과 함께 그룹을 지어 커다란 군락 단위로 배치되었다. 이렇게 윈터투어의 정원은 전체 부지를 하나의 큰 그림으로 보아, 모든 방향에서의 전망이 전체 그림에 중요한 역할을 하도록 설계되었다. 그래서 우드랜드, 건초 지대, 초원은 어떤 형태에 맞춰 인위적으로 조성된 곳보다 더 중요하다. 또한 정원에 뻗어 있는 길은 전체 디자인의 필수 요소로 직선보다 곡선과 지면 윤곽을 따르고, 나무 군락 주변을 자연스럽게 돌며 정원과 정원을 연결한다. 윈터투어에서는 색깔도 중요한 요소다. 듀폰은 전 세계로부터 엄선하여 수집한 식물을 이용해 다양하면서도 서정적인 색의 조합으로 1월부터 11월까지 윈터투어의 정원에 연속적인 꽃의 파노라마가 펼쳐지도록 만들었다.

1 우드랜드로 들어가는 숲길은 계절의 변화에 따라 다른 느낌을 준다.

2 꽃이 마치 여기저기 자연스럽게 피어난 것처럼 보인다. 윈터투어의 정원은 인위적이지 않은 아름다움을 추구한다.

1
2

3월의 언덕 March Bank

윈터투어에서 가장 먼저 꽃이 피는 곳이다. 숲을 이루는 나무를 제외하면 이 정원은 거의 초본류 식물이 주를 이루고 있다. 대단위로 식재한 아주 작은 봄철 알뿌리식물의 다양한 꽃이 늦겨울과 이른 봄에 걸쳐 아직 새잎을 내지 않은 나무 아래로 파스텔 그림 같은 장면을 연출한다. 이 시기부터 정원의 색은 말 그대로 일주일 단위로 달라진다. 넓게 펼쳐진 숲의 바닥 색을 전체적으로 바꿔주는 이러한 순차적 개화 과정은 단 한 차례의 방문으로는 포착하기 힘들다. 마치 보이지 않는 신의 손길이 정원의 바탕색을 매번 다르게 색칠하는 것처럼 3월의 언덕은 해마다 와일드 가든의 진수를 보여준다.

먼저 2월 말과 3월 초에는 설강화*Galanthus* spp.의 하얀색 꽃이 숲을 가로지르며 미나리아재비과*Ranunculaceae*에 속하는 두 종류의 노란색 꽃과 합류한다. 하나는 키가 매우 작은 노랑너도바람꽃*Eranthis hyemalis*이고, 다른 하나는 이보다 더 희귀하고 큰, 고사리 같은 잎을 가진 복수초*Adonis amurensis*이다. 이와 거의 동시에 봄은방울수선*Leucojum vernum*의 하얀 꽃도 꽃잎 끝을 녹색으로 살짝 물들인 앙증맞은 모습으로 이 신비로운 쇼의 대열에 참여한다.

여기에는 강렬한 보라색 꽃을 피우는 크로쿠스 토마시니아누스*Crocus tomasinianus*도 함께한다. 이 무렵부터 전체적인 색조는 점차 키오노독사 루킬리아이*Chionodoxa luciliae*와 스킬라 시비리카*Scilla sibirica*의 파란색 꽃과, 키 작은 미국산수유*Cornus mas* 나무의 노란색 꽃이 조화를 이루는 더 입체적인 분위기로 바뀐다. 이 시기의 초기에 꽃의 연속적인 개화는 눈과 얼음의 방해를 받기도 하지만 기온이 다시 오르기 시작하면 개화의 흐름이 계속 진행된다. 겨울의 음침함이 사라진 후 흰색, 노란색, 파란색이 만들어내는 이러한 꽃의 교향곡이 절정에 다다르면 마침내 봄이 왔음을 실감하게 된다.

4월부터 피기 시작하는 버지니아블루벨*Mertensia virginica*을 비롯한 자생 야생화가 5월까지 이어지는데, 6월 초에 나뭇잎이 꽉 들어차 꽃의 연속적인 개화 흐름이 잠시 소강 상태를 보인다. 그리고 6월 말과 7월 초에 비탈의 낮은 부분과 골짜기 층은 양치식물과, 음지에서 잘 자라는 숙근초의 꽃으로 뒤덮인다.

이 놀라운 와일드 가든의 미적 가드닝 원칙은 다른 무엇보다 색을 가장 중요한 요소로 여기는 데 있다. 65년 동안 같은 숲속에서 펼쳐지는 개화의 연속을 지켜보면서 수천 가지 식물에 대해 실험하고 색의 조합을 개선해 온 노력이 윈터투어의 현재 모습을 만들어낸 것이다.

1 흰색 엘위스설강화*Galanthus elwesii*

2 노란색 노랑너도바람꽃*Eranthis hyemalis*

3 노랑너도바람꽃과 엘위스설강화가 함께 피어 있는 모습

4 파란색 꽃으로 숲의 밑바닥을 뒤덮은 키오노독사 루킬리아이*Chionodoxa luciliae*

5 흰색과 보라색의 아네모네 아페니나*Anemone apennina*와 흰색 큰꽃연영초*Trillium grandiflorum*

6 키오노독사 루킬리아이와 스킬라 시비리카는 생김새가 매우 비슷하다. 두 가지 다른 점은 키오노독사의 경우 꽃잎 밑부분이 서로 붙어 있고, 수술이 납작하여 컵 모양이다.

윈터헤이즐 산책로Winterhazel Walk

이 정원은 대부분의 낙엽수가 아직 새로운 잎을 펼치기 전인 4월 초에 절정을 이룬다. 녹색을 살짝 띠는 노란색 꽃이 피는 일곱 종류의 윈터헤이즐*Corylopsis*(우리나라 특산 히어리와 같은 속)과 연보라색 꽃이 피는 한국 원산의 진달래*Rhododendron mucronulatum*가 이곳의 주요 볼거리다. 진달래 꽃을 이곳에서 만나는 느낌도 색다르거니와 각각의 꽃과 나무를 귀하게 적재적소에 쓸 줄 아는 안목이 부럽기도 하다. 초록색 지피류와 다른 배경을 이루는 식물과 함께 노란색, 연보라색이 절묘한 대비를 이룬다. 현호색, 앵초, 헬레보루스 등 다양한 숙근초도 이 시기에 피어난다.

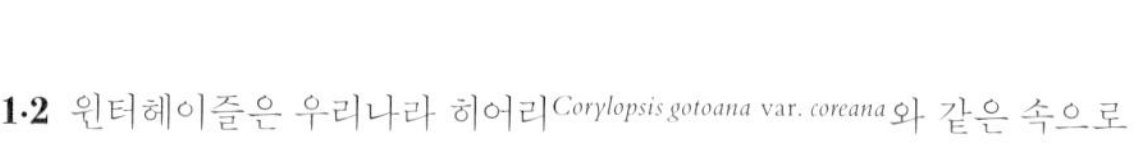

1·2 윈터헤이즐은 우리나라 히어리*Corylopsis gotoana* var. *coreana*와 같은 속으로 이곳에는 모두 일곱 종류의 다양한 윈터헤이즐 품종이 있다.

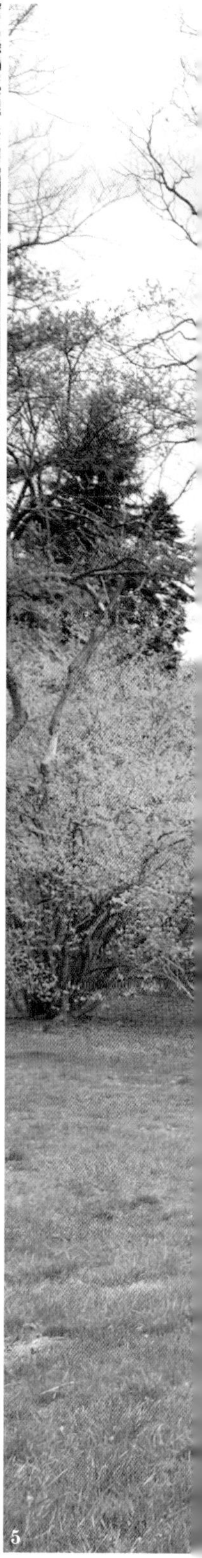

3 헬레보루스 오리엔탈리스*Helleborus orientalis*

4 아쿠틸로바노루귀*Hepatica acutiloba*

5 윈터헤이즐의 노란색 꽃과 진달래의 보라색 꽃이 색의 대비를 이루고 있는 윈터헤이즐 산책로

Winterthur

마법의 숲 Enchanted Woods

마법의 숲은 조경건축가이자 예술가인 게리 스미스Gary Smith가 설계한 윈터투어의 독특한 어린이 정원이다. 게리 스미스는 펜실베이니아 주 롱우드 가든의 피어스 우드Peirce's Woods, 플로리다 주 네이플스 식물원Naples Botanical Garden의 열대 모자이크 정원 등 주로 공공 정원을 설계하고 조성하여 미국경관디자이너협회APLD를 비롯한 주요 기관으로부터 여러 차례 주요 상을 수상했으며, 강연과 저술로도 유명하다.

거대한 오크 트리가 그늘을 드리우고 있는 12,000제곱미터의 마법의 숲은 요정과 숲의 정령에 대한 이야기로 가득 차 있다. 트롤의 다리, 요정의 오두막, 튤립트리 하우스, 도토리 찻집, 그린맨의 은신처 등 마법과 신비로움이 가득한 이곳에서 어린이들은 새로운 세상을 발견한다.

1 트롤의 다리Troll Bridge
2 개구리 소굴Frog Hollow
3 튤립트리 하우스Tulip Tree House
4 요정의 오두막Faerie Cottage
5 도토리 찻집Acorn Tearoom
6 그린맨의 은신처Green Man's Lair
7·8 요정 꽃 미로Fairy Flower Labyrinth

5
6
7
8
With beauty above me

아잘레아 숲 Azalea Woods

아잘레아 숲의 절정은 5월 초·중반이지만, 이곳에 식재된 알뿌리식물은 3월부터 개화한다. 산광만병초*Rhododendron oreodoxa*와 아네모네 아페니나*Anemone apennina*, 다양한 앵초류*Primula* spp., 흰색 큰꽃연영초도 각각의 개화 시기에 맞게 꽃을 피우고, 상록 로도덴드론 품종과 여타 야생화의 개화가 5월 말까지 이어진다.

쿼리 가든 Quarry Garden

1962년 듀폰이 82세에 오래된 채석장을 탈바꿈시켜 만든 습지 정원으로, 벽면을 따라 형성된 거대한 바위 채석지가 양치식물과 숙근초, 관목류의 훌륭한 식재 장소가 되었다. 자연스럽게 바닥으로부터 스며나오는 샘은 습지식물에게 수분을 공급한다. 5월 말과 6월 초에 절정에 이르는 쿼리 가든은 주황색, 분홍색, 연보라색, 적갈색, 연노란색 등 다양한 색의 꽃이 피는 촛대 모양 앵초류가 주를 이루며, 7~8월에는 붉은숫잔대가 벌새와 나비를 유혹한다.

목련 정원 Magnolia Bend과 해시계 정원 Sundial Garden

1875년에 듀폰에 의해 식재된 종류를 비롯한 다양한 목련이 숲의 정원에서 열린 초원으로 넘어가는 전환점에서 목련 정원을 형성하고 있다. 조경건축가 메리언 코핀에 의해 설계된 해시계 정원은 목련 정원과 가깝게 조성되어 있는데, 고리 모양의 해시계를 중심으로 조팝나무의 흰색 꽃, 명자나무의 분홍색, 빨간색, 흰색 꽃, 라일락 등이 4월에 절정을 이루어 주변의 분홍색, 흰색 목련 꽃과 함께 환상적인 분위기를 자아낸다.

1 아잘레아 숲의 산광만병초*Rhododendron oreodoxa*

2 목련 정원Magnolia Bend의 풍경

3 해시계 정원Sundial Garden

4 목련 '와다의 기억'*Magnolia praecocissima* 'Wada's Memory'

하우스와 박물관

175개의 룸이 있는 거대한 윈터투어 박물관 하우스는 1640년과 1860년 사이에 미국에서 사용되거나 만들어진 고가구, 은제 물품, 자수, 직물, 그림, 인쇄물, 도자기, 유리 등 9만 점에 이르는 수집품을 보유하고 있다. 이는 초기 미국의 생활상을 가장 잘 보여주면서 시대별로 돋보이는 유행을 반영하는 전시관이다. 앨버트 이브스Albert Ives의 설계로 지어진 건물 자체 역시 그 시대의 건축 양식을 대표하고 있다. 상설 전시 외에 하우스 투어는 별도 예약과 함께 추가 비용이 필요하다. 도서관에는 10만 종 이상의 책과 정기간행물이 있으며 2만 권에 이르는 미국 및 유럽의 희귀 장서도 있다. 연간 약 13만 명의 방문객이 다녀가는 윈터투어에는 현재 400여 명의 자원봉사자가 있으며, 일반 성인과 가족, 학교 등을 대상으로 하는 다양한 교육 프로그램과 인턴십 프로그램도 운영되고 있다.

평소 자신을 '헤드 가드너'로 부르길 좋아했던 헨리 프랜시스 듀폰은 1956년 미국가든클럽Garden Club of America으로부터 미국 최고의 정원사에게 수여하는 명예훈장을 받았다. 그는 윈터투어가 언제나 사람들에게 영감을 주는 교육의 지속적 원천이 되고, 꽃과 나무뿐 아니라 초원과 숲길, 그리고 평화롭고 고요한 자연 속의 살아 있는 박물관이 되기를 원했다.

정원은 그 설계자를 닮는 것일까? 인위적인 조경보다는 자연 그대로 존재하는 경관을 이용해 정원을 디자인하고, 식물의 계절별 색과 질감의 변화를 큰 규모에서 자연스럽게 보여주고 있는 윈터투어의 정원은 자연의 섭리를 빌려 마법과도 같은 아름다움을 만드는 비법을 넌지시 일러주고 있다.

1 쿼리 다리Quarry Bridge에서 바라본 초원과 연못 전경

Polystichum braunii

뉴잉글랜드의 자생식물을 담은 초록 캔버스

Garden in the Woods

가든 인 더 우즈

위치 매사추세츠 주 프레이밍햄

홈페이지 www.newenglandwild.org

나는 살아 있는 그림을 여기에 그렸다. 그것은 자연이 의도한 바대로 우리의 땅에 남겨진 평화로운 그림이다. 나는 다가오는 세대들이 나처럼 그것을 온전히 즐기길 바란다.

—윌 커티스Will C. Curtis

습지 정원에 대한 논문 준비를 위해 보스턴으로 향했다. 필라델피아에서 보스턴으로 가는 길은 뉴욕을 거친다. 고속도로를 두세 시간 달리다 잠시 뉴욕의 복잡한 도로를 거쳐 다시 보스턴까지 서너 시간 운전했다.

이렇게 좀 멀다 싶은 곳은 렌터카를 이용해서 간다. 새로운 차를 타보는 설렘도 있고 무엇보다 깨끗하고 성능 좋은 차로 맘껏 달릴 수 있어 좋다. 뉴욕에서 보스턴으로 가는 길은 호젓하다. 도로 주변으로 우거진 숲을 지나기도 하고 중간중간 예쁜 소도시를 만나기도 한다. 휴게소 역시 한가롭고 여유로운 풍경이다. 하지만 보스턴에 가까워질수록 도로는 점점 붐비고 대도시의 복잡함이 드러나기 시작한다.

묵기로 한 호텔은 시내에 인접한 호숫가에 자리잡고 있었다. 차가 많은 복잡한 터널과 고가도로에서 빠져나와 숙소까지 찾아가는 길이 쉽지 않았다. 도로를 잘못 타서 막히는 도로를 다시 크게 한 바퀴 돌기도 했다. 하지만 장시간 운행 끝에 도착한 호텔에 여장을 풀고 맥주 한 모금 들이켜고 나니 피로가 말끔히 해소되었다. 보스턴의 유명한 맥주 새뮤얼 애덤스를 현지에서 마셔보는 것도 나름 산뜻한 경험이었다. 마침 방학을 맞아 멀리 고국으로부터 고모부를 찾아온 조카와 우리 집 초등학생 딸아이가 하버드 대학교를 직접 방문해 볼 기회도 있으니 더할 나위 없이 훌륭한 여정이었다. 보스턴에서 방문하고 싶은 식물원은 가든 인 더 우즈(숲속의 정원)라는 정원이었다.

'숲속의 정원'이라는 이름답게 이 정원은 시내에서 한참 떨어져 있었다. 보스턴의 활기찬 거리를 활보하다 서쪽으로 약 15마일 정도 교외로 찾아들어 간 숲은 도시와 너무나 대조적인 환경이었다. 문화와 역사, 상점과 빌딩이 있는 거리가 인간이 만들어낸 작품이라면, 숲은 자연이 오래전부터 유지해 온 걸작이다. 정원은 그러한 자연 속에 인간의 손길을 담은 공간이다. 주택과 차가 뜸한 도로를 지나 숲길이 나타나고 인적 드문 길의 끝에 'Garden in the Woods'라는 작은 간판이 눈에 띄었다. 캠핑 지역에 들어가듯, 왠지 느낌이 좋았다.

가든 인 더 우즈의 작은 팻말은 숲 정원 풍경에 자연스럽게 그리고 겸손하게 놓여 있다. 마치 여기는 '내 땅'이라는 듯 볼썽사납고 커다랗게 안내판을 만들어놓는 무례함이 없는 것이다. 숲속 오두막 같은 방문자 센터에 들어서니 벽이 책으로 한가득 채워져 있는 기념품 가게가 아담하게 운영되고 있었다. 이곳은 교육 센터Education Center로도 이용되고 있었다.

만나기로 한 담당 가드너를 기다리며 책을 훑어보는데 사고 싶은 책이 너무 많았다. 정원과 책은 참 잘 어울린다. 책은 정원의 사용 설명서와 같다. 정원을 공부하는 사람들에게 책과 도감은 필수품이다.

1 우드랜드 가든으로 가는 길

Garden in the Woods

가든 인 더 우즈는 뉴잉글랜드 야생화협회의 본부이자 공공 정원으로 1931년에 탄생하였다. 협회는 그보다 훨씬 전인 1900년대에 창립된, 미국에서 가장 오래된 식물 보전 기관이다. 애초에 뉴잉글랜드 지역 자생식물의 보전을 위해 만들어진 이 협회는 자생식물이 다양한 경관 속에서 건강한 생태계를 이루며 자리 잡을 수 있도록 적극적인 활동을 펼쳤다. 뉴잉글랜드는 보스턴을 포함한 미국 동부 지역을 말한다. 좀더 자세히 말하자면, 뉴잉글랜드는 미국의 북동부 끝자락의 여섯 개 주가 위치한 지역을 가리키는데, 메인, 뉴햄프셔, 버몬트, 매사추세츠, 로드아일랜드, 코네티컷이 여기에 속한다. 북미로 이주한 초기 영국인 가운데 청교도들이 1620년 뉴잉글랜드에 정착하였다.

이 협회가 만들어진 것은 자생식물에 대한 위기의식 때문이었다. 19세기 동안 가정원예 지침서는 야생화와 양치식물 등 다양한 식물을 자연에서 수집하라고 가르쳤다. 오늘날 테라리움terrarium의 시초이기도 한 워디안 케이스wardian case와 정원, 온실 등 여러 종류의 장식과 전시에 사용하기 위해서였다. 또한 플로리스트florist 무역상들은 이주민 노동자를 고용하여 상당한 양의 야생식물을 채집하였다. 여기에는 노루귀*Hepatica* spp.와 칼미아*Kalmia* spp. 종류도 포함되었다. 그래서 1890년대까지도 식물학자와 자연보호주의자들은 자생식물이 급속도로 희귀해지는 상황을 우려하였다. 여성을 주축으로 결성된 보스턴 자연보전회의 일원이었던 에이미 폴섬Amy Folsom이 1901년 자생식물보호협회를 조직했다. 그리고 명예 회장은 제인 로링 그레이Jane Loring Gray가 맡았다. 그녀는 영향력 있는 19세기 식물학자 아사 그레이Asa Gray의 미망인이었다. 하버드 대학교의 유서 깊은 식물 표본실 그레이 허바리움Gray Herbarium은 그의 이름을 딴 것이다.

이 협회는 캠페인부터 시작했다. 숲에서 식물을 캐거나 뽑아내지 않도록 당부하는 홍보물을 인쇄하여 배포하였다. 거기에는 다음과 같은 내용이 적혔다.

> 꽃을 지켜주세요.
> 지각 없는 사람들은
> 꽃을 뽑아내거나 너무 많이 꺾어가서
> 꽃을 파괴합니다.
> 가져갈 꽃은 필요한 만큼만 자르고
> 대부분은 씨앗을 만들도록 남겨 놓으세요.

창립 이후 이 협회는 수십 년간 450종의 자생식물을 번식시키고 재배하는 기술을 쌓았다. 수많은 자생식물이 채집 대상으로 훼손되는 일이 많았기 때문에, 이를 막기 위해 그런 식물을 증식해서 일반인에게 대량 보급하는 데 힘썼던 것이다. 희귀식물 채집을 무조건 금지하거나 감시하지 않고 오히려 그런 식물을 더 많이 번식시켜 사람들이 보다 쉽게 즐길 수 있게 하는 전략을 쓴 것이다.

요컨대, 매사추세츠 주 프레이밍햄에 위치한 가든 인 더 우즈는 자생식물보호협회의 본부로 탄생하였다. 그런데 가든 인 더 우즈의 원래 소유주는 윌 커티스Will C. Curtis라는 사람이었다. 그는 이상을 좇던 조경가였다. 그의 꿈은 미국 전역으로부터 자생식물을 수집하여 정원을 만드는 것이었다. 그는 1931년 올드콜로니철도회사Old Colony Railroad로부터 부지를 1,000달러에 매입했다. 그 회사는 이 부지를 선로용 자갈을 채취하는 데 사용했었다. 그는 본능적으로 이 땅이 야생화 정원에 적합한 장소라는 것을 알았다. 그리고 그곳이 자신이 그리려 했던 살아 있는 그림을 위한 완벽한 캔버스라는 것을 직감했다.

그는 다음과 같이 썼다.

1 가든 인 더 우즈의 정원으로 들어가는 입구

2 방문자 센터, 가든 숍으로 이용되고 있는 교육 센터

수세대 전에 빙하가 영토를 남겨 놓았다. 깊고 가파른 절벽이 있는 에스커esker, 연못, 숲이 우거진 습지, 수많은 샘, 늘 물이 흐르는 시내. 이곳은 흥미로운 능선, 오래된 고목, 뉴잉글랜드의 전형적인 식생이 자연스럽게 어우러진 아름다운 곳이다. 이곳에는 멀고 가까운 다양한 서식지로부터 온 자생식물이 살아가는 데 필요한 다양한 토양이 있다.

커티스는 1931년부터 가든 인 더 우즈를 조성하기 시작했다. 그는 비전과 혁신으로 정원에 접근했다. 그는 외래식물보다는 북미 자생식물에 초점을 맞추었다. 당시 일반적인 정원의 형태는 인위적으로 모양을 만들어 놓은 화단에 한 종류의 꽃을 심는 방식이었다. 하지만 커티스는 주변 풍경을 그대로 살리면서 자연스럽게 식물을 심는 방식을 좋아했다. 이에 따라 전통적인 형식의 화단 대신에 자연스러운 전시 형태를 디자인했다. 그는 씨앗과 표본을 수집했고 식물을 재배하기 위한 새로운 방법을 실험해 보았으며 1953년까지 미국 전역으로부터 2,000종 넘게 수집하였다. 그 대부분을 그는 이곳에서 번식시켰다. 커티스와 그의 파트너 리처드 스타일스Richard H. Stiles가 평생을 바친 작품을 뉴잉글랜드야생화협회에 물려준 1965년까지, 그들은 미국 북동부에서 가장 큰 자생식물 컬렉션을 정원으로 창조해냈다.

이 협회와 커티스의 만남은 운명적이다. 서로 같은 목적을 가지고 비슷한 길을 가고 있었기 때문이다. 협회는 지속적인 활동을 위한 본부가 필요했고, 커티스는 자신의 뜻과 평생이 담긴 정원을 언제까지나 지켜줄 존재가 필요했다. 커티스는 1965년 가든 인 더 우즈를 협회에 양도하여 다른 용도로 개발되지 못하도록 했다. 가든 인 더 우즈는 협회의 자생식물 전시원이자 교육 장소로 쓰이게 되었다. 이렇게 좋은 뜻이 한 정원에서 오랫동안 지켜지면서 그 결과물이 확장되어 온 사례들은 미국의 다른 공공 정원의 역사 속에서도 종종 찾아볼 수 있다.

Garden Tour

정원의 역사를 알고 나니 '이곳은 흔한 정원이 아니라 고귀한 뜻이 어려 있는 중요한 곳이구나'라는 경외감마저 들었다. '숲속의 정원'이라는 말도 참 좋다. 숲속 능선의 윤곽을 따라 완만한 길이 이어진다. 저 너머에는 무엇이 있을까? 두근두근 여정을 시작한다. 뉴잉글랜드 야생의 식물과 동물이 어우러진 가장 자연스러운 곳이라는 사실 하나만으로도 충분히 매력이 넘친다. 편안한 산책로처럼 나 있는 길을 따라 가면서 뉴잉글랜드가 고향인 자생식물 대부분을 볼 수 있다. 이 식물들은 습지, 석회암 지대, 산성 비탈면, 보그bog, 파인 배런스Pine Barrens 등 토양 산성, 함수량, 햇빛, 영양 상태, 습도가 다른 환경에서 진화해 왔다. 그중에는 아주 희귀한 식물도 있고, 식충식물 컬렉션도 있다.

교육 센터 주변에는 '용도 변경Repurposed'이라는 이름의 전시가 한창이다. 이 전시는 에너지와 그것의 변형, 에너지의 여러 형태를 예술적으로 표현하고 있다. 뉴잉글랜드 조각가협회와 협력하여 재활용품을 이용해 만든 일곱 점의 작품이다. 그중에서 중첩된 얼굴이 모여 하나의 커다란 두상을 표현한 철제 예술 작품이 인상적이다. 고요한 숲속에서 그 의미가 잔잔한 파동을 방출하며 멀리 퍼져나가는 느낌을 준다.

정원으로 들어가는 길은 꼭 등산로 입구와 비슷하다. 길은 아주 좁게 나 있고 직선이 아닌 곡선으로 굽이져 있다. 저 코너를 돌면 무엇이 나올까? 숲속 원더랜드로 들어가는 호기심을 불러일으킨다. 의도했건 의도하지 않았건, 자연스럽게 굽이진 길은 매력적이다. 중간중간 놓인 벤치는 이곳이 분명 출입이 허락된 정원임을 알려준다. 이곳 숲속의 목재를 재활용하여 독특하게 만든 벤치도 너무나 자연스럽다. 공장에서 조립된 말끔한 벤치에 비할 바가 아니다.

1 중첩된 얼굴을 고철로 표현한 작품 「와이어드Wired」(마이클 알파노Michael Alfano 작)

2 가든 인 더 우즈의 벤치

1

2

숲 정원으로 들어서는 커티스 오솔길Curtis Path의 초입에는 커티스가 남긴 글이 새겨진 비석이 있다.

> 가든 인 더 우즈는 꿈이 현실로 이루어진 곳이다. 오랫동안 꿈꿔 온 곳, 바로 거대한 야생 정원. 그리고 왜 야생화가 다른 곳이 아닌 바로 이곳에 자라는지에 대한 해답을 찾았다. 이곳은 보스턴에서 19마일밖에 떨어져 있지 않은 아름다운 우드랜드와 초원 지대다. 나는 이 지역에 내한성 있는 모든 야생화와 양치식물을 한데 모아 자연스러운 환경을 조성하였다. 이 흥미로운 식물들은 대중이 쉽게 와서 즐길 수 있다. 한편 이곳은 다양한 야생화가 자랄 수 있는 야생식물 보호구역이다. 그들이 뭘 좋아하고 뭘 싫어하는지에 대해 알아낸 지식은, 가장 아름다운 자생식물의 대량 파괴를 막기 위한 노력과 함께 전승될 것이다. 나는 이렇게 보전에 이바지한다.

커티스 오솔길을 걷다 보면 계절에 따라 변하는 정원의 아름다움을 볼 수 있다. 대륙을 가로지르는 다양한 서식지에서 수집된 자생식물 속에서 뉴잉글랜드 자생식물이 돋보이는 컬렉션을 볼 수 있다.

맨 먼저 보이는 정원은 록 가든rock garden이다. 뉴잉글랜드 지역 암반 지대 식생에서 영감을 받았다. 이 전시원은 소규모 록 가든에 적합한 식물을 보여준다. 아주 작은 풀 한 포기도 일부러 골라 심은 귀한 것이다. 작은 면적에 매우 다양한 식물이 보인다. 알리움 케르눔*Allium cernuum*의 분홍색 꽃이 고개를 약간 밑으로 숙인 채 아름다운 자태를 뽐낸다. 건조한 숲이나 초원, 바위 사이에서 잘 자란다. 낮게 바닥에 누워 있는 청록색 두송 '버크셔'*Juniperus communis* 'Berkshire'도 이 난장이 식물 세계에서 존재감을 드러낸다.

각기 다른 서식지로부터 왔지만 공통점은 모두 양지 바른 곳과 배수가 잘 되는 곳을 좋아한다는 것이다. 원래 이 식물들은 구릉 지대의 암반이 노출된 곳이나 바닷가 모래 지역 같은 곳에서 잘 자란다. 이들은 주로 돌틈같이 작은 공간에서 살면서 땡볕과 강한 바람을 피한다. 또한 주변 바위로부터 흘러 떨어지는 빗물과 틈새에 축적된 유기물질로 살아간다. 겉보기에는 돌틈에 간신이 붙어 있는 것처럼 보이지만 그들의 뿌리는 대개 바위 아래 시원하고 축축한 곳까지 뻗어간다. 캐나다매발톱꽃*Aguilegia canadensis*도 그중 하나다. 뉴잉글랜드 지역 여섯 주에 걸쳐 자라며 벼랑 위 돌 많은 경사지, 강가 암반 지대에 잘 자란다. 이른 봄 벌새hummingbird에게 꽃꿀花蜜을 제공한다.

1 커티스 오솔길 입구

2 록 가든 전경

록 가든에서 계속 숲길을 따라 내려가면 릴리 폰드Lily Pond라는 연못이 보인다. 숲길과 연못은 너무나 자연스러워 마치 원래 그렇게 존재했던 것처럼 보인다. 길가에는 풀이 우거져 있는데 그냥 막 생겨난 풀이 아니다. 모두 가드너가 엄선하여 심어 놓은 이름 있는 꽃이다. 잉카나무골무꽃*Scuttellaria incana*의 파란 꽃과 빨갛게 자신을 드러내는 붉은숫잔대*Lobelia cardinalis* 꽃 사이로 피크난테뭄 무티쿰*Pycnanthemum muticum*의 회백색 잎이 잔잔히 흐른다. 연못 안은 더 환상적이다. 파란색 폰테데리아 코르다타*Pontederia cordata* 꽃이 가장자리를 장식하고 있고, 수련 꽃이 피어 있는가 하면, 중간에는 수생식물을 심어 띄워 놓은 인공 섬이 있다. 식충식물 사라세니아*Sarracenia* spp.의 빨갛고 육중한 잎이 멀리서도 존재감을 과시한다. 원래 자연 연못이었다면 이렇게 아름다운 꽃이 적절히 배치되지는 않았을 것이다. 비록 야생의 느낌 가득한 숲속이라도 철저하게 계획된 가드닝의 효과는 확실하다. 놀랍게도 가든 인 더 우즈에서는 자연 식생과 인공 식생을 비교하는 실험도 하고 있다. 바로 이 연못과 인접한 곳에 쌍둥이 연못이 있는데, 일반인에게는 개방이 안 되어 있다. 과연 인공적으로 만든 연못의 식생도 자연스러운 연못과 같이 안정적으로 정착하여 주변 생태계 속에서 지속가능한 역할을 할 수 있을까?

1 릴리 폰드 전경

2 잉카나골무꽃*Scuttellaria incana*

3 피크난테뭄 무티쿰*Pycnanthemum muticum*

4 붉은숫잔대*Lobelia cardinalis*

수생식물을 심어놓은 인공섬들이 연못에 떠 있다.

1

2

숲길은 오솔길로 이어진다. 길가에는 드리옵테리스 마르기나타*Dryopteris marginata*와 습지철쭉*Rhododendron viscosum*이 눈에 띈다.

식물원에서 지역의 식생을 볼 수 있다는 것은 매우 유익하다. 광범위한 지역에 걸쳐 자라는 식물과, 오지에 가지 않으면 볼 수 없는 식물이 한자리에 모여 있다. 하나하나 친절한 안내판과 설명까지 있으니 금상첨화다.

스웜프swamp가 나온다. 습지의 한 형태로 소택지를 뜻하는 스웜프는 정원이 아니라 자연적인 서식지로, 보전협회에서 관할한다. 이 같은 습지는 야생동식물의 서식지가 될 뿐 아니라, 물을 순환시키는 중요한 역할을 한다. 스웜프는 장마철 홍수를 막는 스펀지 역할을 하고, 거대한 필터로서 물을 정화시켜 대수층으로 돌려보내기도 한다.

스웜프에서 가장 먼저 봄을 알리는 존재는 앉은부채*Symplocarpus foetidus*이다. 여름 동안에는 배춧잎처럼 풍성한 잎을 내놓는데, 이른 봄 붉은 꽃이 언 땅을 녹이며 올라오는 광경은 장관을 연출한다. 스웜프의 맨 앞쪽 가장자리에는 꿩고비*Osmundastrum cinnamomeum*가 자란다. 꿩고비는 포자엽의 색깔이 계피cinnamon를 닮아 시나몬 펀cinnamon fern이라고도 불린다. 벌새는 이 고사리 줄기에 붙어 있는 솜털을 옮겨다 둥지 안쪽을 채우는 재료로 쓴다. 늦여름에는 미색물봉선*Impatiens pallida*이 피어난다. 오렌지색 꽃이 피고 씨앗은 꼬투리가 터지면서 사방으로 퍼져나간다.

"석회암 노두limestone outcrop"라고 쓰여 있는 전시원도 있다. 석회암 노두는 뉴잉글랜드의 몇몇 지역에서만 발견된다. 주로 코네티컷강 협곡과 매사추세츠 서부의 바솔로뮤스 코블Bartholomew's Cobble 같은 특별한 지점이다. 서식지가 제한적이니 거기에 사는 식물도 희귀하다. 심장 모양의 잎을 가진 아쿠틸로바노루귀*Hepatica acutiloba*, 검정색 실 같은 줄기를 가진 공작고사리*Adiantum pedatum*, 노란색 복주머니란*Cypripedium parviflorum*, 그리고 미나리아재비과의 미국금매화*Trollius laxus*가 있다.

주변에는 뉴잉글랜드 북부의 산악 지역과 보그에서 볼 수 있는 식물이 보인다. 시원하고 촉촉한 산성 토양은 진달래과의 많은 목본류가 자라기 좋다. 특히 이러한 토양에서 사는 균류가 그들의 뿌리에 영양분이 잘 흡수되도록 해준다. 칼미아 앙구스티폴리아*Kalmia angustifolia*, 래브라도차*Rhododendron groenlandicum*, 물이끼 등이 이곳을 상록수림의 평화로운 풍경으로 만들어준다. 미국 남동부 원산으로 늦은 봄에 꽃이 피는 우산잎*Diphylleia cymosa*도 커다란 잎을 시원하게 드리우며 정원의 한쪽을 차지하고 있다.

1 정원과 정원을 이어주는 숲속 오솔길
2 습지의 한 형태인 스웜프. 다양한 습지 식물이 자라고 있다.
3 주황색 꽃이 피는 물봉선*Impatiens capensis*
4 석회암 노두의 식물들
5 우산 같은 큰 잎을 가진 디필레이아 키모사*Diphylleia cymosa*

3

4

5

보그bog 역시 습지의 한 형태로, 산성 습원을 뜻한다. 전형적인 뉴잉글랜드의 보그는 소량의 물이 흐르며 탄닌 함량과 산성도가 높다. 이런 환경에서는 유기물질의 부숙이 느리고 영양 상태는 좋지 않다. 따라서 많은 식물이 생존에 필요한 영양분을 얻기 위해 균류와 공생하고 있다. 여기에는 크랜베리*Vaccinium macrocarpon*가 자라는데, 학의 부리를 닮은 섬세한 하얀 꽃이 핀다. 오론티움 아쿠아티쿰*Orontium aquaticum*은 봄철 매사추세츠부터 플로리다까지 해안 평원에서 노란 꽃을 피운다. 난초도 많이 있다. 타래난초와 비슷한 스피란테스 케르누아*Spiranthes cernua*는 흰색 꽃이 나선형으로 핀다. 큰방울새란과 비슷한 포고니아 오피오글로소이데스*Pogonia ophioglossoides*같이 핑크빛 예쁜 난초도 만날 수 있다. 몇 안 되는 보그에 이렇게 다양하고 특별한 식물들이 옹기종기 모여 살 수 있다니 놀랍다.

보그에서 멀지 않은 곳에 포충낭식물pitcher plant 전시원이 있다. 식충식물에 속하는 포충낭식물은 파리 같은 곤충을 포획함으로써 영양분이 부족한 환경에 적응해왔다. 뉴잉글랜드에 자생하는 사라케니아 푸르푸레아*Sarracenia purpurea*를 비롯하여 미국 남부에 자생하는 9종이 있다. 피처pitcher라는 말은 물병을 뜻하는데 이 식물의 잎이 그렇게 생겼다. 잎의 가장자리에 있는 달콤한 꽃꿀이 곤충을 끌어들이고 아래쪽 방향으로 물결치듯 나 있는 패턴이 곤충을 안쪽으로 유도하여 결국 바닥에 있는 액체 속에 빠지게 한다. 곤충은 익사하고 식충식물은 이를 천천히 소화시킨다. 남부에 자생하는 종은 키가 좀더 큰 그라스류와 사초류 가장자리에 자라는데, 지나가는 곤충을 잡기 위해 이러한 풀 위까지 올라오도록 포획기관을 진화시켰다. 그들은 또한 물병 같은 줄기 속에 빗물이 가득 차 쓰러지는 것을 막기 위한 비막이 덮개도 지니고 있다. 노란색을 띠는 사라케니아 플라바*Sarracenia flava*도 있다.

길은 초원으로 이어진다. 에키나시아, 루드베키아, 미역취, 조파이위드, 모나르다 같은 꽃이 혼합되어 장관을 이룬다. 이곳은 야생 정원이라 불린다. 이 정원이 아름다운 이유는 단지

1

정원사의 손길 때문만이 아니다. 온갖 나비와 벌, 벌새, 박쥐, 딱정벌레 같은 수분 매개자도 이곳의 관리자이다. 특히 미국에는 4,000종의 자생 벌이 있다. 한때 상업적인 농작물을 대량 수분시키기 위해 꿀벌을 도입했는데 그 벌들이 점차 소멸됨에 따라 이제는 자생 벌을 더 효율적으로 이용하는 방법에 관심이 모이고 있다.

뉴잉글랜드에서 초원은 서식지와 식물의 끊임없는 천이 과정에서 잠시 등장하는 경관이다. 초원은 주로 숲이 화재로 소실되거나 연못에 점토가 쌓여 나타난다. 하지만 시간이 갈수록 점점 목본류가 자라고 마침내 숲이 다시 그 자리를 차지한다. 뉴잉글랜드의 초원에서 잘 자라는 식물 중에는 카스틸레야*Castilleja* spp., 아스클레피아스 푸르푸라스켄스*Asclepias purpurascens*, 리아트리스 노바이앙글리아이*Liatris novae-angliae* 등이 있다.

초원에서 끊임없이 피어나는 꽃들은 먹이사슬에서 매우 중요한 역할을 한다. 보잘것없어 보이는 5월의 초원이 8월 말쯤에는 식물과 동물의 복잡한 공동체가 된다. 초원은 가을에 식생이 점차 쇠퇴하면서 겨울 동안 야생동물에게 자리를 내준다. 초원을 계속 유지하려면 이른 봄에 예초를 해주어 나무 묘목의 생장이 멈추게 해야 한다.

초원은 이곳을 방문하는 사람들에게 여러 가지 혜택을 준다. 우선 다양한 야생화의 아름다움을 시각적으로 보여준다. 넓게 확 트인 공간이 파스텔톤으로 펼쳐져 있는 광경은 보는 이들의 마음에 감동을 선사한다. 두 번째는 교육적 효과다. 왜 이런 정원이 중요한지, 다시 말해 자연 상태의 서식지가 왜 중요한지 알게 한다. 세 번째는 예술성이다. 정원 속에 어우러진 예술 작품들은 자연 환경과 인간을 연결하는 상징이 되고 다양한 영감을 불어넣는다.

1 보그 가든
2 보그에서 자라는 크랜베리*Vaccinium macrocarpon*
3 포충낭식물 전시원
4 초원의 꽃들

이 예술 작품들은 초원에서 영감을 받아 제작한 것들이다. 수공예로 만든 기발한 작품들로 야생 정원을 발전시켰다. 공중에 설치한 상자는 새나 곤충의 은신처가 된다. 높은 곳에는 전형적인 새집이 있고, 낮은 곳에는 나뭇가지가 채워져 구석구석 작은 생물이 들어가 살 수 있는 상자가 있다. 아래쪽에는 우아하게 만들어진 새 욕조가 있는데 여기에 식물을 심을 수도 있다. 트렐리스trellis(덩굴식물 지지대)는 보라색 꽃이 피는 인카르나타시계꽃*Passiflora incarnata* 같은 덩굴식물을 지지해 준다. 이 꽃들은 벌새와 다양한 종류의 벌을 유인한다.

이곳의 조경 아이디어는 가정의 정원에서도 이용할 수 있다. 작은 공간만 있어도 화분이나 간단한 설치물로 식물을 키울 수 있다. 그리고 이런 정원을 이용해서 주변의 야생동물에게 음식이나 물, 은신처나 둥지를 제공할 수도 있다. 물론 그런 환경을 원한다면 말이다.

초원을 지나면 미국 서부 식물 컬렉션이 나타난다. 이 컬렉션은 대평원부터 태평양 북서부와 로키 산맥을 따라 남서부 사막 지대에 이르는, 미시시피강 서부 지역이 원산지이다. 이 지역에서 자라는 몇몇 식물은 지속적인 가뭄, 강렬한 태양, 거센 바람, 혹독한 겨울 등 극한 기후 조건에서도 살아갈 수 있게 적응했다. 숲속이라고 사막 같은 환경을 조성할 수 없겠냐는 듯 만들어 놓은 이 작은 서부 정원에 다양한 식물이 모여 있다. 뉴잉글랜드에서 자생하는 손바닥선인장*Opuntia humifusa*도 있다. 서부 지역 출신의 오푼티아 마크로켄트라*Opuntia macrocentra*도 있는데 둘 다 20센티미터 정도까지밖에 자라지 않는다. 아마 서부의 고향에서는 1미터까지 자랄 것이다.

서부의 건조한 지역에서 온 상당수의 식물은 습기가 많으면 땅에서 자라 나오는 부분이 썩어버릴 수 있다. 배수가 잘 되도록 화단을 높이고 경사지게 만드는 것이 좋다. 또한 참나무잎같이 수분이 많은 재료 대신 자갈로 멀칭mulching을 한다.

숲속 정원의 오솔길을 따라 발길을 옮기면 홀씨주머니를 공중으로 한껏 올린 채 바닥을 덮고 있는 솔이끼*Polytrichum commune*가

1

2

3

4

보인다. 미국 원산인 꽃대극*Euphorbia corollata*의 하얀색 꽃도 하늘하늘 예쁘다. 여기서는 흔한 꽃이지만 나 같은 이방인의 눈에는 신기해 보인다. 어떤 나뭇가지에는 하얀색 주머니가 씌워져 있다. 바로 나비와 나방을 기르는 망이다. 이 망은 말벌, 침노린재, 사슴 같은 포식자로부터 애벌레를 보호한다. 특히 나비 애벌레의 먹이가 되는 식물에 이 같은 주머니가 달려 있다.

파인 배런스Pine Barrens의 생태를 보여주는 전시원도 있다. 원래 애틀랜타 해안 파인 배런스 생태 지역은 케이프 코드부터 뉴저지 남부까지 이르는 지역이다. 건조하고, 주로 모래 토양인 이 지역의 식물은 불이 난 후에도 뿌리에서 싹을 틔우는 특징이 있다. 우리나라 조경에서도 많이 쓰이는 리기다소나무*Pinus rigida*도 그중 하나다. 불은 축적된 유기 잔해물을 태워서 그 영양물질이 초본류의 성장에 쓰이게 만들기도 한다.

대표적인 식물로, 아름다운 흰색 꽃이 지고 열매가 달리는 베어그라스*Xerophyllum asphodeloides*가 있다. 한라산 시로미를 닮은 진달래과의 빗자루시로미*Corema conradii* 도 신기하게 열매를 달고 있다. 이름을 모른다면 길가의 풀처럼 지나가겠지만, 작은 풀 하나하나에 이름표가 달려 있어 그 귀한 존재를 알아볼 수 있어 좋다. 블루베리와 비슷한 허클베리*Gaylussacia* spp.는 어릴 적 즐겨 보았던 만화영화를 떠올리며 미소짓게 만든다.

화재 후에도 살아남는 다른 식물로는, 물가를 따라 수분이 많은 조건에서 자라는 티오이데스편백*Chamaecyparis thyoides*, 스웜프핑크*Helonias bullata*, 팔마툼실고사리*Lygodium palmatum* 등이 있다. 이 식물들은 커티스가 1939년 초 대홍수가 있기 전 콰빈 저수지Quabbin Reservoir에서 구출한 종들이다.

1 미국 서부 식물 컬렉션. 동부와 서부에서 자라는 두 종류의 손바닥선인장 종류가 보인다.

2 솔이끼*Polytrichum commune*

3 나비 애벌레 주머니

4 꽃대극*Euphorbia corollata*

5 베어그라스*Xerophyllum asphodeloides*

6 빗자루시로미*Corema conradii*

계속해서 등산로 같은 길을 걷다 보면 옆으로 흐르는 시냇물을 따라 길게 숲길이 이어져 있다. 길은 깔끔하게 정비가 되어 있다. 숲속에는 쓰러진 나무로 만든 곡선 조형물이 있다. 원래의 땅 곡선을 이용해 나무의 수직적인 줄기를 배치했다. 이 작품은 2007년 'Art Goes Wild'라는 이름으로 선보인 것 중 하나다. 조경가 게리 스미스W. Gary Smith의 혁신적인 환경 디자인이다. 여러 차례 강연을 듣고 책을 읽어서 알았던 게리 스미스의 작품을 이곳에서도 보다니, 그의 명성을 재확인하는 순간이다. 그는 숲에서 생을 마감하고 쓰러진 통나무 줄기에서 영감을 받았다. 통나무는 자연 상태에서 시간이 지남에 따라 부식되면서 표면이 부드럽고 축축해져 다른 개체가 새로운 싹을 틔우기에 완벽한 조건이 된다. 이런 통나무는 새로운 식물이 숲 바닥에 단단하게 자리를 잡는 데 도움이 된다. 이들은 종종 낙엽 속에 숨어 있다. 썩는 통나무는 새로운 토양을 만들고 토양 침식도 막아준다.

가든 인 더 우즈의 정원 안내판에는 숲 정원을 아름답게 가꿀 수 있는 방법도 잘 소개되어 있다. 요약하자면, 자연스러운 숲의 여러 층에서 키 큰 나무는 그늘을 제공하고 관목과 작은 나무는 중간층을 형성하며, 야생화, 양치류, 이끼류는 숲 바닥층을 이룬다. 우드랜드 가든에서는 성숙한 나무로 상층부가 잘 유지되도록 하는 것이 중요하다. 다양한 범주의 식물이 잘 자라자면 지속적인 가드닝도 필요하다. 제초제와 화학 비료를 사용하는 대신 분쇄된 잎으로 멀칭을 하여 잡초를 방지하고 토양 수분도 유지해야 한다. 멀칭은 자연스럽게 유기물질로 분해된다. 또한 퇴비와 퇴비액으로 토양 미생물을 풍부하게 만들어야 한다. 이것은 식물이 생장에 필요한 영양물질을 잘 흡수할 수 있도록 돕는다.

1 고목을 이용하여 연출한 게리 스미스의 작품

1

2

숲 정원은 빛과 그늘의 적절한 균형이 필요하다. 그래야 다양한 식물이 꽃을 피우는 데 이상적인 환경을 조성할 수 있다. 숲으로 들어오는 빛의 패턴과 강도를 연구한 다음 나무와 관목을 전정하거나 제거해서 우드랜드 가든이 건강을 유지하도록 해야 한다.

식물 보전을 위한 정원도 있다. 정식 명칭은 희귀및멸종위기 식물원Rare & Endangered Plant Garden이다. 가든 인 더 우즈의 미션은 야생의 희귀 및 멸종위기 식물을 보전하는 것이다. 이에 따라 씨앗을 수집하고 저장하는 프로그램을 운영하며 중요한 식물 자원의 생존을 지키고자 한다. 저장된 종자는 주기적으로 발아 능력을 시험하고 그 표본을 정원의 화단에서 재배한다. 이 표본 컬렉션은 식물 보전을 위해 일하는 자원봉사자를 교육시키는 데 쓴다. 그들은 뉴잉글랜드의 모든 지역을 다니며 희귀 및 멸종위기 식물을 점검한다.

뉴잉글랜드의 식물 가운데 20퍼센트 정도는 희귀 및 멸종위기에 처해 있다. 그 이유는 크게 네 가지로 볼 수 있다. 첫째, 매우 특별한 서식지에 자생하기 때문이다. 예를 들어 한 양지꽃 종류인 포텐틸라 로빈시아나*Potentilla robbinsiana*는 전 세계에서 오직 뉴햄프셔 주의 두 고산 지대에서만 자란다. 둘째, 그들의 서식지가 생태권역의 가장자리에 있다. 아마 생육 환경이 비슷한 다른 주에서 번성할 수도 있을 것이다. 셋째, 그들의 아름다움 또는 의학적인 가치 때문에 야생 상태에서 너무 많이 훼손되었다. 넷째, 개발, 자연 천이, 침입종, 기후 변화 등에 의해 서식지를 잃었다.

가든 인 더 우즈는 식물보전센터Center for Plant Conservation, CPC의 원년 멤버다. 식물보전센터는 미국의 가장 희귀한 자생식물을 멸종으로부터 보호하기 위해 만들어진 식물원 연합이다. 가든 인 더 우즈의 종자 은행과 정원은 식물보전센터의 멸종위기 식물 컬렉션 가운데 20종을 보유하고 있다.

희귀종이라고 하니 왠지 더 귀하고 특별해 보인다. 보라색 꽃이 피는 배초향 종류인 아가스타케 스크로풀라리폴리아*Agastache scrophulariifolia*가 눈에 띈다. 이 꽃은 미국 중서부, 동부 해안이 원산으로 매사추세츠와 버몬트, 코네티컷 주에서 희귀종에 속한다. 노란색 꽃이 피는 물레나물 종류인 히페리쿰 아드프레숨*Hypericum adpressum*은 로드아일랜드 주에서 희귀하다.

가든 인 더 우즈의 구석구석을 둘러보고 이제 다시 입구 쪽으로 향한다. 시작은 미약하나 끝은 창대하리라. 가든 인 더 우즈의 입구는 작고 아담하지만, 그 속에는 거대한 세계가 들어 있다. 뉴잉글랜드 지역뿐 아니라 미국 전역에서 수집된 다양한 서식 환경과 식물을 볼 수 있다. 가든 인 더 우즈는 총 1,700종의 식물을 보유하고 있고, 그중 200종 이상은 희귀 및 멸종위기 자생식물이다. 또한 대규모의 자생식물 도매 종묘장도 운영하고 있다. 매사추세츠 주 와틀리Whately에 있는 나사미Nasami라는 농장이다. 협회는 자생 지역에서 야생 식물이 채집되거나 훼손되는 것을 막기 위해 이 농장을 만들었다. 그 식물들을 일반인이 쉽게 이용할 수 있도록 하기 위함이다. 이 농장은 자생식물 전문 종묘장으로 매우 빠르게 성장했고, 매년 75,000본 이상의 식물을 생산하고 있다. 이 식물들은 가정집뿐 아니라 조경, 복원 사업, 지역 공동체 사업에도 쓰이고 있다. 가든 인 더 우즈는 뉴잉글랜드 지역에서 최고의 자생식물 전시장이면서, 식물학 및 원예학 연구와 공공의 향유를 위한 센터 역할을 하고 있다.

1 희귀 및 멸종위기 식물원

2 희귀 식물 중 하나인 아가스타케 스크로풀라리폴리아*Agastache scrophulariifolia*

오래된 숲속 나무들의 정령이 살아 있는 곳

Tyler Arboretum
타일러 수목원

위치 펜실베이니아 주 미디어
홈페이지 www.tylerarboretum.org

롱우드 가든의 인턴십 프로그램을 밟기 위해 처음 미국에 왔을 때 시간이 날 때마다 자동차로 가능한 거리라면 어디든지 괜찮은 식물원과 수목원을 찾아다니고 싶었다. 타일러 수목원은 롱우드 가든을 빼면 미국 식물원으로는 처음 직접 찾아간 곳이다. 마침 그때는 수목원 초입에 있던 은행나무의 샛노란 단풍이 절정에 이르고 있었는데, 그 풍경을 잊을 수 없다. 머나먼 이국 땅에서 맞딱뜨린 외로움과 새로운 고민이 한창이었던 그때 타일러 수목원은 큰 위안과 영감을 주었다. 그 후로도 여러 번 이곳을 찾았는데 늘 나에게 초심을 잃지 않도록 처음과 같은 신선함을 선사했다.

펜실베이니아 주 리들리크리크 주립공원Ridley Creek State Park에 인접한 2.6제곱킬로미터 면적의 타일러 수목원은 이 지역의 가장 아름다우면서 중요한 자연 자원이다. 봄마다 솟아나는 새순과 나무가 뿜어내는 공기는 언제나 신선하다.

History & People

타일러 수목원의 역사는 1825년 민셜 페인터Minshall Painter와 그의 동생 제이컵 페인터Jacob Painter가 가족 부지에 수목원을 만들기 시작한 때로 거슬러 올라간다. 사실 이곳은 그보다 훨씬 더 오래전인 1681년 이 형제의 고조부인 토머스 민셜Thomas Minshall이 윌리엄 펜William Penn•으로부터 사들여 마련한 땅이었다.

페인터 형제는 존 바트람John Bartram과 같은 미국 초기 식물학자들의 전통을 따랐으며, 수목원 부지에 1,100종 이상의 나무와 관목을 심고, 다른 식물학자 및 묘목업자와 활발한 교류를 하였다. 1825년과, 제이컵이 죽음을 맞은 1876년 사이에 식재된 이 나무들 중 20그루가 오늘날까지 타일러 수목원에 남아 있다. 다른 곳에서 쉽게 볼 수 없는 이 나무들 덕분에 타일러 수목원은 부지 전체가 마치 거대하고 오래 자란 뿌리를 땅속 깊이 내리고 있는 것처럼 장엄하게 느껴진다.

그중 백목련*Magnolia denudata*과 은행나무*Ginkgo biloba*, 레바논시다*Cedrus libani* 등 아홉 그루가 펜실베이니아 주에서 지정한 챔피언 나무다. 은행나무는 화석 기록이 1억 5천만 년 전 공룡 시대까지 거슬러 올라가는, 지구상에 현존하는 가장 오래된 식물에 속한다. 타일러 수목원의 은행나무는 가장 크고 오래된 나무 가운데 하나로 위용을 자랑하고 있다. 우리나라 성균관대학교 명륜당의 500년 된 은행나무에 비할 바는 못 되지만, 이곳의 은행나무도 6.4미터에 이르는 줄기 지름이 사방으로 뻗은 굵직한 가지와 함께 150년 정도의 세월을 말해주고 있다. 오래전에 죽었지만 아직까지 존재감을 드러내고 있는 나무도 있다. 페인터 형제가 심은 나무 중 하나로 오세이지 오렌지*Maclura pomifera*라 불리는 이 나무는 1954년 허리케인에 쓸려 쓰러졌다. 윗부분은 사라졌지만 나무의 줄기는 여전히 썩지 않고 그 자리에 남아 있다. 오세이지 오렌지는 미국 중부에 위치한 오자크Ozark 산이 원산지다. 나무 속에 특별한 화학물질이 들어 있어서 나무를 썩게 만드는 곰팡이의 분해 활동을 막아준다. 이런 이유로 과거에 오세이지Osage 인디언이 뱃머리를 만들 때 이 나무를 사용했고, 오늘날에도 울타리용 목재로 많이 쓰이고 있다. 암그루에 달리는 열매가 커다랗고 우툴두툴한 오렌지 모양으로 생겨 오세이지 오렌지라고 불린다. 소나무 정원에 있는 거삼나무*Sequoiadendron giganteum*는 높이가 30미터에 이르는데, 1890년대에 나무 맨 윗부분을 크리스마스 트리로 사용하기 위해 잘라내지 않았다면 키가 훨씬 더 컸을 것이다.

• 1644~1718. 영국의 식민지였던 델라웨어강 서쪽에 펜실베이니아 주를 만들고 필라델피아 시를 건설하였다.

1 1954년 허리케인에 의해 쓰러진 오세이지 오렌지*Maclura pomifera* 나무가 아직도 그 자리에 남아 있다.

1

Tyler Arboretum

페인터 형제는 둘 다 결혼을 하지 않았다. 박학다식했던 페인터 형제는 굉장한 학구열을 지닌 수집가로, 상당한 종류의 장서와 물품을 모았다. 그것들은 1863년에 지어진 페인터 도서관에 소장되어 있다. 페인터 형제가 죽고 나서 수목원 부지는 1914년 존 타일러John J. Tyler에게 상속되었다. 존 타일러가 죽은 이후에는 그의 부인 로라 타일러Laura Hoopes Tyler가 마지막까지 이곳에서 살다가 1944년 수목원 부지를 공공에 기증했다. 그리하여 로라 타일러를 마지막으로 토머스 민셜 가의 8대에 걸친 이곳 생활이 막을 내리고, 타일러 수목원은 대중에게 활짝 열린 새로운 공간으로 탈바꿈하게 되었다.

그런데 타일러 수목원이 오늘날과 같은 모습을 갖추고 미국의 중요한 수목원 중 하나로 자리매김하게 된 데에는 다른 결정적인 인물과의 인연이 있었다.

로라 타일러가 타일러 수목원을 공공에 기증한 직후인 1946년 미국의 존경받는 식물가 중 한 사람인 존 위스터John Caspar Wister가 타일러 수목원의 첫 번째 디렉터가 되었다. 그는 1968년까지 이곳에서 일하며 많은 것을 이루어 놓았다. 필라델피아 출신인 존 위스터는 당시 스와스모어에 있는 스콧 수목원Scott Arboretum의 디렉터이기도 했는데, 그는 미국 역사상 원예가들의 대부로 칭송받는 전설적인 인물이다. 위스터는 하버드 대학교에서 조경건축학을 공부했고 미국과 영국을 주 무대로 70년 넘게 원예가이자 조경건축가로 활약했다. 그의 과학적인 연구는 주로 교잡 육종을 통해 새로운 품종을 만들어내는 것이었다. 그뿐 아니라 식물에 대한 지식과 아름다움을 전파하고 나누는 데에도 탁월한 공헌을 하였다. 특히 스콧 수목원이 위치한 스와스모어 대학교를 거점으로 필라델피아 지역 원예가와 많은 활동을 벌였다. 1930년에 설립된 스콧 수목원의 첫 번째 디렉터로 일을 시작한 후 50년 넘게 스와스모어 캠퍼스를 아름다운 수목원으로 만드는 데 헌신하였다.

위스터는 40만 제곱미터의 관리 지역과 223만 제곱미터의 자연 지역이 공존하는 타일러 수목원의 현재 모습을 설계한 장본인이다. 그는 침엽수 정원을 비롯한 드넓은 자연 지역의 탐방로에 대한 계획뿐 아니라, 벚나무, 라일락, 목련, 로도덴드론, 꽃사과나무 등을 컬렉션으로 수집하여 수목원의 핵심 관리 지역을 체계적으로 만들어 나갔다. 위스터는 1950년대 초 '위스터 루프Wister Loop'라는 계획을 창안하였다. 이 식재 계획은 원을 이루는 형태의 동선을 따라 각각의 컬렉션을 차례로 배치하는 것이었다. 1952년 위스터는 다음과 같이 말하였다. "이 품종들은 심혈을 기울여 선택한 가장 훌륭한 컬렉션이다. 최소한의 관리만으로도 이 나무들은 5년 내지 10년 후면 이곳을 다른 어떤 공공 정원에 뒤지지 않을 만큼 아름다운 장소로 변모시킬 것이다."

그는 타일러 수목원과 스콧 수목원의 디렉터 자리를 함께 맡아 아주 특별한 기회를 갖게 되었다. 그는 타일러 수목원의 광대한 자연 지역을 이용하여 스콧 수목원에서의 식재와 표본 연구를 보완할 수 있었다. 그의 연간 보고서를 보면, 한때 타일러 수목원이 작약과 모란, 수선화 같은 식물에 대해서도 상당한 컬렉션을 보유했다는 것을 알 수 있다. 당시 위스터가 수집해 놓은 나무와 관목류는 아직도 두 수목원의 주요한 컬렉션으로 남아 있다.

이렇게 그는 스콧 수목원과 타일러 수목원이라는, 이 지역을 대표하는 훌륭한 두 수목원을 성공적으로 자리매김하는 데 커다란 기여를 하였다. 당시 조류서식지협회의 회장이기도 했던 그는 여러 보전 및 원예 관련 단체, 과학자 단체의 회원이기도 했다. 또한 미국 장미협회의 사무국장, 미국 붓꽃협회 창립자 겸 회장, 펜실베이니아 원예협회 사무국장을 역임했다.

1 페인터 형제가 1830년과 1873년 사이에 식재한 은행나무

2 타일러 수목원의 역사적인 건물을 배경으로 노란 은행잎으로 물든 가을이 한창이다.

1

2

타일러 수목원의 로도덴드론 컬렉션은 그의 큰 업적 중 하나다. 그는 1953년과 1964년 사이에 최상의 로도덴드론 품종들을 수집하였고, 새롭게 개량된 교잡종을 육종하여 대중에게 보급하는 데 많은 노력을 기울였다. 6만 제곱미터에 1,500본이 넘는 로도덴드론 컬렉션은 펜실베이니아 지역에 자생하는 로도덴드론과, 아잘레아 중 주목할 만한 종을 포함하고 있으며 4월과 6월에 걸쳐 꽃이 장관을 이룬다. 이들은 주로 튤립나무와 참나무류, 구주물푸레나무, 단풍나무류의 짙은 그늘 아래 자라고 있다. 로도덴드론 컬렉션은 최근에 더 체계적인 관리를 위해 220만 달러가 투입되어 다년간의 보전 프로젝트가 진행되고 있다.

목련 컬렉션은 1951년부터 시작되었다. 꽃이 다양한 형태와 색깔과, 향기를 띠는 주요 아시아 품종 및 자생종, 교잡종을 망라하고 있다. 보통 3~4월에 절정을 이루는데, 미국 국립수목원에서 육종된 '리틀 걸 하이브리드Little Girl Hybrid' 시리즈는 이보다 늦게 개화한다. 꽃사과나무는 1951년과 1953년 사이에 집중적으로 식재되었다. 벚나무와 라일락 컬렉션 식재 지역을 연결하는 위치에 조성되었으며 4월에 절정을 이룬다. 1959년까지 95본 40종 이상의 종을 수집하였는데, 주로 봄철에 분홍색, 빨간색, 하얀색으로 개화하는 미국과 아시아 품종이다. 이들은 가을에 익는 열매도 보기 좋다. 벚나무는 1951년에 식재가 시작되어 45본 23종에 이른다. 이 중 대부분은 스콧 수목원으로부터 기증을 받았다. 특히 요시노Yoshino 벚나무는 수목원으로 진입하는 페인터 로드Painter Road 길가를 따라 식재되어 봄에 장관을 이룬다. 6만 제곱미터의 침엽수 정원Pinetum은 1954년부터 조성이 시작되었다. 소나무, 전나무, 가문비나무, 미국솔송나무, 삼나무, 낙엽송 등 구과를 만들어내는 침엽수의 풍부한 다양성을 보여주고 있다. 이들은 아널드 수목원, 모리스 수목원, 스콧 수목원으로부터 묘목이 기증됐고, 각 종마다 3~5본의 개체가 충분한 간격을 두고 식재되었다. 이곳은 원래 초원의 일부였던 탓에 주변에는 아직도 그래스 종류와 밀크위드milkweed, 골든로드golden rod 등이 자란다. 봄이 되면 이곳 침엽수 정원의 땅 위로는 야생화가 만개한다. 침엽수와 그래스의 이러한 조합은 독특한 분위기를 만들어냄과 동시에 많은 야생 동물의 서식처가 되기도 한다.

위스터가 수집한 다른 나무들로 호랑가시나무와 산딸나무 종류들이 있다. 이 모든 수집종은 타일러 수목원의 핵심 지역에 보전되어 있는데, 이 나무들의 다음 세대가 될 어린 개체들이 사슴의 먹이로 훼손되는 것을 막기 위해 최근에는 이 지역에 전체적으로 사슴 울타리를 설치하여 컬렉션을 갱생하는 작업을 진행했다.

1 숲속의 로도덴드론 컬렉션

2 운금만병초*Rhododendron Fortunei*

3 오래된 숲길은 호기심을 유발하는 아이디어로 가득해서 방문객을 그 속으로 자연스럽게 인도한다.

2001년에 미국 역사기념물로 지정되기도 한 타일러 수목원은 생물계에 대한 이해를 높이고 원예와 역사, 그리고 지역의 자연 자원을 보전하고 공유하는 것을 목표로 한다.

타일러 수목원은 페인터 형제가 기초를 쌓고 존 위스터가 더욱 풍성하게 마련한 수목원의 귀중한 식물 자원을 바탕으로 다른 수목원과 차별화되는 독특한 아우라를 만들어내고 있다. 이러한 탁월한 전통 위에 갖가지 창조적인 아이디어로 수목원 곳곳에 조성한 트리 하우스tree house가 어린이와 가족들에게 큰 인기를 끌고 있다. 이 특별한 공간에는 거의 모든 종류의 마법 창조물에 대한 재미있는 이야기가 가득하다. 방문자 센터를 지나 수목원으로 들어서면 초입에서부터 여러 그루의 나무 위에 지어진 작은 집을 보게 된다. 신기한 모양으로 호기심을 자극하는 이 집들은 수목원 곳곳에 지어진 다양하고 특색 있는 트리 하우스를 즐기는 여정의 시작일 뿐이다.

오리엔테이션 스테이션Orientation Station이라 불리는 트리 하우스는 캐나다솔송나무의 커다란 줄기를 축으로 2.5미터 정도 높이에 설치된 데크 위에 지어진 세 개의 작은 오두막으로 이루어져 있다. 2008년 윌리엄슨 스쿨Williamson School 학생들에 의해 조성된 이 트리 하우스는 한눈에 봐도 아이들이 홀딱 빠져들 정도로 호기심 가득한 분위기를 자아낸다. 트리 하우스에 담긴 팅커벨 같은 요정과 공주, 마법에 관한 이야기에 아이들은 즐거워한다. 그 이야기 속으로 들어간 것처럼 생생하게 꾸며진 이 트리 하우스는 여러 가지 동화책을 소재로 한 다양한 어린이 프로그램의 오리엔테이션 장소로도 쓰이고 있다.

1

2

타일러 수목원의 트리 하우스는 난쟁이도깨비, 트롤(괴물), 마법사, 요정, 그리고 마법에 걸린 부족이 수목원에 살고 있다는 이야기로 동심을 자극한다. 이 마법의 창조물들은 오랫동안 대자연을 돌보며 지구를 아름답게 가꾸었고 그들은 인간의 도움을 필요로 한다는 메시지를 전달하고 있다. 아이들의 호기심 어린 눈망울과 들뜬 몸짓에 이끌려 어른들도 수목원 곳곳의 트리 하우스를 둘러보면서 자연스럽게 수목원을 즐기게 된다. 오리엔테이션 스테이션 바로 앞 나뭇가지에 걸려 있는, 호리병박을 이용해 만든 새집도 눈길을 끈다.

수목원의 안쪽으로 좀더 걸어가다 보면 고블린의 판잣집 Crooked Goblin Shack이 등장한다. 보통 이야기 속에서 차갑고 축축한 동굴에 살며 비뚤어지고 괴상한 행동을 일삼는 고블린의 특성을 살려 디자인된 이 판잣집은 모양 자체가 완전히 비틀어져 있다. 어른이 보기에도 이 집은 신기하기만 한데 아이들의 눈에는 오죽할까. 고블린의 판잣집 안에 들어가 작고 삐딱한 의자에 앉거나 비뚤어진 창문으로 바깥을 내다보면서 아이들은 한참 동안 고블린 놀이를 즐긴다 . 이러한 재미있는 집들 앞에는 거기에 얽힌 이야기가 적힌 해설판이 있어 어린 방문객들의 상상력을 더욱더 자극한다.

굴뚝새의 집House Wren은 실제 굴뚝새를 위해 만들어졌다. 굴뚝새는 보통 나무에 난 구멍, 또는 상자 모양의 새집에 둥지를 트는데, 둥지 틀 곳이 마땅치 않을 때는 매우 공격적이어서 다른 새들의 둥지를 차지하기도 한다. 직접 집을 지을 때는 잔가지를 이용하는데, 기생충을 예방하기 위해 종종 거미알을 집 짓는 재료로 쓰기도 한다.

1 고블린 하우스Goblin House

2 오리엔테이션 스테이션Orientation Station

3 타일러 수목원 자원봉사자들이 만든 백야드 메모리Backyard Memory라는 트리 하우스

4 호리병박 모양의 새집들

수목원의 길을 따라가다 보면 또 다른 특이한 모양의 집을 발견할 수 있다. 새집이라고 하기에는 거대한, 케이프 메이 블루버드 하우스Cape May Bluebird House라는 이름의 이 집은 수목원의 파랑새 산책로에서 영감을 받아 사람이 직접 들어갈 수 있는 크기로 지어졌다. 건축적인 세부사항과 페인트 양식은 뉴저지의 케이프 메이Cape May 해변 지역에 빅토리아 스타일로 지어진 별장을 연상시킨다. 작은 새집들을 둘러싸고 있는 다채로운 아디론댁Adirondack 스타일의 의자와 함께 파랑새에 대한 정보를 안쪽에서 발견할 수 있다.

스트러민 앤드 드러민Strummin & Drummin은 쓰러진 진홍참나무*Quercus coccinea*를 이용해 만든 거대한 기타 모양의 구조물이다. 아름드리 그루터기는 특대형 드럼의 받침으로 쓰이고 있다. 이쯤 되면 나무를 비롯하여 숲에서 나오는 재료로 만들 수 있는 것은 거의 무궁무진하다는 생각이 들 만하다. 이 트리 하우스는 2009년 이 지역의 공연과 음악 교육을 담당한 그룹인 '메이킨 뮤직 로킨 리듬Makin' Music Rockin' Rhythms'에 의해 조성되었다. 실제로 이곳에 기타와 드럼을 들고 와 공연을 해도 근사할 것 같다는 생각이 들기도 한다. 하지만 아이들은 이 공간에 설치된 자연의 다양한 악기를 이용해 소리를 내며 즐기는 것만으로도 더 이상 필요한 것이 없어 보인다. 이렇게 수목원의 나무들은 수명이 다하거나 천재지변으로 쓰러진 후에도 여전히 수목원에 남아 많은 사람에게 영감을 주는 특별한 존재로 새롭게 탄생한다.

1

2

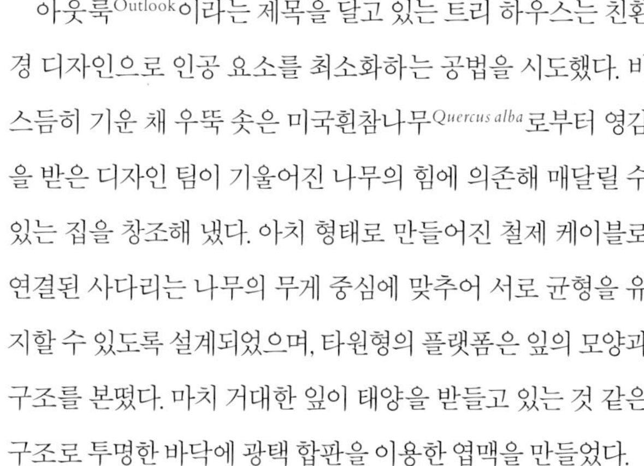

아웃룩Outlook이라는 제목을 달고 있는 트리 하우스는 친환경 디자인으로 인공 요소를 최소화하는 공법을 시도했다. 비스듬히 기운 채 우뚝 솟은 미국흰참나무*Quercus alba*로부터 영감을 받은 디자인 팀이 기울어진 나무의 힘에 의존해 매달릴 수 있는 집을 창조해 냈다. 아치 형태로 만들어진 철제 케이블로 연결된 사다리는 나무의 무게 중심에 맞추어 서로 균형을 유지할 수 있도록 설계되었으며, 타원형의 플랫폼은 잎의 모양과 구조를 본떴다. 마치 거대한 잎이 태양을 받들고 있는 것 같은 구조로 투명한 바닥에 광택 합판을 이용한 엽맥을 만들었다.

초원과 숲의 가장자리가 만나는 곳에 위치한 트리 허거Tree Hugger는 자연 보전 윤리를 반영하여, 바로 그곳에 쓰러진 나무와 재생목을 사용하여 2009년 필라델피아 대학교 학생들이 조성하였다. 상상 스테이션Imagination Station은 마치 깊은 숲속의 다른 세상으로 들어가는 터널처럼 독특한 디자인으로 만들어졌다. 상상 스테이션의 터널을 통과하면 그곳을 둘러싼 숲의 놀라운 광경을 보게 된다. 아이들은 그곳에 놓인 상자에서 마음에 드는 캐릭터 의상을 꺼내 입고 가상 체험 놀이를 할 수 있고, 어른들은 야외 공연장처럼 꾸며진 이곳 벤치에 앉아 휴식을 취하며 즐길 수 있다. 자칫 그냥 지나칠 수 있는 숲속 공간을 이렇게 특별한 곳으로 만들어내는 것도 정원을 창조하고 가꾸는 사람들의 몫이자 즐거움일 것이다.

1 케이프 메이 블루버드 하우스Cape May Bluebird House
2 스트러민 앤드 드러민Strummin & Drummin
3 아웃룩Outlook
4 트리 허거Tree Hugger
5 상상 스테이션Imagination Station

채소 전시 정원Vegetable Demonstration Garden은 야외 교실 같은 일종의 교육용 정원으로, 지속가능한 친환경 먹을거리 생산을 주제로 삼고 있다. 관람객과 프로그램 참여자들은 토종heirloom 채소 품종, 유기농 비료, 다양한 재배 기술, 퇴비 및 토양 관리, 그리고 꽃가루받이 매개 곤충을 비롯한 이로운 곤충에 대해 배울 수 있다. 이 정원에서 나는 채소는 매주 수확되어 지역 푸드 뱅크에 기부된다. 그 밖에 미국 허브협회 필라델피아 지부에서 관리하는 향기 정원도 있다.

7월과 8월에만 한시적으로 개장하는 나비 하우스Butterfly House는 애벌레, 번데기 등 나비의 모든 성장 단계를 관찰할 수 있는 곳으로, 나비의 생존에 필요한 식물로 가득 차 있다. 130제곱미터 면적의 이곳에서 제왕나비Monarchs, 유황나비sulphurs, 부전나비hairstreaks, 작은멋쟁이나비painted ladies, 호랑나비swallowtails 등 자생 나비 종류를 볼 수 있다. 나비 하우스와 함께 타일러 수목원의 연못은 매우 인기 있는 장소 중 하나다. 1990년에 설치된 독특한 나무 데크에서는 연못 가장자리의 다양한 생물을 관찰할 수 있다. 옛 시골의 풍경처럼 정겹고 자연스러운 이 연못에서 개구리와 두꺼비, 거북, 개복치를 비롯한 많은 동물과 곤충이 살아간다. 규모가 작은 이 연못은 1940년대에 관수용으로 마련되었는데, 타일러 수목원 부지를 구비구비 흐르는 로키런 스트림Rocky Run Stream으로부터 물이 흘러 들어와 리들리 크리크Ridley Creek로 끊임없이 흘러나간다.

일년 내내 메도 가든Meadow Garden은 갖가지 생명으로 북적인다. 겨울에 모든 것이 말끔하게 베이는 이곳에 봄이 찾아오면 수선화가 피어나고, 여름이 되어 다시 풀의 키가 자라면 온갖 야생화가 넘쳐난다. 그러면 수많은 나비와 각종 곤충이 이곳을 찾고, 다양한 설치류와 새 같은 야생동물도 먹을거리와 쉴 곳을 찾아 이곳에 모인다. 타일러 수목원의 메도 가든에는 그 속을 관람할 수 있는 미로 형태의 길이 있는데, 높아질 대로 높아진 풀이 자연스럽게 미로의 벽을 형성한다. 메도 가든의 미로는 연인들에게 로맨틱한 장소다. 특히 메도 가든의 주변부에

1 채소 전시 정원
2 연못가 풍경
3 메도 가든의 봄
4 메도 가든의 가을

Tyler Arboretum

서 중심부로 길찾기를 하며 뛰어다니는 아이들은 스릴을 만끽할 수 있다. 중간중간 디스커버리 스테이션Discovery Station이 설치되어 있어 메도 가든에 관련된 여러 가지 유용한 교육 정보와 즐길 거리를 접할 수도 있다. 또한 메도 가든의 끝자락에 있는 랩터 루스트Raptor Roost에서는 마치 독수리처럼 높은 곳에서 메도를 내려다볼 수 있고, 배스킹 서클Basking Circle은 주변에 펼쳐진 야생의 풍경을 포착할 수는 완벽한 장소다. 운이 좋다면(?) 졸음에 취한 뱀이 움직이는 모습도 관찰할 수 있다.

노스 우드North Woods라는 자생 숲 산책로에서는 평화롭고 조용한 숲길을 거닐며 미국 동부 지역에 자생하는 다양한 식물을 만날 수 있다. 이 지역을 위협하는 주된 요소는 인동, 마늘냉이*Alliaria petiolata*, 찔레 같은 침입종과 외래식물이 점차 늘어나는 것인데, 이 식물들은 매우 공격적으로 영역을 넓히며 자생식물을 몰아내고 있다. 이에 타일러 수목원은 침입종을 통제하고 자생식물을 복원하여 건강한 생태계를 회복하기 위해 노력하고 있다.

타일러 수목원의 핵심 지역 외곽에 위치한 핑크 힐Pink Hill은 델라웨어 카운티Delaware County에 마지막으로 남은 서펜타인 배런serpentine barren의 독특한 생태계를 보여준다. 서펜타인 배런 혹은 초지grass land는 대부분의 식물에게 해로운 광물이 함유되어 있어 척박하고 얕은 토양으로 이루어진 곳이다. 이러한 토양은 토양층 바로 아래의 사문암이 침식되어 형성되었는데, 식물의 필수 영양소인 질소와 칼륨, 인 등이 결핍되어 있고 철과 크롬, 니켈, 코발트 같은 중금속의 함량이 높다. 서펜타인 배런은 세계적으로 그리 흔하지 않다. 미국 동부에서는 앨라배마에서 캐나다까지 띄엄띄엄 분포하고 있고, 이곳에서 자라는 식물 역시 매우 희귀한 식생을 보여주고 있다. '불모지'라는 뜻의 '배런barren'이라고 불리는 이유는, 초기 정착민에게 이 토양이 일반 작물을 재배할 수 없을 만큼 척박했기 때문이다. 펜실베이니아 남동부와 델라웨어를 포함한 메릴랜드 북부 지역에는 가장 다양하고 식물학적으로 중요한 서펜타인 배런이 분포하고 있지만, 이곳들은 도시 개발과 함께 점차 사라져 가고 있다.

토양이 녹색을 띠는 이유는 사문암의 마그네슘 함량이 높기 때문인데, 마그네슘은 식물의 양분 흡수를 방해한다. 또한 크롬과 코발트, 니켈, 철분은 식물이 살아가기에 적합하지 않은 환경을 형성한다. 그런데 일부 식물은 이 거친 토양에서도 살아나갈 방도를 찾아냈다. 그중 서펜타인 아스터*Aster depauperatus*는 서펜타인 그래스랜드에서만 발견되는 식물이다. 타일러 수목원의 핑크 힐Pink Hill은 봄에 피어나는 꽃잔디*Phlox subulata*의 분홍꽃에서 유래한 이름인데, 미국 동부가 원산인 꽃잔디는 무덥고 건조한 지역에서도 잘 자라는 강건한 지피식물이다.

타일러 수목원에는 총 32킬로미터에 이르는 일곱 갈래의 자연 탐방로도 있다. 이 탐방로는 초원을 통과하는가 하면 짙푸른 숲을 감아돌며 깨끗한 물로 반짝이는 시내를 따라 2.3제곱킬로미터의 자연 지역을 아우르고 있다. 이 천연 그대로의 탐방로를 거닐며 다양한 야생동물을 관찰하거나, 아주 오래전에 지어진 건물의 흔적을 접할 수 있다. 관리 지역을 둘러싼 사슴 막이 울타리에는 자연 지역 탐방로를 이용하려는 보행자를 위한 일곱 개의 문이 설치되어 있다. 또한 탐방로 해설 프로그램도 운영되고 있어 이 지역 전문 해설가로부터 흥미로운 이야기를 들을 수 있다.

1 숲속에는 어린이를 위한 여러 가지 기발한 창작물이 자연스럽게 어우러져 있다.

2 나뭇가지를 이용하여 만든 야생동물 보금자리

3 노스 우드로 가는 다리

나무와 꽃 못지않게 건물과 구조물 역시 아름다운 정원의 구성 요소로 매우 중요하다. 정원이라는 개념은 인간의 손길을 전제로 하기 때문에 그러한 요소들은 자연스럽게 정원의 역사와 문화적 배경을 전달해 준다. 사실 어떤 지역에서 이용할 수 있는 식물의 종류는 그 지역의 기후 조건에 따라 제한되기 때문에 정원에 쓰이는 식물 또한 대부분 비슷한 범주를 벗어나지 못하기 마련이다. 하지만 거기에 각 정원만의 독특한 배경, 건물과 구조물의 미적인 디자인 요소가 가미되면 같은 나무, 같은 꽃이라 할지라도 전혀 다른 분위기가 연출된다. 타일러 수목원 역시 다양한 트리 하우스와 함께, 그 오랜 역사를 말해주는 건물이 곳곳에 포진해 있어 수목원 관람을 더욱더 의미 있고 풍성한 시간으로 만들어준다.

1738년부터 1937년까지 민셜Minshalls, 페인터Painters, 타일러Tylers, 세 가문의 식구들이 거주했던 래치포드 홀Lachford Hall은 1681년 이곳으로 이주한 초기 선조들이 영국을 떠나기 전 거주했던 곳의 지명을 따 이름 붙인 곳으로, 토머스 민셜 2세가 건축했다. 그 후로 이 집에 거주하는 사람들이 바뀜에 따라 건물이 계속 조금씩 개조되었는데, 1881년에는 존 타일러와 그의 부인 로라가 농가 형태에서 여름 별장 스타일로 개조하여 커다란 변모를 겪었다.

현재 식물원 관리소가 위치한 이 건물의 한 부분에는 타일러 가족이 사용했던 가구와 집기류가 그대로 보존되어 있어 역사적인 하우스 박물관 역할도 하고 있으며, 방문객들은 투어 프로그램에 참여해 이곳을 관람할 수 있다.

1 래치포드 홀Lachford Hall

2 페인터 도서관Painter Library

래치포드 홀 바로 옆에 위치한 페인터 도서관Painter Library에는 페인터 형제가 수집한 장서와 가문의 기록, 각종 곤충과 광물이 들어 있는 특별 보관함, 식물 표본이 보관된 허바리움, 망원경, 천구의, 카메라, 인쇄기 같은 역사적인 유산이 모여 있다. 그들은 날씨를 관찰하여 매일 기록으로 남겼고, 지역의 역사를 공부하였으며, 지역의 가문들을 위한 족보를 인쇄하기도 하였다. 또한 이곳에는 철과 돌로 만들어진 특수 방화 금고도 있다.

헛간을 뜻하는 반Barn의 건축 양식도 목가적인 전원 풍경에서 빼놓을 수 없는 부분이다. 이곳에 거주했던 민셜 가문의 초기 가업은 곡물 재배였고, 소와 돼지 등은 주로 가족이 소비하기 위해 소규모로 사육했다. 페인터 형제의 아버지였던 에노스 페인터Enos Painter는 농장의 주요 사업을 목축업으로 전환하였다. 그는 가축을 대규모로 사육하기 위해 1833년에 헛간 재건축을 시작하였고, 당시 존재했던 헛간의 옆쪽으로 3층짜리 건물을 추가로 올렸다. 남쪽 비탈면을 향하도록 지어진 이 건물은 이 지역의 헛간 중에서 가장 큰 것으로 남아 있다. 당시 1층은 축사로 쓰였고, 2층과 3층은 건초와 곡물 등 가축을 위한 먹이 저장고로 쓰였는데, 현재는 다양한 프로그램을 위한 교육 센터로 활용되고 있다.

페인터 그린하우스Painter Greenhouse는 1871년에 페인터 형제가 지었다. 반지하식 온실이며 처음에는 '포도원grapery'이라 불렸는데, 당시에는 포도를 온실에서 촉성 재배하는 것이 일반적이었다. 이와 비슷한 용도인 과일 저장고Fruit Vault도 있는데, 1858년에 건축된 이곳은 사과와 채소류, 특히 양배추와 턴립, 비트, 양파, 서양방풍나물, 당근 등을 보관하는 용도로 쓰였다. 스프링하우스Springhouse는 원래 천연 냉장고일 뿐 아니라 농장을 위한 물 공급원이었는데, 차갑게 흐르는 물에 육류와 여타 음식물을 담은 보관함을 두어 차게 유지하는 용도로 사용했다.

고풍스럽고 고요하게만 보일 수도 있지만, 타일러 수목원에서는 연중 다양한 축제가 벌어진다. 먼저 4월 말에는, 대대적인 식물 판매를 하면서 많은 사람을 초대한다. 봄에 다시 정원을 풍성하게 가꾸기 위해 겨우내 이때를 기다리는 사람들이 많다. 10월 말에는 호박 축제를 하는데, 다양한 공연뿐 아니라 잭오랜턴 호박 만들기 체험 등 볼거리, 즐길거리가 많다. 이 무렵에는 수목원 주변에 아주 넓은 임시 주차장이 마련되고 셔틀버스가 운행될 정도로 방문객이 몰린다.

1946년에 비영리 기관으로 공식 설립된 타일러 수목원은 다른 많은 공공 정원에서 볼 수 있는 화려한 디스플레이를 추구하지 않는다. 대신 수목원 본연의 기능을 하면서 다양한 가치를 지닌 목본류의 수집과 연구를 통해 숲이 주는 가치, 더 나아가 있는 그대로의 자연을 사람들에게 보여주기 위한 길을 묵묵히 걷고 있다. 다행히 이런 귀중한 자연 유산의 보전을 위해 지역의 개인과 기관이 타일러 수목원을 후원해 주고 있다. 타일러 수목원의 다양한 교육 프로그램에는 주변 카운티와 4개 주의 초등학교와 유치원에서 오는 7,000여 명의 학생이 참여하고 있다. 성인 교육생은 새와 자생식물을 주제로 하는 현장 견학과 가드닝, 지속가능한 원예, 식물 세밀화 그리기 등 실습 위주의 워크숍과 강좌에 참가할 수 있다.

Theme III

COLLECTION GARDENS

Children's Garden

United States Botanic Garden

미국식물원

위치	워싱턴 D.C.
홈페이지	www.usbg.gov

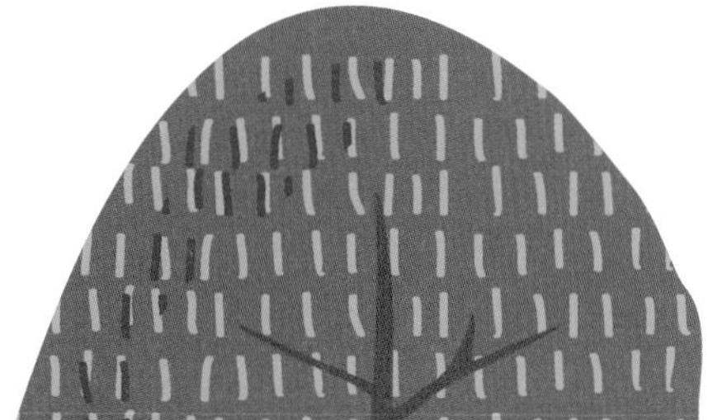

가벼운 옷차림에 배낭을 메고 워싱턴 D.C.의 전철에 올랐다. 관광 지도를 들고 다니는 수많은 사람들 속에서 들뜬 기분의 여행자가 되어 미국식물원을 찾았다. 광대한 내셔널 몰National Mall의 동쪽 끝에는 의사당이 있고 서쪽 끝에는 링컨기념관이 자리하고 있다. 그 중간 지역에는 세계 최대 규모의 스미스소니언 박물관이 있다. 지도를 놓고 이 지역을 보면 전체적인 그림을 훨씬 쉽게 그릴 수 있는데, 실제로 보면 어마어마한 규모다. 이 지역을 통과하는 지하철 노선만 해도 네 개나 되니 말이다. 다행히 이 지역의 명소 대부분은 무료로 관람할 수 있다.

미국식물원은 페더럴 센터Federal Center 역에서 제일 가깝다. 국회의사당 바로 옆에 있고 스미소니언 박물관이 인근에 있어서, 식물원이 따로 독립되어 있다기보다는 주변의 다른 건물들과 함께 자연스럽게 어우러져 있는 느낌이다.

History & People

세계 각국에는 자국을 대표하는 국립 혹은 왕립 식물원이 있다. 영국에는 큐가든이 있고 독일에는 베를린 식물원, 그리고 호주에는 시드니 왕립식물원이 있다. 면적이 수백 에이커에 이르고 수십 개의 온실을 보유한 이 식물원들에 비해 미국식물원은 그리 웅장하지 않다. 오히려 꼭 필요한 요소만 갖춘 간소한 규모의 식물원이다. 이곳에서 6킬로미터 정도 떨어진 곳에 1.8제곱킬로미터의 광대한 국립수목원United States National Arboretum이 따로 있긴 하지만, 그곳은 미국 농무부 농업연구청에서 운영하는 연구 기관의 성격이 강하다.

의사당 영선국Architect of the Capitol에서 운영하는 미국식물원United States Botanic Garden, USBG은 미국의 수도 워싱턴 D.C.와 역사를 함께해 왔다. 일찍이 조지 워싱턴, 토머스 제퍼슨, 제임스 먼로 같은 미국 초기 지도자들은 국민의 복지에 식물이 얼마나 중요한 가치를 지니는지 잘 알았다. 특히 조지 워싱턴은 수도의 중요한 구성요소로 식물원이 필요하다고 생각했다. 결국 이들이 공유한 꿈은 1820년에 이르러 식물원의 탄생으로 이어졌다.

1838년부터 1842년까지는 세계의 식물을 워싱턴 D.C.로 수집해오기 위한 식물 탐사가 진행되면서, 식물원이 대대적으로 재정비되었다. 그 후 1850년에 일반인에게 개방되었고, 1933년 지금의 위치로 옮겨졌으며, 1934년부터는 의사당 영선국에서 운영해 왔다. 워싱턴 D.C.의 심장부에 굳건히 자리 잡은 미국식물원이 설립 초기부터 오늘날까지 전달하려고 해 온 메시지는 분명하다. 인간의 생존에는 반드시 식물이 필요하다는 것이다. 미국식물원의 위치는 많은 이들에게 식물의 중요성을 알리기에 매우 적합하다. 연간 백만 명이 넘는 인파가 이곳에서 식물과 정원의 아름다움, 혁신적인 디스플레이, 그리고 특별한 교육 프로그램을 체험하고 있다.

미국식물원은 살아 있는 식물 박물관이다. 경제에 도움이 되는 식물을 비롯해 약초, 난초, 식충식물 등 다양한 세계 식물 컬렉션을 바탕으로 식물이 지닌 아름다움과 문화, 경제성, 치유 효과, 생태를 가르쳐준다. 또한 도심에서 자생식물을 이용하는 지속가능한 정원 만들기와 식물 보전에도 큰 힘을 쏟고 있다.

1 미국식물원은 국회의사당과 매우 가깝게 위치하고 있다.

Garden Tour

미국식물원은 크게 온실과 바르톨디 파크Bartholdi Park, 내셔널 가든National Garden, 세 구역으로 나뉘어 있다. 1933년에 지어진 2,700제곱미터의 온실은 4년간의 리노베이션을 거쳐 2001년에 재개장하였다. 유리 온실의 높고 둥그스름한 돔은 국회의사당 건물과 그 앞으로 광활하게 조성된 호수Reflecting Pool와 잘 어울린다.

온실 건물로 들어가는 커다란 문을 지나 처음 만나게 되는 곳은 가든 코트Garden Court이다. 높은 아치 모양의 알루미늄 프레임이 지지하고 있는 투명한 유리를 통해 밝은 빛이 쏟아져 내린다. 양옆으로는 기다랗게 생긴 두 개의 직사각형 연못이 있고 그 안에 청록색 물이 차 있다. 주변으로 커다란 벽화, 키 큰 야자수, 화분에 심겨진 갖가지 식물이 함께 어우러져 가든 코트는 밝고 싱그러운 느낌으로 가득 차 있다. 이 공간에서 계절마다 특별한 주제의 전시회, 다양한 리셉션이 펼쳐진다. 가든 코트에는 주로 경제적 가치가 있는 식물이 전시되어 있다. 식품, 염료, 약품, 목재, 섬유, 향수, 산업 재료, 향신료, 화장품 등 용도가 수없이 많다. 가령 바나나*Musa* 'Saba' 잎은 열대 지방에서 다른 잘 익은 열매를 싸는 포장재로 쓰인다. 아마존에서 온 카카오나무*Theobroma cacao*는 초콜릿의 원료다. 동남아시아에서 온 차나무*Camellia sinensis*가 있는가 하면, 한쪽에서는 코코넛야자*Cocos nucifera*가 높게 자라고 있다. 허브와 향신료 식물로는 나무껍질에서 아주 강한 향을 만들어내는 계피나무*Cinnamomum verum*와, 덩굴성 난초 종류인 바닐라*Vanilla planifolia*가 있는데 이들은 각각 멕시코와 중앙아메리카로부터 왔다. 우리가 먹는 음식으로 익숙한 바닐라향을 내는 원래 식물을 직접 보면 신기하다. 게다가 그 식물이 난이라는 것도 놀랍다.

이 밖에 다양한 종류의 난초, 백합, 국화, 포인세티아, 시클라멘, 안투리움, 헬리코니아 등 많은 식물이 하우스에서 재배되어 연중 가든 코트를 꾸미는 식물로 쓰인다.

1 현재 알루미늄 프레임으로 이루어진 온실은 1933년에 처음 지어졌다.

2 온실 입구 전경

3 카카오 열매

4 온실 가든 코트의 벽화가 바나나와 덴드로비움 등 다양한 식물과 함께 밝고 화사한 분위기를 연출한다.

5 가든 코트의 중앙 수로

가든 코트에서 중앙 쪽으로 커다란 문을 통과하면 온통 짙푸른 열대우림의 분위기를 느낄 수 있는 습한 정글로 들어선다. 방문객의 안경과 카메라 렌즈에 일시적으로 뿌연 습기가 찬다. 밖에서 보면 돔 모양으로 보이는 온실의 중앙 부분을 높고 넓게 차지하고 있는 정글 가든에는 각각 다른 주제의 가든으로 이어지는 출입문이 사방으로 나 있다. 아래쪽으로 물이 흐르는 가운데 커다란 나무 다리를 건너게 되어 있는데 간간이 새소리와 개구리 소리가 들리기도 한다. 처음에는 가짜인 줄 알았는데 정글 가든에는 실제 동물이 살고 있다. 열대우림은 지구상에서 가장 생태학적으로 복잡하고 다양한 동식물 서식지다. 온갖 희귀 동식물이 가득한 그곳은 끊임없이 위협을 받고 있으며 많은 종이 이미 멸종위기에 처해 있다. 정글 가든은 그러한 생태계의 중요성을 사람들에게 알려주기 위해 조성되었다. 정글의 느낌을 보다 생생하게 즐기도록 하려고 온실 상층부에 올라가 밑을 내려다볼 수 있게 했다. 마치 타잔이 된 것처럼 높은 곳에서 정글 숲을 감상하는 것도 재미있다. 영국 큐가든의 한 온실도 이렇게 되어 있는데 아마도 그곳을 모방한 것이 아닐까? 온실의 유리창 바깥으로 보이는 내셔널 몰과 국회의사당의 풍경도 근사하다. 한쪽으로는 원시림이 펼쳐져 있고 다른 한쪽에는 가장 현대적인 풍경이 있어서 묘한 느낌이다. 지킬 것을 지키면서 동시에 인류가 원하는 발전도 이룰 수 있을까? 아마 이 온실을 관리하는 것처럼 많은 노력과 비용이 들 것 같은 생각이 들지만, 그 둘 사이의 접점을 이루는 해결책도 있을 것이다. 마침 야자수를 타고 위쪽까지 올라온 초록색 도마뱀이 무성한 잎 사이로 빼꼼 모습을 내비친다. 여기저기 붙어 자라는 착생 난의 꽃도 한창 아름다움을 드러내고 있다. 인공 환경이지만 이렇게 잘 살고 있는 먼 이국의 동식물이 신기하고 대견하다.

1

2

정글 가든에서 각각의 문으로 나가면 각기 다른 주제로 꾸며진 온실을 관람할 수 있다. 온실과 온실 사이에는 어린이 정원 등 옥외에 마련된 코트야드 가든도 있다. 자동으로 열리고 닫히는 환기창이 달린 각각의 온실은 전시 식물의 환경 조건에 알맞은 온도와 습도 등이 다르게 설정되어 있다.

정글 가든과 사막 정원World Deserts 사이에는 문 하나가 있을 뿐인데, 사막 정원은 완전히 다른 분위기의 식물 세상이다. 이 정원에서는 구세계의 사막 식물(대극과)과 신세계의 사막 식물(선인장과)을 함께 볼 수 있다. 서로 완전히 동떨어진 세상에서 독립적으로 살아온 식물들이 어떻게 유사한 진화 과정을 거쳐 왔는지 보여주고 있다. 이를테면 남아프리카의 아데니아 글라우카*Adenia Glauca*는 두꺼운 왁스층 줄기가 있는데, 이는 미국 서남부의 코끼리발나무*Nolina recurvata*의 줄기와 비슷하다. 한해살이 풀부터 나무까지, 세계의 다양한 사막 환경에서 자라는 대표 식물이 한정된 공간에 모여 있다.

원시 정원Garden Primeval은 150만 년 전 중생대 쥐라기로 거슬러 올라가는 고대 원시림의 분위기를 연출하고 있다. 다양한 소철류와 커다란 양치식물 사이로 난 굽은 길을 따라 이따금 공중에서 수분이 분사된다. 이곳의 식생은 아주 작은 잎을 가진 고사리부터 소나무 가지처럼 생긴 후페르지아 스콰로사*Huperzia squarrosa*, 키가 큰 호주 나무고사리*Cyathea cooperi*에 이르기까지 다양하다. 특히 호리더스소철*Encephalartos horridus*은 1838~1842년에 시행된 윌크스 식물 탐사Wilkes Expedition 때부터 이곳에 살아왔기에, 식물원의 살아 있는 역사라 할 수 있다. 이 밖에 다양한 석송류, 솔잎란, 속새류도 볼 수 있다.

1 온실의 꼭대기까지 야자수가 자라고 있는 열대우림 정글
2 온실에서 옥외 코트야드로 연결되는 곳은 기온의 급격한 변화를 막아주는 완충 지대 및 휴게 공간의 역할을 한다.
3 원시 정원
4 사막 정원

미국식물원은 세계적인 협력, 교육, 보전을 통해 생물다양성을 지키기 위한 노력도 해왔다. 2000년에는 국제식물원보전협회BGCI의 식물 보전 계획에 맞추어 자체적인 식물 보전 프로그램을 개발하였다. 일반인을 위한 전시와 강연, 체험 활동을 통해 식물과 자연 서식지가 인간의 생존에 얼마나 중요한지 알리고 있다. 또한 멸종위기 식물의 구호 센터로서의 역할도 하고 있다. 특히 멸종위기 동식물 국제거래에 관한 협약CITES에 따라, 멸종위기에 처한 난과 다육식물을 지키는 일에 동참하고 있다.

2003년에 조성된 하와이 멸종위기 및 희귀식물 전시원도 그 일환이다. 자연 서식지 파괴와 외래종 침입으로 인해 하와이 식물은 커다란 위협에 처해 있다. 전 세계 신혼부부뿐 아니라 많은 이들에게 꿈의 여행지로 각광받고 있는 낭만적인 섬의 이면에 이렇게 생태계 위기가 도사리고 있다는 것은 관심 없는 사람들이 알 리 만무하다. 미국식물원은 하와이에 서식하는 희귀 식물의 보존과 번식에 노력하고 있고, 전시와 교육을 통해 이들이 처한 위기를 많은 관람객에게 알리고 있다.

한편 난초 하우스Orchid House에는 200종에 이르는 다양한 형태와 크기, 색깔의 난초가 있다. 식물원의 특별 재배 온실에는 하이브리드를 포함한 5,000종의 난을 보유하고 있는데, 대부분 희귀하고 멸종위기에 처한 종들이 CITES에 따라 이곳에서 보호를 받고 있다. 사철 내내 희귀 난꽃을 볼 수 있으며, 매일 와도 질리지 않을 만큼 다채롭고 화려한 정원이다.

약초 정원Medicinal Plants에는 이종요법, 동종요법, 허브, 민속 식물학, 그리고 여타 치료 요법에 사용되는 약 200종의 식물이 전시되어 있다. 두통부터 복통까지 온갖 증상에 효능이 있는 페퍼민트*Mentha x piperita*, 주로 산업용 오일로 쓰이지만 약재로도 쓰이는 피마자*Ricinus communis*, 전립샘 비대증에 효과가 있다는 톱야자*Serenoa repens*, 백혈병 치유에 쓰이는 일일초*Catharanthus roseus*를 이곳에서 볼 수 있다. 그중에서 특히 우리나라에서 아주까리 기름으로 잘 알려진 피마자가 귀하게 전시되고 있는 것을 보면 반가울 수밖에 없다. 전통적으로 많이 쓰여 친숙하지만 제대로 알려지지 않은 식물을 보전하고 알리는 일도 식물원의 중요한 역할 중 하나다.

온실에는 두 군데의 코트야드 가든Courtyard Garden이 딸려 있다. 온실과 온실 사이에 조성된, 중정 개념의 공간이다. 그중 하나인 어린이 정원Children's Garden에는 어린이들이 보고 만지고 냄새를 맡을 수 있는 식물뿐 아니라, 수동으로 물을 퍼올리는 펌프와 덩굴 터널 등 아이들이 재미있어할 만한 요소가 가득하다. 우물처럼 생긴 연못, 물을 묻혀 바닥에 솔질을 할 수 있는 빗자루, 내키는 대로 물을 담아 뿌릴 수 있는 물조리개만으로도 아이들은 시간 가는 줄 모른다. 어쩌면 어린이 정원은 어떤 꽃을 얼마나 예쁘게 심었는지는 중요하지 않은 것 같다. 정원이 아이들에게 어떤 역할을 하는지 생각한다면, 아이들이 가지고 놀 만한 것이 얼마나 잘 마련되어 있는지가 더 중요하다.

1 식물 탐험관에 있는 시계꽃, 파시플로라 콰드란굴라리스*Passiflora quadrangularis*

2 선홍빛 꽃과 잎이 인상적인 스트로만테 상귀네아 '바리에가타'*Stromanthe sanguinea* 'Variegata'

3 하와이의 멸종위기종인 브리그하미아 인시그니스*Brighamia insignis*

4 파피오페딜룸 빅토리아레기나*Paphiopedilum victoria-regina*

5 아주까리라고도 불리는 피마자*Ricinus communis*가 열대 아프리카로부터 도입된 주요 식물로 전시되어 있다.

또 다른 옥외 공간인 서던 익스포저Southern Exposure 정원에서는 미국의 동남부와 서남부 지역, 걸프만, 텍사스, 멕시코 등지에서 자라는 식물을 볼 수 있다. 따사롭고 평온한 곳에 위치한 벤치에 앉아 조용히 책을 읽고 있는 한 청년의 모습이 눈에 들어온다. 정원의 또 다른 중요한 역할이 현실 속에 그대로 펼쳐져 있어 보는 이의 입가에 미소가 절로 떠오른다. 온실의 동쪽과 서쪽에는 갤러리가 하나씩 있다. 동쪽 갤러리에는 식물을 이해하고 탐구할 수 있는 창조적이면서도 기발한 전시물이 있다. 서쪽 갤러리에서는 우리 생활에 유용하면서 장식적인 기념품, 이미지, 조형물, 상품 등을 통해 식물이 인간의 삶을 어떻게 풍요롭게 만드는지 보여주는 다채로운 전시가 열린다.

미국식물원은 온실 전시의 비중이 높은 편이지만, 온실 밖에 마련된 두 정원 구역을 놓쳐서는 안 된다. 먼저 온실의 남쪽으로 1932년에 조성된 8,000제곱미터의 바르톨디 파크Bartholdi Park가 있다. 여기에는 가정에서 정원에 응용할 수 있는 최신 원예 기술을 선보이는 소규모 정원들이 있다. 정원을 편안하게 즐기러 온 사람들의 시선과 동선에 맞추어 대부분 크지 않고 오히려 아담한 느낌이 드는 정원이다. 정원들 중심에는 자유의 여신상을 만든 프레데리크 오귀스트 바르톨디Frederic Auguste Bartholdi(1834~1904)가 디자인한 거대한 조각상 분수대가 있다. 이 분수는 1876년 필라델피아 국제박람회에서 처음 선보였다가, 1877년 미국 의회에 6,000달러에 매입되어 내셔널 몰의 중심에 위치하게 되었다. 그 후 1932년에 현재 위치로 옮겨졌고 1986년에는 복원 작업이 진행되었다. 바르톨디 분수를 중심으로 각각의 소정원이 기하학적인 디자인으로 조성된 이곳에는 다양한 일년초와 숙근초가 혁신적인 조합을 이루고 있다. 식재되는 식물은 새로운 품종과 가든 디자인 경향, 정원 유지 관리의 최신 방법을 보여주기 위해 계속 바뀐다. 낙엽수, 상록수, 관목, 숙근초, 일년초, 덩굴식물, 지피식물, 장미, 알뿌리식물 등 거의 모든 종류의 식물이 번갈아 가며 바르톨디 파크에 식재된다. 한쪽에는 암석원도 훌륭하게 조성되어 있어 애호가들의 눈길을 사로잡는다. 이곳에서 가장 큰 면적으로 조성된 헤리티지 가든Heritage Garden은 북미에 자생하는 내한성 수목으로 꾸며져 있다. 전반적으로 정원에 빈 공간이 많지만 바크bark(나무껍질)로 덮여 있어서 깔끔하기 때문에 식재된 식물들이 돋보인다. 대개 단일 종으로 빈틈없이 빽빽하게 공간을 채워 심는 우리네 조경 방식과 대조를 이룬다. 여백은 원래 동양의 미덕인데 우리는 왜 이 좋은 덕목을 잃어 버리게 되었는지 안타깝기도 하다.

1 어린이 정원
2 문화 속의 식물을 주제로 한 서쪽 갤러리 풍경
3 바르톨디 파크의 중앙 분수대 뒤쪽으로 온실의 돔이 보인다.
4 꽝꽝나무 '스카이 펜슬'*Ilex crenata* 'Sky Pencil'이 바르톨디 분수를 향해 두 줄로 식재되어 있다.

미국식물원에 또하나의 야심작으로 추가 조성된 내셔널 가든National Garden은 2006년에 문을 열었다. 이 정원 조성에 필요한 자금은 놀랍게도 미국식물원을 위한 국가적 모금으로 마련되었다. 미국의 거의 모든 주에 걸쳐 235,000명 이상의 개인이 가든 클럽의 식물 판매 수익 등으로 모은 민간 기부금으로 충당되었다. 온실의 서쪽에 마련된 이 정원은 12,000제곱미터이며, 미국 식물상의 자연적인 아름다움을 보여준다. 이곳은 여섯 개의 독특한 특징을 가진 구역으로 나뉜다. 잔디 테라스Lawn Terrace의 정형화된 공간은 온실 건물과 새로운 옥외 정원을 연결하는 완충 역할을 하며 나비 정원Butterfly Garde과 인접해 있다. 나비 정원에는 꿀이 풍부한 갖가지 식물이 있어 나비 같은 수분 매개 곤충을 유혹한다. 퍼스트 레이디 워터 가든First Ladies Water Garden은 다섯 가지 농암을 띠는 청석과 화강석으로 꾸며진 연못과 분수로 조성되어 있다. 장미 정원Rose Garden은 오늘날 육종된 여덟 가지의 장미를 선보이며 미국의 나라꽃인 장미를 전시하고 있다. 이곳은 건강하고 아름다운 장미를 환경 친화적으로 재배하는 것이 목적이다. 건강한 장미는 좋은 토양에서 자라므로, 철저한 토양 분석으로 어떤 성분이 얼마만큼 들어 있는지 조사하고 필요한 영양 성분을 첨가하여 토양을 개량해 준다. 또한 자연 상태에서 이 지역 병충해에 저항성이 있는 장미를 선별하고, 농약을 쓰지 않는다. 적응을 잘 하지 못하는 장미 품종은 다른 품종으로 대체한다. 지역 자생식물 정원Regional Garden에서는 미국 동부 연안 지역에 자생하는 숙근초, 관목, 나무 등과 함께 습지 생태원도 볼 수 있다. 서쪽 끝에 자리 잡은 계단식 야외 강당은 교육 프로그램을 위한 모임 장소로 쓰인다.

1 로즈 가든

2 퍼스트 레이디 워터 가든

3 습지 생태원에 물새가 날아들기도 한다.

4 폰테데리아 코르다타*Pontederia cordata*, 오론티움 아쿠아티쿰*Orontium aquaticum* 등 수생식물이 자라고 있는 습지 생태원

5 패랭이꽃 '배스 핑크'*Dianthus* 'Bath's Pink'

미국식물원은 미국조경가협회American Society of Landscape Architects, 오스틴 텍사스 대학교의 레이디 버드 존슨 야생화 센터Lady Bird Johnson Wildflower Center와 함께 학제간 연합체인 사이츠SITES, Sustainable Sites Initiative에 참여하고 있다. 사이츠는 2009년 지속가능한 조경의 설계, 조성, 유지를 위한 가이드라인과 기준을 마련하였다. 등급 인증제에 기초한 평가 시스템을 통해 조경 속에서 건강한 생태계의 재생과 개선을 이끌어 내기 위한 일들을 진행하고 있다.

미국식물원은 세계적인 관광명소인 워싱턴 D.C.의 내셔널 몰에 위치한 만큼 대중교통이 발달되어 있고 다른 관광도 함께 무료로 즐길 수 있다는 장점이 있다. 하지만 점심 시간을 끼고 식물원을 관람할 계획이라면 미리 도시락을 준비하거나, 지하철역 부근 쇼핑가 혹은 다른 박물관의 레스토랑에서 미리 식사를 하고 가는 것이 좋다. 식물원 부근에는 식사할 곳이 마땅치 않기 때문이다. 스미소니언의 다른 유명한 박물관과 마찬가지로, 식물원이 무료 관람이라고 해서 결코 볼거리가 적은 게 아니다. 식물의 가치와 보전을 주제로 하는 전시와 교육에 대한 다양한 정보를 얻을 수 있다. 또한 온실과 바르톨디 파크와 내셔널 가든은 워싱턴 D.C.의 시민뿐 아니라 외부 관람객에게도 식물과 자연의 소중함을 아름다운 전시를 통해 보여줌으로써 마치 도심 속 오아시스 같은 역할을 하고 있다.

1 지역 자생식물 정원에 핀 붉은꽃산딸나무*Cornus florida f. rubra*

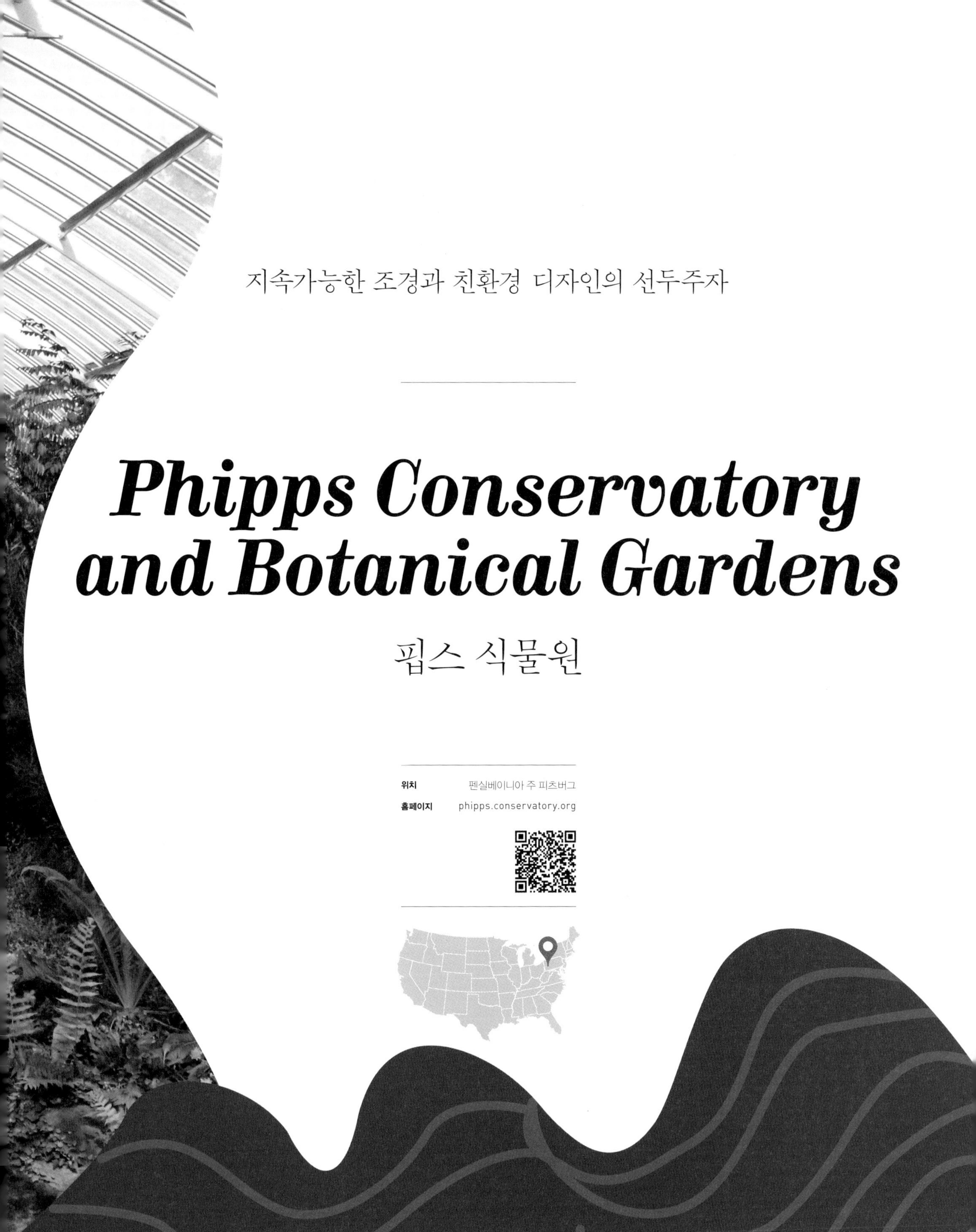

지속가능한 조경과 친환경 디자인의 선두주자

Phipps Conservatory and Botanical Gardens

핍스 식물원

위치 펜실베이니아 주 피츠버그
홈페이지 phipps.conservatory.org

함께 정원을 공부하는 단짝친구들과 오붓하게 피츠버그 시로 여행을 떠났다. 미국에서 가장 친환경적으로 지어졌다는 온실을 방문하기 위해서였다. 디렉터를 만나 식물원 투어를 하고 재배 온실과 사무실도 둘러보기로 했다. 원예 또는 조경 관련 전공 학생들의 특권 중 하나는 재학 기간에 많은 정원을 방문할 기회가 있고, 대개 무료 입장이고, 비개방 시설 견학 같은 스페셜 투어를 할 수 있다는 것이다.

새로운 정원으로 여행을 떠나는 것은 그 자체가 즐겁다. 중간중간 휴게소에 들러 군것질을 하며 수다를 떨다 보면 시간 가는 줄 모른다. 차창 밖으로 펼쳐지는 강과 호수, 대규모 경작지, 크고 작은 마을 등 다양한 경관을 감상하는 것은 보너스다. 미국에는 주로 초원 같은 평탄한 풍경이 많을 줄 알았는데, 피츠버그로 가는 길에서는 우리나라 강원도 지역을 여행할 때처럼 웅장한 산자락도 만날 수 있었다. 드넓은 펜실베이니아 주의 서쪽 끝에 위치한 피츠버그 시는 주 내에서 필라델피아 다음으로 큰 도시다. 차를 타고 다섯 시간쯤 달려 시내에 들어서자 고풍 넘치는 건물이 즐비했다. 학구적인 분위기가 물씬 풍기는 피츠버그 대학교 중심부를 지나 펍스 식물원Phipps Conservatory and Botanical Gardens에 도착했다. 펍스 식물원의 상징적 건축물로 유명한 온실은 빅토리아 양식의 돔 형태로 위용을 과시하며 멀리서부터 방문객을 양팔 벌려 환영하듯 자리잡고 있다. 방문자 센터에 들어서면 높게 솟아 있는 유리 온실의 투명한 창 아래로 환하게 쏟아지는 햇빛의 따스함을 느낄 수 있다.

1

이 온실에서 2009년 기후 변화에 대한 해법을 주요 의제로 한 제3차 G20 정상회담의 업무 만찬이 열렸다고 하니 왠지 더 묵직한 존재감이 느껴지기도 했다. 얼마 전까지만 해도 롱우드 가든만 한 곳은 없을 거라고 생각했는데, 점점 더 많은 식물원을 알게 되면서 그 환상이 조금씩 깨지기 시작했다. 세상에는 정말 내로라하는 식물원이 참 많다. 피츠버그 시의 가장 큰 녹지 공간인 스켄리 공원Schenley Park의 한가운데에 자리잡은 펍스 온실은 카네기 박물관에서 차로 10분밖에 안 되는 거리에 있다. 펍스 온실은 미국 역사기념물이자 피츠버그 시의 역사적 랜드마크로 아주 중요한 곳이다.

1 펍스 온실 외부 전경

2 브로더리 룸

Phipps Conservatory and Botanical Gardens

History & People

핍스 식물원은 1893년 헨리 핍스Henry Phipps, Jr.가 피츠버그 시에 안겨준 선물이다. 세계적인 철강왕 앤드루 카네기Andrew Carnegie의 절친한 친구였던 헨리 핍스는 카네기 철강회사의 경영 파트너이자 성공한 부동산 투자가였다. 그는 또한 박애주의자로 많은 재산을 사회에 환원하기도 했는데, 피츠버그 시에 교육의 원천으로 사람들에게 영감과 기쁨을 주는 공간을 만들고 싶어했다. 그의 뜻은 당시 부흥했던 도시 미화 운동City Beautiful Movement과 시기적으로도 잘 맞아떨어졌다. 여기에 최고의 원예 기술을 보여주는 온실을 짓는 것은 당연한 일이었다. 온실은 산업의 전성기를 구가하고 있던 피츠버그 시에 잘 어울리는 아이템이기도 했다.

온실을 지음으로써 피츠버그 시는 20세기를 맞이하는 시기에 도시와 공원 개발에 있어 미국과 유럽의 주요 도시들과 어깨를 나란히하게 되었다. 당시 핍스 온실은 뉴욕의 로드 앤드 번햄Lord & Burnham 사가 설계하였고, 강철과 유리를 이용하는 빅토리아 건축 양식으로 조성하는 데 약 10만 달러가 소요되었다. 같은 해인 1893년 시카고에서 열린 세계 컬럼비아 박람회World's Columbian Exposition에서 사용된 식물들이, 전시가 막을 내린 후 대거 핍스 온실로 옮겨져 식재되었다.

21세기로 접어들면서 핍스 온실은 더 큰 변화를 꿈꾸기 시작했다. 2003년에 공표한 확장 프로젝트에 따라 우선 2005년에는 식물원 관람의 출발지인 방문자 센터가 조성되었는데, 이는 기존에 있던 온실의 지하를 탈바꿈시킨 것이었다. 새단장을 한 핍스 온실은 공공 정원으로서는 최초로 리드LEED 인증을 받았다. 방문자 센터의 지붕은 빅토리아 양식으로 디자인된 돔으로 새롭게 꾸며졌다.

2006년에는 식물을 자체 생산하기 위한 재배 온실과 열대림 온실이 완공되었다. 이 온실들은 기존 온실의 뒤쪽인 남쪽으로 연결되도록 만들어졌다. 1,100제곱미터의 열대림 온실은 세계에서 에너지 효율이 가장 높고, 미국에서 가장 큰 열대림 테마 전시를 선보이는 온실로 많은 주목을 받았다. 핍스 식물원의 빅토리아 양식 유리 온실은 혁신적인 친환경 건축 기술과 지속가능한 개발, 환경 의식 개선을 위한 선두 모델로 재탄생하였다.

120여 년 전통의 역사적인 온실을 지켜가고 있는 핍스 식물원은 미국의 공공 정원 600여 곳 가운데 친환경 부문 1위일 뿐 아니라 최고의 온실을 경험할 수 있는 곳이다.

Garden Tour

핍스 온실의 방문자 센터에 들어서자마자 예사롭지 않은 분위기에 고개를 들어 올려다 보니 유리 돔의 정중앙 가장 높은 곳에 유리로 만든 거대한 작품이 샹들리에처럼 매달려 있다. 세계적인 유리 공예가 데일 치훌리Dale Chihuly의 작품이다. 환상적인 색감과 모양의 유리 공예 작품을 정원에 도입하여 살아 있는 식물과 함께 어우러지도록 한 새로운 시도다. 치훌리의 작품들은 2007년에 처음 전시되었는데, 아직도 몇몇 작품이 식물원에 남아 있다. 블록버스터급이었던 이 전시는 피츠버그 지역에 1250만 달러의 숙박업 매출, 680만 달러의 식음료 매출, 그리고 기타 2550만 달러의 매출을 창출해냈다. 예술가와 식물원, 지역사회의 상생을 보여주는 좋은 사례다. 2009년에는 유리 공예가 한스 고도 프라벨Hans Godo Frabel의 작품을 이용해 '가든과 유리Gardens and Glass'라는 전시회를 개최하기도 했다.

1·2 데일 치훌리Dale Chihuly의 유리 공예 작품

방문자 센터의 레스토랑에서 점심을 먹고 핍스 식물원의 디렉터와 직원들이 오기를 기다렸다. 우아하고 고급스러운 레스토랑의 분위기가 이 식물원의 품격을 말해주는 것 같았다. 퇴식구 옆에 마련된 분리수거함에 붙어 있는 안내판이 시선을 끌기도 했다. 식사 후 각종 일회용 용기와 재활용품을 어떻게 분류하면 되는지 세심하고 직관적인 이미지로 보여주고 있었다. 사소한 문제긴 하지만 다른 곳에서는 분리 수거가 헷갈리고 혼란스럽기 일쑤였기에 이러한 친절함이 고맙게 느껴졌다. 과연 친환경을 선도하는 식물원의 레스토랑다웠다.

식물원 관계자들을 만나 식물원 투어를 시작했다. 핍스 온실에는 14개 실내 공간과 6개의 옥외 공간이 있다. 기념품 가게와 카페테리아, 그리고 치훌리의 샹들리에가 있는 방문자 센터에서 2층 온실로 올라가면 본격적인 관람이 시작된다. 먼저 온실의 입구홀 기능을 하는 팜 코트Palm Court에서는 다양한 종류의 야자가 관람객을 반긴다. 지붕을 찌를 듯이 솟아 펼쳐진 야자 잎이 이 공간을 부드럽게 감싸주며 고즈넉한 분위기를 연출한다. 한쪽에는 붉은 벽돌로 만든 화단과 벽 구조물이 있어 더 아늑한 느낌이다. 쇼파나 책장만 없을 뿐, 마치 누군가의 집에 초대를 받아 거실에 들어선 것처럼 편안하다.

붉은 벽돌 아치에 걸려 있는 현판에는 1892라는 연도가 선명하게 새겨져 있다. 이곳에 켜켜이 쌓인 시간의 역사를 말해준다. 핍스 온실의 외관은 그동안 많이 변했지만, 내부에는 120년 넘은 핍스 온실이 만들어진 초창기의 편린이 곳곳에 고스란히 보전되어 있는 듯하다. 와인 병을 이용해 만든 분수대는 이 장엄한 공간에 신선한 분위기를 선사한다. 야간에는 치훌리의 유리 작품이 야자와 함께 어우러져 더 아름답다. 높이로 보나 넓이로 보나 광대한 규모가 압도하는 이 팜 코트에는 다른 온실 전시원으로 통하는 입구가 사방으로 나 있다.

1 방문자 센터 중앙에 놓인 '젊음의 분수'

2 기념품 가게에는 식물 재료를 이용하여 만든 기발한 아이디어의 상품들이 어린 고객들의 눈길을 사로잡는다.

3 팜 코트Palm Court에는 1892라는 연도가 새겨진 핍스 온실의 준공 현판이 있다.

4 와인병을 이용해 만든 분수대

5 팜 코트에 있는 분수대는 관람객이 직접 버튼을 조작하여 물 분사와 조명을 자유롭게 연출할 수 있다.

3
4
5

3

4

5

1 디스커버리 가든Discovery Garden에는 아이들의 오감을 자극하는 정원과 놀거리가 가득하다.

2 보그 가든

3 열대 과일 및 향신료 정원Tropical Fruit and Spice Room

4 손 모양으로 생긴 불수감*Citrus medica* var. *sarcodactylis*

5 아이들이 마음대로 이용할 수 있는 코끼리 모양 물뿌리개

팜 코트에서 남쪽으로 이어진 온실Sounth Conservatory은 핍스 온실에서 일년 내내 선보이는 계절별 플라워쇼의 핵심 장소다. 가을과 겨울에는 정원 철도Garden Railroad가 이곳에 설치된다. 열대우림 속에 설치된 미니 기찻길을 달리는 토머스 기차를 구경하는 것도 재미있으리라.

이곳의 오른쪽에는 열대 과일 및 향신료 정원Tropical Fruit and Spice Room이 있다. 온갖 과일 향기와 싱싱함이 가득한 이 정원은 감귤, 바나나, 파파야 같은 열대 및 아열대 과일 나무, 견과류 나무, 계피나무, 커피나무, 향신료 원료 식물이 특징이다. 자칫 녹색 일색일 수 있는 이 정원의 중앙에는 보라색과 청자색을 띠는 유리 작품이 보기 좋게 자리잡고 있다.

이 온실에서 바깥으로 나서면 옥외 공간에 디스커버리 가든Discovery Garden이 있다. 한눈에 보아도 어린이 정원이다. 모든 것이 아이들 눈높이에 맞추어져 있는 이 정원에는 아이들이 직접 오를 수 있는 거대한 나무 그루터기가 있다. 예쁜 집과 아기자기한 그림이 정원의 꽃과 어울려 동화 속 풍경을 연출한다. 상상 속 이야기에서만 볼 수 있음직한 곳을 직접 찾아온 아이들이 마치 요정처럼 뛰어다닌다. 새와 나비, 벌을 유혹하는 아기자기한 꽃밭으로 꾸며진 색상환 정원Color Wheel Garden과 감각 정원Sensory Garden(향이 나고 소리도 들리게 조성한 정원)을 보면, 가히 이곳은 아이들을 위한 천국의 놀이터가 아닌가 싶다.

꽃과 아이들은 더없이 잘 어울린다. 어린아이들에게 다알리아는 자기 키만큼 높고, 알록달록 여러 색깔의 꽃들은 자기 얼굴만 해서 마치 친구처럼 보이기도 하리라. 노랑과 주홍의 메리골드, 빨갛고 파란 샐비어는 어떤가. 디스커버리 가든에서는 천연색 물감을 공중에 뿌려놓은 듯 온갖 알록달록한 색이 춤을 춘다. 아이들이 좋아하는 물도 빼놓을 수 없다. 연못과 보그 가든Bog Garden에는 수생식물과 식충식물이 그득하다. 아이들은 핍스 온실의 이 흥미진진한 야외 공간에서 스스로 발견하고 배우고 노는 살아 있는 체험을 할 수 있다.

열대 과수 온실을 중심으로 디스커버리 가든의 맞은편에 있는 일본 코트야드 가든Japanese Courtyard Garden은 1991년 구리스 호우이치栗栖宝一가 설계하였다. 이 정원에서는 일본으로부터 도입된 두 가지 매우 중요한 정원 요소를 비교하고 대조해 볼 수 있다. 그중 하나는 바로 자연 풍경을 그대로 이용하면서 인위적인 요소를 최소로 가미한 일본 정원의 독특한 양식이고, 다른 하나는 나무와 자연 풍경의 축소된 형태를 연출하는 분재이다. 핍스 식물원의 일본 정원은 이 두 요소를 하나의 공간에서 보여주고 있다. 온실의 여러 공간과 옥외 공간은 이렇게 서로 교차되며 관람객의 발걸음을 이끈다. 각각의 공간은 마치 서로 다른 주인이 살고 있는 집처럼 독특한 개성과 느낌으로 구별된다. 여기서 집주인은 바로 담당 가드너일 것이다.

서펜타인 룸Serpentine Room은 온실의 서쪽 날개 부분을 잇는 통로를 차지하고 있는데 계절 전시와 특별 전시가 이 공간에서 펼쳐진다. 적벽돌로 이루어진 벽과 화단이 구불구불하게 이어지고 중간중간 꽃 덩굴이 자라는 아치가 입체감을 더한다. 화려한 색이 넘치는 화단에는 물줄기를 뿜어내는 작은 연못이 있어 역동감을 더한다.

서펜타인 룸의 서쪽 끝에는 고사리 정원Fern Room으로 들어가는 문이 있다. 여기서는 나무고사리와 소철 등 가장 오래되고 가장 원시적인 형태의 식물이 자란다. 고사리 정원의 남북 방향으로는 각각 난초 정원Orchid Room과 나비 정원Butterfly Room이 있다. 난초 정원에서는 주로 열대 지방의 화려한 난을 자연스럽게 접할 수 있고, 남미의 시원한 고산 지역이 원산지인 소형 난을 비롯한 희귀한 종들을 연중 다른 시기에 다양한 컬렉션에서 감상할 수 있다.

1 일본 정원의 풍경

2 일본 정원의 분재 작품*Ficus benjamina*

3 대나무와 돌로 구성된 작은 샘터가 일본 정원의 맛을 잘 살려준다.

4 서펜타인 룸Serpentine Room

5 고사리 정원

6 난초 정원. 한스 고도 프라벨Hans Godo Frabel의 작품이 함께 전시되어 있다.

3
4
5
6

펩스 온실의 서쪽으로 이어지는 통로가 서펜타인 룸이라면 동쪽 날개로 가는 통로는 선큰 가든Sunken Garden으로 이루어져 있다. 마치 기다란 웅덩이처럼 움푹 패인 곳에 조성된 화단의 계절 초화류 전시는 펩스 온실을 대표하는 디스플레이 중 하나다. 탑 모양으로 세워진 분수대와 걸이화분도 이곳의 특별한 매력을 발산하는 데 한몫을 한다.

선큰 가든을 지나 동쪽 문으로 들어가면 빅토리아 룸Victoria Room이 나온다. 빅토리아 시대의 정원 양식을 반영하고 있는 이곳은 검정색 계통의 식물이 특징이다. 검정색 염료로 처리된 연못이 세련되고 깨끗한 느낌을 준다. 빅토리아 룸의 전시 역시 계절에 맞는 꽃으로 계속 바뀐다. 이곳에는 1952년 거대한 전기 분수가 설치되었는데, 그것이 1993년에 방문객이 직접 물 분사를 조작할 수 있는 분수로 대체되었다.

빅토리아 룸에도 남북 방향으로 각각 다른 룸으로 들어가는 문이 있는데 남쪽으로는 브로더리 룸Broderie Room이 있다. 파르테르 드 브로드리Parterre de Broderie라고도 알려져 있는 이 우아한 정원은 정형식 정원 스타일 중 하나인 매듭 정원knot garden 양식의 영향을 받았다. 약간 높은 위치에서 아래쪽에 조성된 정원을 바라보게 되어 있는 이곳은 루이 14세 시대 프랑스의 권위를 상징하는 대저택의 전시 형태를 따르고 있다. 이곳은 또한 오붓하면서 특별한 결혼식 장소로도 인기가 있다.

빅토리아 룸의 북쪽에 있는 이스트 룸East Room 역시 수시로 전시가 바뀌는 주요 공간 중 하나로, 계절마다 전시 테마를 쉽게 바꿀 수 있게 되어 있다. 시냇물과 폭포 소리를 들으며 자연스러우면서도 창의적인 정원 디자인의 진수를 맛볼 수 있다.

빅토리아 룸에서 바깥쪽으로 나가면 물의 정원Aquatic Garden이 있는데, 이곳은 여름에만 개장한다. 물의 정원은 두 개의 연못으로 되어 있고, 온대수련과 열대수련, 그리고 물 위에 떠서 자라는 여러 종류의 수생식물을 전시하고 있다. 로마 신화에 등장하는 바다의 신 넵툰Neptune 상이 1893년 온실이 문을 연 때부터 줄곧 이곳 물의 정원을 지켜 왔다.

1 선큰 가든Sunken Garden
2 빅토리아 룸Victoria Room
3 이스트 룸East Room
4 브로더리 룸Broderie Room

Phipps Conservatory and Botanical Gardens

열대림 온실

2006년에 개장한 열대림 온실은 핍스 식물원에서 가장 큰 실내 전시 공간이다. 여기서는 열대 지방의 숲속 같은 울창한 정원 속으로 들어가 식물을 감상하면서 풍부한 교육 콘텐츠도 접할 수 있다. 남쪽 입구를 통해 들어가면 거대한 열대림 온실의 상단부에 닿게 되는데, 바로 아래쪽으로는 빽빽하게 차 있는 열대림의 수관부canopy를 볼 수 있다. 웅장한 폭포, 물고기 연못, 치유자의 오두막, 리서치 스테이션Research Station에서는 관람객이 다양한 체험을 할 수 있고 독특한 열대 생태계에 대해 더 깊이 알 수 있다.

열대림 온실에는 눈에 띄는 특징이 있는데 그것은 유리 온실에 절대적으로 중요한 에너지 효율을 극대화시킨 것이다. 땅속으로 연결된 관earth tube에서 지하의 시원한 공기가 나와 열대 숲을 식혀 주고, 고체 산화물 연료 전지Solid Oxide Fuel Cell가 건물의 전력 공급원으로 작동한다. 온실에 연료 전지를 사용한 것은 세계 최초였다. 여기에 컴퓨터로 제어되는 차광 및 환기 시설이 있어 낮 동안 과도하게 들어오는 햇빛의 양을 조절하고 밤에는 반대로 단열 효과를 낸다. 이 같은 첨단 에너지 절감 시스템 덕분에 온실 효과로 인한 에너지 손실을 없애고 혁신적인 냉난방을 구현하고 있다.

1 2006년 새롭게 증축된 열대림 온실의 남쪽 출입구 전경

2 식물 재배 온실

3·4 인도를 주제로 한 열대림 온실의 전시 풍경

5 열대림 온실의 동쪽에 마련된 연회장

열대림 온실은 3년마다 다른 주제로 새롭게 단장된다. 맨 처음에는 태국을 테마로 하여 대나무와 난, 그리고 프랜지파니Frangipani라고도 불리는 플루메리아*Plumeria* spp. 같은 식물부터 태국인에게 경제, 문화, 원예의 가치가 있는 식물들이 전시되었다. 두 번째 전시는 아마존을 주제로 2009년에 꾸며졌고, 2012년에는 인도를 주제로 했다. 지구상에서 가장 다양한 식물 종이 분포하는 핫스팟 중 하나인 인도의 열대림 전시는 아유베딕 치유 정원Ayurvedic Healing Garden, 템플 파사드Temple Façade 등을 특징으로 하며 화려한 열대 동식물, 그리고 수천 년 전부터 오늘날까지 이어져 온 고대 인도인의 문화를 보여준다. 이 전시를 준비하기 위해 원예팀 보조 큐레이터인 벤 더니건Ben Dunigan과 해설 전문가 요르딘 멜리노Jordyn Melino가 인도 서가츠Western Ghats 산맥으로 직접 답사를 다녀왔다.

열대림 온실의 동쪽에는 연회장이 마련되어 있다. 2006년 12월에 문을 연 이곳은 결혼식을 비롯한 특별 행사를 위한 장소다. 온실의 일부지만 일반인에게 개방되지 않은 곳은 식물을 생산하는 재배 온실이다. 3,300제곱미터에 이르는 이 재배 온실은 에너지 효율이 매우 높고, 온도와 광도와 습도가 컴퓨터로 제어되며, 열여섯 가지의 서로 다른 재배 환경을 만들어 낼 수 있다.

핍스 식물원에는 아웃도어 가든Outdoor Garden도 있는데, 산책로와 벤치, 분수, 허브 가든과 약초 정원, 숙근초, 양치류, 왜성 침엽수를 비롯한 다양한 식물 컬렉션으로 이루어져 있다. 특히 지속가능한 숙근초 정원Sustainable Perennial Gardens은 핍스 온실 방문자 센터의 돔 주변에 조성되어 있는데 무료로 관람이 가능하다. 한번 식재하면 최소한의 관리로도 정원 유지가 가능한 여러해살이 식물이 특징이다.

지속가능 조경 센터

핍스 식물원은 친환경 건축 분야에서 또 하나의 커다란 성과를 이루었다. 1,500만 달러가 투입되어 핍스 온실과 식물원 부지에 조성된 지속가능 조경 센터Center for Sustainable Landscapes, CSL가 바로 그것인데, 이는 에너지와 물을 거의 소모하지 않는 시스템을 구현해 지구상에서 가장 친환경적인 건물로 평가받고 있다. 그 주변에 조성된 라군lagoon과 습지로 빗물과 하수를 처리하고, 자연형 에너지 시스템과 녹화 지붕green roof을 갖춘 자생식물 정원을 이용하여 80퍼센트 이상의 에너지 절감을 실현하고 있다. 이 사업을 총 지휘한 디렉터인 리처드 피아센티니Richard V. Piacentini에 따르면, 2,260제곱미터에 이르는 이 건물이 앞으로 관리 사무소 겸 교육 센터로 직원들이 일하는 공간이 되고 세계 최고의 그린 빌딩 기술을 보여주는 사례가 될 것이다. 그는 미국공공정원협회American Public Gardens Association, APGA의 회장을 역임했으며, 지속가능성과 환경 분야에서 유명한 인물이기도 하다.

이 센터는 124킬로와트의 태양열 집열판, 5킬로와트의 수직 풍력 터빈, 그리고 14개의 지열정geothermal well을 갖추고 있다. 이는 미국의 일반 주택 10채의 전력 수요와 맞먹는 전력을 생산해 낼 수 있는 시설이며, 빌딩 자체의 사용 전력을 충당하고 남는 전력은 온실에 공급한다.

1 태양광Solar Photovoltaics을 이용한 전기 발전 시스템

2 인공 습지

3 지속가능한 조경 센터Center for Sustainable Landscape

© Phipps Conservatory and Botanical Gardens

Phipps Conservatory and Botanical Gardens

또한 지속가능한 조경을 위해 외래 침입종이 아닌 자생식물을 이용하고, 이 식물들의 관수로 빗물만 사용한다. 아울러 자연 경관이 지닌 기능을 복원하고, 야생동물 서식지와 교육 기회도 제공한다. 녹화 지붕은 토양이 기존보다 깊어서 20센티미터나 되고, 식용 채소와 관상용 식물 등 다양한 범주의 식물이 심겨 있는데, 빗물 유거수runoff를 저감시키고 오염 물질을 걸러내며 열섬 효과를 줄여준다. 이는 또한 도시 조경에 관심있는 사람들에게 좋은 모델이고, 각종 이벤트를 위한 아름다운 조경 공간이 되기도 한다. 빗물 수집을 위해 지하에 약 6,500리터 규모의 물탱크를 만들었는데, 여기에 수집된 물은 화장실 용수, 실내 관수, 온실 건물 관리 용수로 사용된다. 아울러 라군lagoon 시스템이 구축되어 더 많은 빗물과 지하 물탱크 초과 빗물까지 모두 수집함으로써 자연 습지에서 일어나는 물 처리 과정이 재현되고 있다. 인공 습지도 조성되어 건물에서 발생하는 모든 위생 방류가 샌드 필터sand filter와 자외선 처리를 통해 정화되고 있다. 그 외에 레인 가든rain garden과 생태저류지bioswale는 생태적인 기능을 하면서 미적인 기능도 한다. 이들 역시 빗물을 수집하여 땅속으로 자연스럽게 스며들게 하며, 자생식물로 디자인되어 연중 아름다운 정원으로 주목을 받는다. 여기에는 빗물 침투성 아스팔트가 사용되어 물이 자연스럽게 토양으로 흡수된다.

핍스 식물원의 지속가능 조경 센터는 국제생태건축연구소ILBI의 리빙 빌딩 챌린지Living Building Challenge 인증을 획득하였는데, 이는 지속가능한 빌딩 건축에 맞춰 설정된 높은 기준을 통과한 것이다. 또한 미국그린빌딩협의회USGBC의 리드 플래티넘LEED Platinum 기준을 넘어섰으며, 사이츠SITES, Sustainable Sites Initiative로부터도 인증을 받았다. 이 센터는 앞으로 지역적, 국가적 목적을 수행하면서 교육과 연구, 그리고 핍스 식물원에 필요한 여러 관리 기능을 해 나갈 것이다.

지속가능한 빌딩 건축 기술, 원예 전시와 교육, 정원과 예술 작품 전시의 조화로운 접목에 있어 세계적인 리더 역할을 하고 있는 핍스 식물원은 가드닝과 건축, 생태 보전 관리에 관심 있는 모든 사람들의 이목을 끌고 있다. 핍스 식물원은 다양한 산업의 집결지인 피츠버그 시의 많은 기업과 오랫동안 협력 관계를 맺어 왔다. 특히 핍스 온실이 그린 빌딩 건설 붐을 일으킴에 따라 관련 업체들이 각 사의 새로운 생산품과 기술력을 핍스 온실을 통해 선보여 다른 지역에도 큰 파급 효과를 미치고 있다. 지역 기업들은 핍스 식물원이 단지 아름다움만 제공하는 것이 아니라 지역사회를 위한 수익원까지 창출해 낸다는 것을 알고 투자를 아끼지 않았다. 덕분에 최근 수십 년간 핍스 식물원은 지역의 가장 활발하고 번성하는 문화 관광지로 성장할 수 있었고, 역사적인 온실 환경에 신선한 관점을 도입함으로써 많은 예술가들을 불러모았다. 핍스 식물원은 진보적인 그린 빌딩, 지속가능한 가드닝, 새로운 환경 인식을 위해 끊임없이 노력하며 세상을 움직이고 있다.

디렉터와 직원들의 안내를 받아 핍스 식물원을 둘러보면서, 현재 미국의 식물원들이 나아가고 있는 방향을 감지할 수 있었다. 특히 아름다운 정원의 배후에서 직원들이 일하는 공간이 매우 인상적이었다. 마치 대기업 사무실을 방불케 하는 깔끔한 최첨단 시설이 갖추어진 공간 속에서 수많은 기획 회의와 미팅이 이루어지고 있었다. 이곳은 그저 한가롭고 평화로운 식물원의 이미지를 넘어 지구 생태계와 인간의 더 나은 미래를 위해 고민하는 역동적인 에너지가 넘치는 현장으로 다가왔다.

1 어린이를 위한 채소 정원

1

Phipps Conservatory and Botanical Gardens

어린이들의 건강한 식습관과 생활방식 유도를 위한 피트위츠Fitwits 프로그램의 일환으로 온실 안에 조성된 퍼블릭 마켓Public Market 체험관

Crunchy Cabbage
Farms
PENNY'S
PRODUCE

홈 가드너를 위한 캠퍼스 정원

Scott Arboretum of Swarthmore College

스콧 수목원

위치 펜실베이니아 주 스워스모어
홈페이지 www.scottarboretum.org

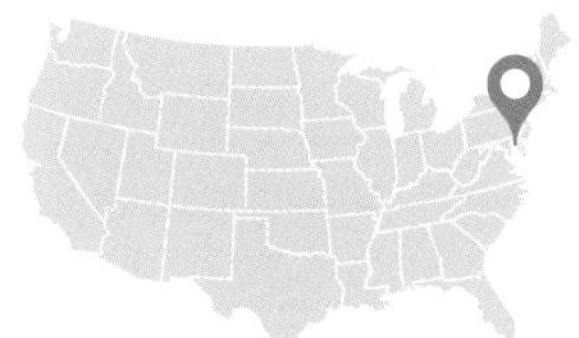

문득 바람을 쐬고 싶을 때면 가족과 함께 간식을 싸들고 즐겨 찾던 캠퍼스가 있다. 그곳은 대학 시절을 떠올리게도 하고, 해리포터 이야기에 나오는 고풍스러운 학교 분위기를 연상하게도 하며, 무엇보다 봄이면 갖가지 목련 꽃이 만발하는 아름다운 정원이다. 아직 어린 딸아이가 이곳에서 영감을 받아 좋은 기억을 가질 수 있지 않을까 하는 작은 바람을 갖기도 했던 의미 있는 곳이다. 학생들이 이용하는 라운지에서 커피를 한 잔 빼들고 캠퍼스 모퉁이 벤치에 앉아 부드러운 바람과 녹색 경관을 감상하는 것만으로도 즐거운 소풍이다.

캠퍼스의 풍경은 때로는 클래식하고 고즈넉한 분위기로, 때로는 학생들의 활기차고 분주한 발걸음으로 늘 변화하는 계절의 흐름을 만끽할 수 있게 해준다. 봄의 정원에 파릇파릇 돋아나는 새순, 여름의 짙은 녹음, 어느새 붉고 노랗게 물드는 단풍, 그리고 눈부시게 새하얀 설경으로 이어지는 교정의 풍경은 해마다 그 공간을 거쳐가는 수많은 학생의 모습처럼 늘 풋풋하고 새롭다. 펜실베이니아 주 스워스모어 대학교에 위치한 스콧 수목원Scott Arboretum의 캠퍼스 정원은 교정의 아름다움을 그 어느 곳보다 잘 보여주는 곳이다. 멋진 풍광을 이루며 넓게 펼쳐진 잔디밭, 그 위에 놓인 커다란 의자에 앉아 있으면 세상을 다 품을 원대한 포부가 생길 것 같다.

History & People

미국에서 가장 아름다운 캠퍼스로 손꼽히는 스워스모어 대학교는 1864년 퀘이커교도들에 의해 설립되었다. 스워스모어 대학교는 교수 대 학생 비율이 1 대 8인 소수 정예 교육을 추구하는 4년제 자유 인문 대학교로서 전체 학생수가 1,500명 정도에 불과하지만 결코 작은 대학이 아니다. 미국에서 학생 공부 시간이 가장 긴 학구열로 유명하며, 프린스턴 리뷰 선정 학생 재정 지원 최우수 대학, 가장 가치 있는 대학 등 화려한 수식어와 함께 현재까지 다섯 명의 노벨상 수상자를 배출한 명실공히 미국 최고의 명문 사립 대학 중 하나다.

1929년 설립된 스콧 수목원은 1895년 이 대학교를 졸업한 아서 호이트 스콧Arthur Hoyt Scott을 기념하여 만들어졌다. 120만 제곱미터에 이르는 대학교 부지 전체에 걸쳐 조성되어 있어 캠퍼스 자체가 곧 수목원이다. 큐레이터가 엄선한 나무와 수준 높은 디자인으로 꾸며진 정원이 웅장하고 아름다운 건물과 더불어 자연스럽게 자리잡고 있다. 이렇게 캠퍼스 풍경에는 오랜 세월 무르익은 성숙미와 현대적인 세련미가 함께 녹아 있다. 캠퍼스 곳곳에 조성된 정원은 학생들에게 최고의 휴식 공간이다. 뿐만 아니라 수목원을 찾는 식물 애호가들이 정원용 관상식물을 보고 배울 수 있는 교육 공간이기도 하다. 스콧 수목원은 일반인에게 언제나 무료로 개방되어 있다. 또한 자원봉사 프로그램과 멤버십, 다양한 콘텐츠 교육 프로그램과 정기 강연회도 운영하고 있다.

1 1879년에 식재된 습지흰참나무*Quercus bicolor* 가로수길이 스와스모어 기차역부터 캠퍼스 본관 건물까지 길게 이어져 있다.

Scott Arboretum of Swarthmore College

스워스모어는 필라델피아에서 남서쪽으로 16킬로미터가량 떨어진 곳에 있다. 이 지역은 대학이 설립될 당시 도심에서 교수들이 출퇴근할 만큼 가까우면서도, 퀘이커 전통에 따라 학생들에게 시골풍의 교육 환경을 제공할 수 있을 만큼 적당히 먼 거리에 위치하고 있었다. 농장 지대로 사용되던 이곳에 나무가 거의 없었기 때문에 초기에는 나무를 많이 심는 것이 최우선 과제였다. 이렇게 19세기에 심겨진 많은 나무 중 일부는 지금도 스워스모어 캠퍼스의 주된 골격을 이루고 있다. 보다 체계적으로 식물을 수집하고 정원을 조성하기 시작한 것은 1929년 스콧 수목원이 설립되고 나서부터다.

수목원 설립자인 아서 스콧은 열정적인 아마추어 원예가였다. 그는 자신과 비슷한 많은 홈 가드너가 이 지역에 잘 자라는 수많은 종류의 식물을 더 쉽게 접할 수 있게 스콧 수목원에 다양한 전시원을 만들고 싶어했다. 그의 뜻에 따라 스콧 수목원은 설립 초기부터 대중을 위한 가드닝 교육에 초점을 맞추었다. 수목원을 찾는 원예 초보자들이 단지 아름다운 정원을 감상하는 것을 넘어, 각자 자신의 가정에서 키우기에 적합한 식물을 찾아보고 정보를 얻어갈 수 있도록 하였다.

1 본관 건물 앞으로는 넓은 잔디 광장이 펼쳐져 있어 편안하고 목가적인 풍경을 감상할 수 있다.

2 매케이브 도서관McCabe Library 전경

3 도서관 뒤쪽으로 1879년 졸업생들이 식재한 미국느릅나무*Ulmus americana*가 거대한 위용을 드러내고 있다.

4 수목원의 죽어가는 나무*Quercus macrocarpa*를 이용하여 만든 예술 작품. 큐레이터 인턴십 과정의 일환으로 샘 키스Sam Keith가 제작하였다.

스워스모어 대학교의 스콧 수목원은 다른 수목원과 느낌이 많이 다르다. 우선 먼 교외가 아니라 주택가 지역에 자연스럽게 어우러져 있다. 담장이 없는 집이랄까. 수목원을 지나는 도로가에서 보면 크고 작은 나무와 길 사이사이 대학 건물의 우아한 모습에 가슴이 설렌다. 캠퍼스 내 석조 건물들은 건축 시기가 다르지만 서로 잘 어울리는 색조와 분위기를 띤다. 이 건물들은 스콧 수목원의 정원 디자인 요소로 완벽하다. 캠퍼스의 동쪽 외곽에 위치한 본드 기념홀Bond Memorial Hall은 낡고 오래된 석조 건물의 엄숙한 자태를 지니고 있다. 각종 회의와 소공연 등 다양한 목적으로 쓰이고 있는데, 그 주변에 조성된 정원은 마치 동화 속 풍경처럼 아름답다. 참느릅나무의 알록달록 누런 수피가 건물의 분위기와 잘 어울린다. 정원을 둘러싸며 낮은 층으로 연결된 오두막The Lodges이라 불리는 건물들 역시 이곳의 분위기를 한층 고풍스럽게 만들고 있다. 이 건물들은 사무실이나 학생 기숙사로 쓰이고 있다. 이런 곳에서 일하거나 공부하면 어떤 기분일까?

1990년대부터 본관 주변에 신축 빌딩이 들어서고 기존 건물들이 리모델링되었다. 이곳에 만들어진 새로운 정원들은 주로 홈 가드너가 조경에 적용할 수 있는 다양한 아이디어와 현대적 감각이 돋보이는 혼합 식재를 선보인다. 수목원 사무실 건물 뒤쪽에 위치한 테리 셰인 티칭 가든Terry Shane Teaching Garden은 각양각색의 음지식물과 열대식물, 희귀 수목류와 관목류가 있어 식물과 정원을 배우는 학습장으로 사용하기에 제격이다. 이곳에는 매년 새롭게 조성되는 일년초 화단과 작은 연못도 있다.

1 본드 기념홀Bond Memorial Hall을 배경으로 노란색 수피를 드러낸 참느릅나무*Ulmus parvifolia*

2 수목원 입구에 위치한 방문자 센터

3 학생들의 기숙사와 사무실로 쓰이고 있는 오두막The Lodge

4 낮은 캠퍼스 건물을 배경으로 한창 꽃을 피우고 있는 모감주나무*Koelreuteria paniculata*

5 테리 셰인 티칭 가든Terry Shane Teaching Garden의 전경

4

존 네이슨 가든John W. Nason Garden은 1940년부터 1953년까지 스워스모어 대학교 학장을 역임한 존 네이슨을 기념하기 위해 만들어졌다. 이 정원은 특히 식물이 보여줄 수 있는 외적 특징인 질감에 초점을 맞추었다. 식물의 꽃보다는 잎과 형태, 수피 등 식물의 구조적 특성을 기본 디자인 개념으로 삼고 있다. 호랑가시나무 잎처럼 굵고 강한 느낌과, 솔정향풀*Amsonia hubrichtii*처럼 가늘고 섬세한 질감의 대비를 잘 살려 놓았다. 이 정원은 늦여름부터 가을까지 색다른 느낌으로 절정을 이룬다.

이사벨 코스비 코트야드 가든Isabelle Cosby Courtyard Garden은 캠퍼스의 중심선상에 위치하고 있다. 각종 미팅 장소로 애용되는 주요 휴식 공간이다. 화단에는 노란색이나 보라색 잎을 가진 식물이 주를 이루고 있다. 전에 있던 건물의 석조 잔해를 이용하여 클레마티스와 바위수국 같은 덩굴식물을 올렸다. 5월부터 10월까지 대형 화분에 열대식물을 이용하는 컨테이너 가든을 꾸미는데, 겨울 동안의 전시를 위해 일부 화분에는 상록수를 심는다.

1 존 네이슨 가든John W. Nason Garden은 식물이 지닌 질감의 대비를 극대화시키고 있다.

2 솔정향풀과 호랑가시나무의 대비가 색다른 느낌을 준다.

3 이사벨 코스비 코트야드 가든Isabelle Cosby Courtyard Garden

윈터 가든Winter Garden에는 겨울에 즐길 수 있는 다채로운 색의 줄기와 수피, 열매, 꽃이 특징인 식물이 모여 있다. 캠퍼스에서 정원을 즐길 수 있는 시즌을 겨울까지 연장하기 위해서다. 필라델피아 지역에서 보통 겨울철은 추수감사절부터 3월 중순까지다. 이 시기에 적응력이 뛰어나고 관상 가치가 높은 식물이 이 정원에 전시된다. 대표적인 식물로는 수피가 벗겨지면서 회색과 갈색, 주황색이 뒤섞인 아름다운 자태를 드러내는 노각나무*Stewartia koreana*, 연어색과 크림-화이트색 수피를 가진 흑자작나무*Betula nigra* 'BNMTF', 영춘화*Jasminum nudiflorum*, 헬레보루스*Helleborus* x *hybridus*, 납매 '루테우스'*Chimonanthus praecox* 'Luteus', 잎 가장자리에 밝은 노란색이 들어간 유카 '컬러 가드'*Yucca filamentosa* 'Color Guard' 등이 있다. 겨울에 아무것도 없는 빈 화단에 마른 나뭇가지만 있는 것보다 잎이 생생하고 줄기 색이 눈에 띄는 식물들이 있다면 훨씬 나을 것이다.

캠퍼스의 중앙 잔디 광장 주변에 우뚝 솟아 있는 클로시어Clothier 종탑 건물의 안쪽 뜰에 마련된 테레사 랭Theresa Lang 향기 정원에는 태산목, 풍년화, 샐비어, 장미 등 향기 나는 식물이 있다. 골드메달 플랜트 가든Gold Medal Plant Garden은 펜실베이니아 원예협회PHS로부터 금메달을 수상한 식물들을 전시하고 있는 정원이다. 이 상은 매년 미관이 뛰어난 관상 수목류와 관목류, 덩굴식물에게 주어진다. 선정 위원회는 지역의 원예가, 재배가, 식물 전문가로 구성되는데, 내한성과 병해충 저항성, 그리고 재배 용이도 등을 평가한다. 스콧 수목원은 30년이 넘는 기간 동안 90여 종의 금메달 식물을 수집하였고, 이 정원을 비롯한 스콧 식물원 곳곳에 전시하고 있다.

1 윈터 가든Winter Garden

2 흑자작나무*Betula nigra* 'BNMTF'

3 노각나무*Stewartia koreana*

4 높이 솟은 클로시어Clothier 종탑은 캠퍼스의 어느 곳에서도 눈에 띄는 대학 상징 건물로, 안쪽 뜰에 향기 정원이 조성되어 있다.

5 향기 정원 입구를 장식하고 있는 바위수국 '문라이트'*Schizophragma hydrangea* 'Moonlight'

6 주황색 열매가 달리는 미국낙상홍 '윈터 골드'*Ilex verticillata* 'Winter Gold'는 펜실베이니아 원예협회PHS로부터 금메달을 수상한 식물 중 하나다.

7 골드메달 플랜트 가든Gold Medal Plant Garden

1 해리 우드 코트야드 가든Harry Wood Courtyard Garden

2·3 미국수국 '아나벨'*Hydrangea arborescens* 'Annabelle'가 풍성하게 자라고 있는 메타세쿼이아 길의 여름과 겨울 풍경

4 사이언스 센터 건물에 설치된 빗물 저장 시스템

이 밖에 스콧 수목원에서 40년간 수석 가드너로 일했던 해리 우드Harry Wood를 기념하여 조경건축가 윌리엄 프레더릭 주니어Willian Frederick, Jr.의 디자인으로 조성된 해리 우드 코트야드 가든Harry Wood Courtyard Garden이 있다. 200종 이상의 장미를 보유하고 있고 4월부터 서리가 내릴 무렵까지 다양한 장미 꽃을 볼 수 있는 딘 본드 로즈 가든Dean Bond Rose Garden도 있다. 1942년 토머스 시어스Thomas Sears와 존 위스터John Wister가 설계한 계단식 원형 극장The Amphitheater에는 백합나무*Liriodendron tulipifera*가 울창하게 우거져 있다. 졸업식은 물론이고 대중을 위한 야외 공연도 열리곤 한다. 아무것도 아닌 것 같지만, 때로는 심플하게 디자인된 공간이 강한 인상을 남긴다.

생물학부 학생들이 새와 곤충을 연구할 수 있게 하고, 야생 동식물과 지역 환경을 보호하기 위해 만든 폴리네이터 가든Polinator Garden도 있다. 국립야생동식물협회NWF가 이 정원을 공식 야생동식물 서식지로 인증했다. 랭 퍼포밍 아트 센터Lang Performing Arts Center와 콜버그 홀Kohlberg Hall 사이에는 메타세쿼이아 길Metasequoia Allee이 있다. 키 높은 나무들 밑에 있는 흰색 꽃과 열매, 음지에서 잘 자라는 식물들이 사계절 내내 풍성한 느낌을 준다. 랭 퍼포밍 아트 센터에서는 매년 10월 숙근초 학회Perennial Plant Conference가 열린다. 해마다 주제를 정해 국제적으로 유명한 식물 전문가를 초청하는 강연회를 열어 수백명의 청중이 참여하는 높은 인기를 얻고 있다.

정원들이 있는 캠퍼스 부지 아래쪽으로는 관목과 숙근초가 주변에 심겨진 생태 수로Bio Stream가 있다. 캠퍼스에 내리는 빗방울이 모여 이 수로를 따라 흘러가며 활용된다. 이것은 혁신적인 빗물 관리 시설이다. 사이언스 센터 건물 지붕의 빗물을 모아 지하 물탱크에 저장한 후, 주변 정원의 관수로 이용하기도 한다. 기숙사 건물에 조성된 옥상 정원은 또 다른 빗물 관리 시설 중 하나다. 대학교답게 단순히 정원이 아니라 생태와 환경을 고려해 설계한 것이다.

계단식 원형 극장 The Amphitheater

스콧 수목원은 많은 식물을 수집하고 보유하기 위해 애쓰기보다 수목원의 분명한 목적에 맞는 식물에 초점을 맞추고 있다. 개인이든 기관이든 분명한 목적이 중요하다는 것을 새삼 느끼게 된다. 대부분의 식물 컬렉션은 많은 사람이 좋아할 만한 대중성이 있는 것들이다. 이 식물들은 정확한 기록과 역사를 보유하고 있어 학술적으로도 상당한 가치가 있다. 1929년부터 1969년까지 재임한 스콧 수목원의 첫 번째 디렉터 존 위스터는 처음 10년 동안 세계에서 1,000종이 넘는 나무와 관목, 초본식물을 수집하였다. 여기에는 목련, 로도덴드론, 모란, 아이리스, 그리고 수선화 컬렉션도 포함되어 있다. 그후 꾸준히 새로운 종이 수집되어 현재 4,000여 종이 있다.

식물을 효과적으로 전시하기 위해 스콧 수목원은 하나의 속genus에 속하는 식물을 모아 함께 심기도 한다. 이렇게 하면 식물을 쉽게 비교할 수 있다.

1974년에 마련된 제임스 프로러 홀리 컬렉션James R. Frorer Holly Collection은 미국 최고의 호랑가시나무 컬렉션 중 하나다. 미국호랑가시학회는 스콧 수목원을 국립 호랑가시 수목원으로 지정하기도 했다. (참고로 우리나라의 천리포수목원 역시 1998년에 미국 밖 수목원으로는 두 번째로 미국호랑가시학회로부터 호랑가시 수목원으로 인정받았다.) 스콧 수목원은 300종 이상의 상록 및 낙엽 호랑가시나무류를 보유하고 있다. 이들은 모두 이 지역에서 내한성과 뛰어난 관상 가치를 검증받았다. 목련은 1930년부터 수집을 시작하여 현재 140여 종을 보유하고 있다. 1931년부터는 벚나무 수집을 시작하여 현재 65종을 보유하고 있다. 라일락, 명자나무, 사과나무, 로도덴드론, 풍년화, 침엽수, 모란 등의 특별한 컬렉션도 있다.

스콧 수목원의 거의 모든 식물에 라벨이 부착되어 있다. 수목원 지도와 정원별 식물 목록이 캠퍼스 곳곳에 비치되어 있다. 주요 컬렉션과 정원에 대한 브로셔, 특별 투어 프로그램용 자료는 수목원 관리 사무소 입구에 놓여 있어 방문객이 언제나 이용할 수 있다. 디렉터와 큐레이터, 수목원 직원이 수목원 해설 프로그램을 운영한다. 스콧 수목원의 컬렉션과 정원, 식물 선택 등에 대한 오랜 경험과 노하우를 전한다. 수목원은 식물의 수집과 전시 외에도 강의, 워크숍, 학회, 식물 판매, 가든 투어, 인턴십, 자원봉사자 가드닝 트레이닝 등 교육 프로그램을 활발하게 운영하고 있다.

스콧 수목원의 최대 수혜자는 학생들이다. 그 다음은 수목원을 자유롭게 이용할 수 있는 인근 주민이다. 그 외에 이따금 이곳을 방문하는 다른 많은 사람도 캠퍼스와 정원, 그리고 나무와 꽃이 함께 어우러진 풍경에서 큰 즐거움과 영감을 받는다. 스콧 수목원은 학교도 근사한 정원이 될 수 있다는 것을 보여주는 최고의 사례다. 캠퍼스가 사랑 받는 만큼 학교의 가치도 높게 평가된다.

1 클레마티스 비티켈라 '에토일 바이올렛'*Clematis viticella* 'Etoile Violette'

2 겨우내 은빛 꽃봉오리를 달고 있던 삼지닥나무*Edgeworthia chrysantha*는 2월 말부터 꽃을 피우기 시작한다.

3 호랑가시나무 '블루 에인절'*Ilex x meserveae* 'blue angel'

4 목련*Magnolia kobus*

도시와 함께 성장하는 녹색 공간

Chicago Botanic Garden

시카고 식물원

위치 일리노이 주 글렌코

홈페이지 www.chicagobotanic.org

© Chicago Botanic Garden

마치 서울을 연상케 하는 교통 체증을 겪으며 진입한 시카고의 밤풍경은 숨막히도록 아름다웠다. 빌딩 숲의 스카이라인도 인상적이었지만, 한쪽으로 탁 트여 펼쳐진 강 풍경이 도시의 야경을 더욱 빛나게 해주었다. 덕분에 느리게 움직이는 차 안에서 답답함을 느끼기보다 그 유명한 도시를 처음 밟게 된 감동과 설레임으로 충만한 느낌을 가질 수 있었다. 이 도시에 흐르고 있는 에너지는 마치 광대한 미시간 호와 시카고 강이 만나는 곳에서 그 언젠가 시작되었을 문명 초기부터 전해져 온 깊은 호흡을 품고 있는 듯했다. 햇빛과 바람, 비와 먹구름이 변화무쌍하게 바뀌는 날씨가 이 역사적인 도시에 언제나 활기찬 생명력을 불어넣고 있는 것은 아닐까?

시카고는 박물관을 비롯한 역사적 건물과 현대적 관광지, 장엄한 자연 환경, 그리고 세계를 선도하는 문화가 공존하는 매력적인 도시임이 분명하다.

시카고 시내에서 북쪽으로 차로 30분 정도 거리에 위치한 시카고 식물원은 도심에서 쉽게 찾아갈 수 있다. 시카고 식물원은 연간 100만 명에 가까운 방문객이 찾고 있으며, 5만 가구 이상의 회원을 보유하고 있다. 연중 무휴, 무료 입장이지만, 비싼 돈을 주고 입장하는 여느 식물원보다 수준 높은 콘텐츠와 정원을 갖추고 있다. 또 거의 모든 연령대의 학생과 성인을 대상으로 하는 교육 프로그램을 비롯하여, 수많은 과학자가 참여하는 다양한 연구 프로젝트도 진행되고 있어, 그야말로 미국 식물원 중에서 가장 뜨거운 관심을 받는 '핫 스팟'으로 자리매김하고 있다.

History & People

1837년 '정원 속의 도시Urbs in Horto'를 모토로 건설된 도시 시카고는 1871년 대화재 이후 도시에 다시 생명력을 불어넣기 위한 재건이 놀라운 속도로 진행되었다. 여기에 발맞추어 1890년경에는 시카고 원예협회가 창립되었는데, 초기 시카고의 정신을 살려 정원 속의 도시를 만들어가기 위한 구체적인 노력을 펼쳤다. 협회는 초기부터 화훼 원예 전시회를 개최하였고, 1893년에는 시카고에서 열린 세계컬럼비아박람회World's Columbian Exposition에 국화쇼를 선보이기도 하였다.

1962년에는 새로운 식물원을 조성하고 운영하기 위한 계획이 마련되었는데, 그로부터 10년 뒤인 1972년에 시카고 식물원이 세상에 문을 열었다.

시카고 식물원은 식물과 자연에 대한 이해, 즐거움, 보전을 증진한다는 미션 아래, 컬렉션, 교육, 연구에 중점을 두고 있다. 설립 초기에 식물원은 존 시먼즈John Simonds와 제프리 로슈Geoffrey Rausch 등 손꼽히는 조경건축가를 고용하여 마스터 플랜을 수립했다. 그 계획에 따라 현재 1.5제곱킬로미터에 이르는 면적에 26개의 정원을 갖추고, 초원과 숲으로 이루어진 4개의 자연 지역, 그리고 33만 제곱미터에 달하는 강과 호수 지역을 아우르고 있다.

1 호수와 정원이 어우러진 시카고 식물원의 풍경

비 소식에 마음을 졸인 것이 무색하게 맑은 하늘 속 환상적인 날씨에 감사하며 도착한 시카고 식물원은 무료 입장이긴 했지만, 20달러라는 거금(?)의 주차비를 따로 지불해야 했다. 예기치 못한 비용에 살짝 당황하긴 했지만, 항상 주차난에 허덕이는 시카고의 도시 환경을 생각하면 이해할 수 있는 부분이기도 했다. 아름다운 호숫가에 자리잡은 방문자 센터는 연말 분위기를 물씬 풍기고 있었다. 가족 단위 방문객과 연인, 혼자 카메라를 들고 온 사람, 산책이나 조깅을 즐기러 온 사람 등 다양한 이들이 식물원을 찾고 있었다.

설레는 마음을 추스리며 들어선 식물원에서 먼저 마주한 인상적인 장면은 방문자 센터와 식물원 지역을 이어주는 다리 위에서 바라본, 호숫가 수면 위로 길고 풍성한 노란색 머리결을 드리운 수양버들이었다.

어느 쪽을 먼저 봐야 할지 급해진 마음에 식물원 지도를 살피며 중앙으로 난 길을 따라 계속 걷다가 만난 정원은 헤리티지 가든Heritage Garden이었다. 이 정원은 유럽의 초기 식물원에서 식물을 어떻게 분류하고 전시했는지를 보여주기 위해 조성되었다. 이 정원의 디자인은, 유럽 최초의 식물원인 이탈리아 파도바 식물원을 모델로 삼았는데, 원 형태의 공간을 크게 네 구역으로 나누었다. 여기에 식물의 지리적 기원에 따라 나눈 일곱 개의 화단이 조성되었고, 학명 분류 체계에 따라 주요 과별로 나뉜 열네 개의 식물 그룹이 전시되었다. 정원의 한쪽에 자리잡은 린네의 동상은 헤리티지 가든에 재현된 초기 식물원의 스타일이 오늘날에도 건재함을 말없이 보여주고 있다. 식물 분류에 관심이 많다면 이 정원에서 상당한 시간을 보낼 수도 있을 것이다.

1

2

1 방문자 센터에서 식물원 구역으로 진입하는 다리
2 수양버들
3 헤리티지 가든의 여름
4 연말 전시가 한창인 방문자 센터의 입구 전경
5 린네의 동상

© Chicago Botanic Garden

1 장미 정원의 여름
2 장미 정원의 겨울
3 영국식 담장 정원의 여름
4 영국식 담장 정원으로 들어가는 입구
5 퍼골라 가든

© Chicago Botanic Garden

5

헤리티지 가든을 지나 식물원 중심으로 들어가면 리젠스타인 센터Regenstein Center 왼쪽으로 상당한 규모의 장미 정원Krasberg Rose Garden이 자리잡고 있다. 장미 정원에는 플로리분다Floribunda와 하이브리드티Hybrid Tea 그룹을 포함한 5,000본 넘는 최상의 장미 품종이 식재되어 있다. 다른 식물원과 마찬가지로 시카고 식물원의 장미 정원 역시 식물원의 중심부에서 많은 사람들의 사랑을 받고 있다. 특히 시카고 식물원의 장미 정원은 작가이자 미국의 손꼽히는 장미 전문가인 윌리엄 래들러William Radler에 의해 한층 업그레이드되었다. 이 정원에서는 오랜 세월 검증된 인기 높은 옛 장미 품종뿐 아니라 요즘의 우수한 신품종도 만나볼 수 있다. 그리고 다양한 색의 꽃을 보여주기보다 주로 분홍색과 노란색 계열로 톤을 유지하여 정원의 앞쪽에는 짙은 색을, 뒤쪽으로 갈수록 옅은 색을 배치하였는데, 이는 시각적으로 색의 깊이에 착시 효과를 주기 위함이다.

장미 정원의 옆쪽으로는 분위기 좋은 영국식 정원이 있다. 고전적인 스타일의 멋을 내는 데는 영국식 정원의 한적한 매력만 한 것이 없다. 담장으로 둘러싸인 영국식 담장 정원English Walled Garden은 비스타 가든Vista Garden, 코티지 가든Coutage Garden, 퍼골라 가든Pergola Garden, 데이지 가든Dasey Garden, 코트야드 가든Courtyard Garden, 체커보드 가든Checkerboard Garden, 이 여섯 개의 매혹적인 공간으로 이루어져 있으며, 수세기 동안 영국식 정원에서 인기 있었던 정원 디자인 스타일을 보여준다. 이 정원은 세계적으로 유명한 정원 디자이너 존 브룩스John Brookes가 설계하였다. 겨울에도 이렇게 아름다운 정원이니 꽃이 만발하는 제철에는 얼마나 멋질까! 한편으로 아쉬운 마음이 들기도 했지만, 이 계절에만 볼 수 있는 정원의 비어 있는 모습, 정원 디자인의 핵심을 이루는 골격을 보게 된 것에 만족했다.

왜성 침엽수 정원Dwarf Conifer Garden은 작은 언덕 위에 자리잡고 있다. 좁은 길을 따라 언덕을 오르며 양옆으로, 작은 키에 천천히 자라는 150여 종의 왜성 침엽수가 다양한 색과 질감으로 조화를 이루고 있다. 언덕을 오르는 길 반대쪽으로 펼쳐진 호수의 풍경도 가히 압도적이다. 호수 위로 솟은 거대한 섬들에는 정교하게 다듬어진 거대한 소나무가 있는데, 거기에는 바로 일본 정원이 위치해 있다. 드넓은 호수가 식물원을 거의 둘러싸다시피 한 시카고 식물원에서는 '물'이라는 요소가 정원에 주는 임팩트가 얼마나 중요한지 실감할 수 있다.

일본 정원Elizabeth Hubert Malott Japanese Garden은 세 개의 섬으로 이루어져 있다. 일본 정원 조성의 정석대로 식물과 조경 요소의 상징성을 살려 조심스럽게 모양새가 다듬어진 식물과 적절하게 배치된 돌이, 순수한 형태의 아름다움을 보여주고 있다. 특히 자갈밭으로 물을 표현하고 식물로 육지부를 표현한 드라이 가든 형태의 정원은 방문객에게 언제나 인기가 높다.

그레이트 베이슨 가든Great Basin Gardens은 식물원의 중심에 자리잡은 거대한 호수Great Basin 주변으로 조성된 여러 정원을 아우르는데, 산책로를 따라 호수를 돌며 물의 정원Water Gardens, 이브닝 아일랜드Evening Island, 호안 정원Lakeside Gardens 등을 감상할 수 있다. 다리와 테라스, 전망대, 휴게 공간도 적절히 배치되어 먼거리에서 바라보는 포컬 포인트로 기능한다.

뷸러 인에이블링 가든Buehler Enabling Garden은 일반인의 가드닝을 돕기 위해 실습 위주의 교육을 실시하는 정원이다. 높이 올려진 화단, 컨테이너 가든, 가드닝 도구 전시, 그리고 다양한 가드닝 기술을 보여주는 모델 전시 등 홈 가드너가 자신의 정원에 쉽게 이용할 수 있는 아이디어가 가득하다.

1

2

3

1 왜성 침엽수 정원
2·3 일본 정원
4 에키나시아 꽃이 한창인 이브닝 아일랜드의 여름
5 뷸러 인에이블링 가든의 봄

4

© Chicago Botanic Garden

5

© Chicago Botanic Garden

시카고를 포함한 일리노이 주에 자생하는 식물을 모아놓은 자생식물 정원Native Plant Garden은 우드랜드 가든Woodland Garden, 프레리 가든Prairie Garden, 해비탯 가든Habitat Garden, 이 세 구역으로 나뉜다. 이 정원들은 자생식물의 특별한 아름다움뿐 아니라 시카고의 자연 식생도 잘 보여준다.

온실은 식물원 한가운데에 위용 있게 세워진 리젠스타인 건물의 한 부분으로 자리잡았다. 세계 곳곳에서 수집된 각종 희귀식물, 식용식물, 실용적인 식물, 계절성 초화류, 가정원예용 식물 등이 세 개의 온실 구역에 나뉘어 전시되어 있다.

이 외에도 시카고 식물원에는 감각 정원Sensory Garden, 랜드스케이프 가든Landscape Garden, 과수 및 채소 정원Fruit & Vegetable Garden을 포함한 총 26개의 정원이 있다.

이렇게 넓게 자리잡고 있으면서 일반인에게 무료로 개방된 식물원에서 식물 자원의 유지 관리는 어떻게 이루어질까? 시카고 식물원에는 식물 자원을 관리하는 컬렉션 부서가 따로 있다. 이 부서에서는 시카고 식물원의 모든 식물 자원뿐 아니라 식물의 자연 환경에 대한 연구도 함께 수행한다. 박물관의 주요 기능이 전시물을 수집하고 보전하는 것이듯, 식물원 역시 식물 컬렉션을 구축하는 일련의 작업을 진행하는데, 이 컬렉션들이 모두 살아 있기 때문에 더욱더 특별한 노력이 필요하다. 9,700종 2600만 본 이상의 식물을 보유하고 있는 시카고 식물원은 특히 시카고 지역에서 잘 자라고 지역 기후와 토양에 알맞게 적응한 식물의 컬렉션에 초점을 맞추고 있다. 새로운 식물은 주로 전문 너서리, 다른 공공 정원과의 교류, 식물 육종 프로그램, 식물 수집 원정을 통해 수집된다. 각 분야에 종사하는 식물원 전문 직원들은 다학제간 팀 협력을 통해 함께 계획하고 연구하고 평가하면서 식물원 컬렉션을 확충해 왔다.

1 자생식물 정원
2 온실 식충식물 전시
3 열대 온실의 겨울 전시
4 사막 기후 온실

2
3
4

이 식물들은 대부분 식물원에 전시되기 때문에 일반인이 거기서 아이디어를 얻어 자신의 정원에 직접 활용할 수 있다. 무엇보다 식물 컬렉션은 각종 심포지엄과 강의, 도서 출판과 식물 판매에 이르기까지, 시카고 식물원에서 이루어지는 많은 교육과 사업의 근간을 이루고 있다.

식물원의 컬렉션이 중요한 만큼 식물의 재배와 전시를 진행하는 팀의 역할도 중요하다. 원예와 관련된 이러한 일은 식물생산팀, 식물건강부, 토양관리부, 디스플레이가든팀이 맡고 있다. 식물원은 교육적으로나 학술적으로 중요한 곳이면서 미적인 아름다움을 보여주는 곳이기도 하다. 이 때문에 시카고 식물원의 정원 디자인에는 댄 킬리Dan Kiley, 오흐메Oehme, 호어 샤우트Hoerr Schaudt 등 최고의 조경건축가가 함께 참여해 왔다.

한편, 시카고 식물원은 식물 보전에도 큰 관심을 쏟고 있다. 일리노이 대학교, 노스웨스턴 대학교, 시카고 대학교 등과 함께 식물의 생물학과 보전, 진화생물학 같은 분야의 석사 혹은 박사 과정 연구 프로그램을 운영하고 있다. 식물원 내 식물 보전 과학 센터Plant Conservation Science Center에는 서른 명이 넘는 풀타임 과학자들이 근무하고 있다.

토양을 연구하고 종자를 저장하는 일부터, 서식지를 복원하고 멸종위기 식물 종을 보호하는 일까지, 식물원의 과학자들은 다양하고 전문적인 연구를 통해 식물 멸종, 환경 오염, 기후변화에 대응하기 위해 노력하고 있다. 노스 레이크North Lake 호수 가장자리 복원 사업은 그 대표적인 예이다. 시카고 식물원과 미 육군 공병단의 협력 사업인 이 생태계 복원 프로그램은 2011년부터 2012년 여름까지, 식물원의 노스 레이크 주변 2킬로미터의 8만 제곱미터에 이르는 가장자리 지역을 대상으로 10개월간 진행되었다. 이 작업을 시작하면서 먼저 호수의 물 5400만 갤런을 방류해 호수 가장자리 얕은 수면에서 자라는 식물이 새롭게 자리잡도록 하였다. 그 후 토양을 안정화시키기 위해 몇 달 동안 197종 12만 본의 자생식물과 관목류를 식재하였다. 이들은 호숫가 토양의 침식을 막고 부영양화를 방지하여 개구리, 거북, 물고기, 수생 곤충, 새 등의 서식지를 지켜준다. 또 이는 결과적으로 스코키 라군Skokie Lagoons과 시카고 강Chicago River을 비롯한 하류 지역의 수질까지 개선한다. 또한 이렇게 호숫가의 풍경이 복원되면, 방문객은 새롭게 창조된 경관을 즐기면서, 자생 수변 식물이 어떻게 전통적인 관상용 조경 방식에 접목될 수 있는지 직접 보고 배울 수 있다.

1 식물 보전센터 건물의 레인 글렌Rain Glen

2 식물 보전센터 건물의 그린 루프Green Roof

1
© Chicago Botanic Garden

2
© Chicago Botanic Garden

스코키 강Skokie River 보전 프로그램은 식물 보전 사업의 일환이다. 통과 구간이 1.6킬로미터에 이르는 스코키 강은 식물원에 있는 네 개의 자연 지역 중 하나로, 시카고 식물원을 길게 관통하며 흐르고 있다. 이곳은 도시의 물길을 어떻게 자연 생태적으로 관리할 것인가를 연구하는 시범 구역이기도 한다. 굽이져 흐르는 스코키 강의 물줄기는 한때 습지marsh, 세지 메도sedge meadow, 습원wet prairie으로 이루어진 더 크고 복합적인 생태계의 일부였다. 하지만 1900년대 초에 도시의 필요에 따라 수로로 변경되었다. 한번 파괴된 습지 생태계를 원래의 자연 상태로 되돌리는 것은 거의 불가능하다. 현재 식물원의 서부 외곽을 따라 흐르는 스코키 강의 일부 환경을 복원하고 개선하는 프로젝트는 자연을 회복하기 위한 첫걸음이다. 강 복원 기술을 보여주는 살아 있는 실험실인 셈이다. 또한 이 지역의 생물다양성을 늘리고 수질을 개선하여 인공 습지 환경을 조성하는 방법에 대한 연구도 진행되고 있다.

© Chicago Botanic Garden

1 스코키 강의 여름 풍경

Chicago Botanic Garden

시카고 식물원은 학생 가드닝 교육과 환경과학 교육에도 커다란 역할을 하고 있다. 40년 가까이 시카고 식물원은 창의적인 실습 위주의 학습으로 학생들의 '자연 결핍 장애'를 치유하는 데 앞장서 왔다. 이는 차세대 식물 애호가와 식물 과학자를 키워내는 데 매우 중요한 일이다. 시카고 식물원의 러닝 캠퍼스Learning Campus는 그런스펠트 어린이 정원The Grunsfeld Children's Growing Garden, 클라인만 패밀리 코브The Kleinman Family Cove, 교육센터Education Center로 이루어져 있다. 먼저 어린이 정원은 어린이들이 자연 체험 활동에 참가할 수 있는 훌륭한 장소를 제공한다. 이곳에서 어린이들은 전문가의 지도하에 직접 정원에 물을 주고, 잡초를 뽑고, 수확하는 체험을 통해 산지식을 습득한다. 어린이 정원은 두 개의 야외 학습장으로 나뉘는데 하나는 일반인에게 개방된 꽃 화단 중심의 정원이고, 다른 하나는 프로그램 참가자를 위한 정원이다.

노스 레이크에 복원된 호수 가장자리를 따라 250미터 정도 거리에 조성된 클라인만 패밀리 코브는 물의 중요성을 교육하는 중심 역할을 한다. 학생을 비롯한 방문객들은 이곳에서 직접 수생 동식물을 조사하고 물 보전과 관련된 각종 정보를 접한다.

시카고 식물원의 전략 계획Strategic Plan은 '지속 성장Keep Growing'을 모토로 한다. 건물, 정원, 마케팅, 방문객 체험, 과학 및 학술 프로그램, 교육 및 커뮤니티 프로그램 등 전반적인 영역의 지속적인 개발을 통해 식물원이 지역과 국가와 세계에서 영향력과 인식을 넓혀 나가는 것을 목표로 한다. 현재와 미래의 세대를 위해 자연 환경의 건강을 향상시키고, 재정 확충을 위한 사업 모델을 개발하는 것 또한 앞으로 헤쳐나가야 할 과제다.

찾아오는 사람이 많고 볼거리와 참여 프로그램도 많은 시카고 식물원은 몇 번이고 다시 방문하고 싶은 정원이다. 시카고 식물원의 사업은 대부분 좋은 평가를 받고 있으며, 자연 환경이나 생태계를 연구하는 많은 학자와 교육자에게도 심대한 영향을 미치고 있다.

1 체험 위주의 어린이 정원

1

Chicago Botanic Garden

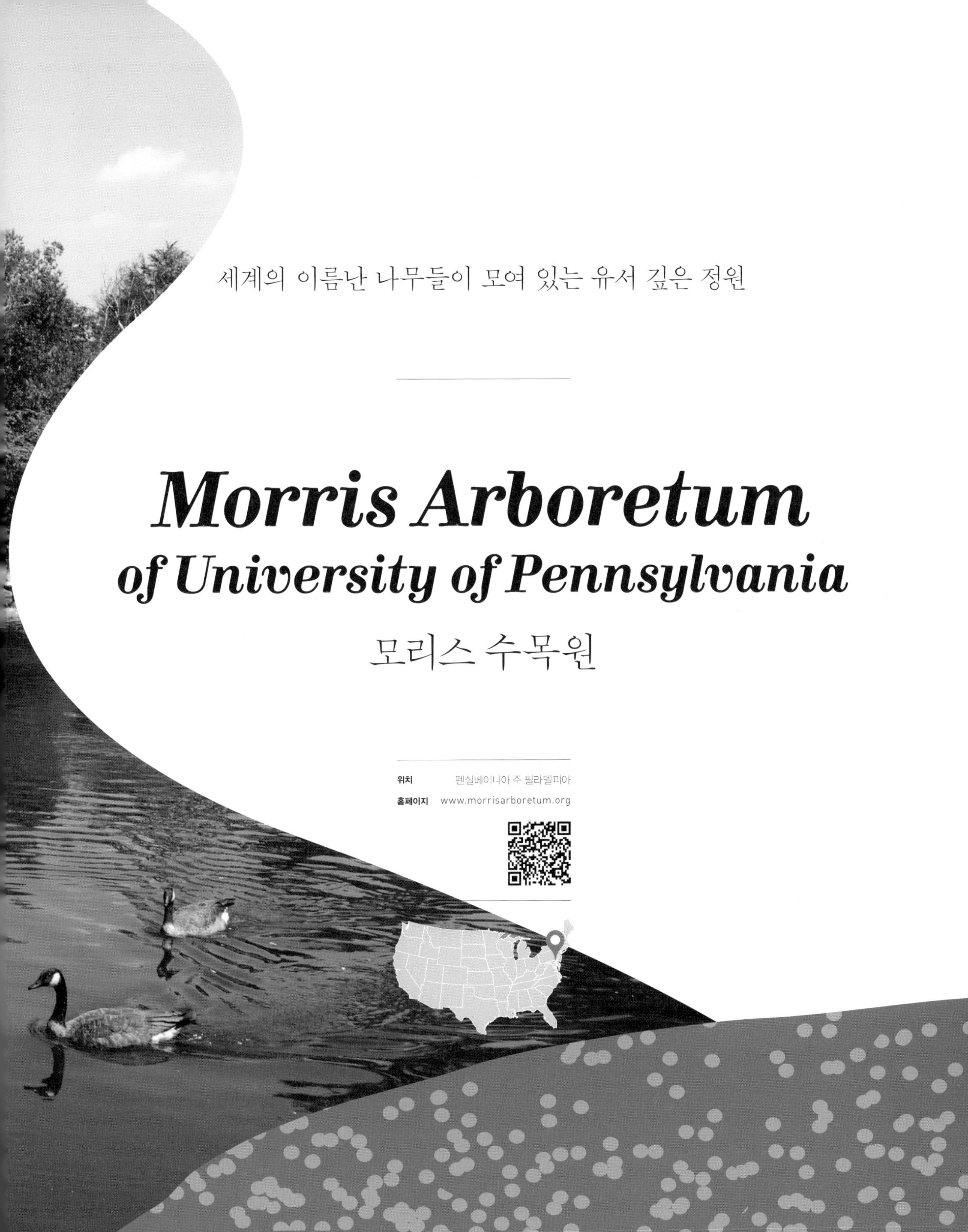

세계의 이름난 나무들이 모여 있는 유서 깊은 정원

Morris Arboretum of University of Pennsylvania

모리스 수목원

위치 펜실베이니아 주 필라델피아

홈페이지 www.morrisarboretum.org

1

2

펜실베이니아는 비옥한 땅이다. 전체적으로 푸르른 녹지가 많은 풍요롭고 평화로운 곳이다. 부유한 사람들이 많이 모인 그림 같은 동네가 있는가 하면, 필라델피아 북부의 거리처럼 위험한 동네도 있다. 내가 거주한 델라웨어는 펜실베이니아 주의 바로 옆에 붙어 있는 작은 주다. 차로 한두 시간이면 왔다갔다 하기 때문에 거의 같은 생활권이라 볼 수 있다. 이 지역은 미국에서 식물원, 수목원, 개인 정원의 밀집도가 높은 곳 중 하나다. 모두 공공 정원Public Garden이라는 큰 개념으로 묶을 수 있지만, 식물 종 수집에 초점을 맞추면 식물원botanical garden이라 부르고, 수목류에 집중하면 수목원arboretum이라 부를 수 있다. 하지만 갈수록 그 경계가 모호해지고 있다. 개인 정원이라고 해서 식물원, 수목원의 기능을 하지 않는 것도 아니며, 수목원이라고 해서 꼭 나무만 고집하는 것도 아니다. 모두가 경계를 허물며 공진화하고 있다.

펜실베이니아 주의 모리스 수목원은 수목원의 공진화를 보여주는 대표적인 예다. 모리스 수목원 안에는 전통적인 수목원의 경직된 이미지에서 탈피해 아기자기 섬세하게 만든 정원들이 있다.

수목원의 오래된 나무들은 전체 공간의 골격이 되고 그 안에 자리잡은 테마 정원마다 다양한 관목류와 숙근초, 지피류 컬렉션이 아름답게 채색되어 있다. 다른 곳에서 본 나무와 꽃도 많지만 배경이 좋아서일까, 이 수목원에서 완전히 다른 느낌으로 재탄생한 듯하다.

미국의 가장 역사적인 도시 중 하나인 필라델피아 북쪽 체스트넛 힐Chestnut Hill에 위치한 모리스 수목원이 탄생한 지는 120년이 넘었다. 빈 들판에 오랜 세월 동안 한 편 한 편의 이야기를 써 내려가듯 저마다 독특한 주제와 디자인으로 짜여진 정원들이 모여 하나의 대서사시 같은 공간이 되었다.

1 방문자 센터

2 존과 리디아 모리스John & Lidia Morris동상. 마이클 프라이스Michael E. Price 1981년작

History & People

모리스 수목원은 처음에 콤프턴Compton이라는 이름으로 불렸다. 이곳은 1887년 존 모리스John Morris(1847~1915)와 리디아 모리스Lydia Morris(1849~1932) 남매가 여름을 보내기 위한 장소로 만들기 시작했다. 모리스 남매의 아버지 아이작 모리스Isaac Pascall Morris는 철강 회사 아이피 모리스I.P. Morris의 설립자다. 이 회사는 남북전쟁 후 전기 보급과 자동차 발명 등 급부상한 산업화에 힘입어 막대한 부를 축적했다. 존 모리스는 하버드 대학교에서 공학을 전공한 후 아버지와 함께 회사를 경영했으며, 은퇴 후에는 여동생 리디아와 함께 수목원 조성에 전념했다.

모리스 남매는 1881년부터 1906년까지 여러 차례에 걸쳐 아시아, 유럽 등 세계를 함께 여행하며 정원 조성을 위한 아이디어를 수집했다. 특히 예술 작품, 조각품, 식물을 모아 수준 높은 수목원을 일구어 나갔다. 1889년에 시작한 세계 여행은 11개월에 이르는 대장정으로 이어지기도 했다.

존 모리스는 하버드 대학교 부속 아널드 수목원의 첫 디렉터인 찰스 사전트Charles S. Sargent와, 식물학자 데이비드 페어차일드David Fairchild, 명망 높은 식물수집가 E. H. 윌슨Ernest Henry Wilson 등 당대 내로라하는 식물 전문가들과 교류하며 세계의 갖가지 진기한 식물을 수집할 수 있었다. 아울러 많은 정원사와 원예가를 고용하여 정원을 체계적으로 만들어 나갔다.

모리스 남매는 또한 필라델피아를 중심으로 빠르게 확장되는 도시화에 따른 난개발을 우려하여 자연 환경과 토지의 보전에도 관심을 기울였다. 이는 후에 콤프턴이 펜실베이니아 대학교 부속 모리스 수목원으로 변모하는 데 주춧돌이 되었다. 남매는 교육의 힘을 믿었고, 그들이 일군 땅이 언젠가 대중을 위한 정원으로서 원예와 식물학을 가르치는 교육의 장이 되리라는 믿음을 잃지 않았다. 1932년 리디아 모리스가 죽고 나서 콤프턴은 정식으로 펜실베이니아 대학교 부속 모리스 수목원이 되었다.

1 페녹 가든의 동쪽에 위치한 거대한 계수나무*Cercidiphyllum japonicum*.
모리스 수목원의 컬렉션 중 가장 주목할 만한 나무이다. 1900년대 초에
식재된 이 나무는 펜실베이니아 주의 챔피언 나무로 선정되었다.

원예 교육, 전시, 보전, 연구를 목적으로 하는 모리스 수목원은 전체 67만 제곱미터 중 37만 제곱미터를 일반인에게 개방하고 있다. 모리스 수목원은 세계 곳곳에서 수집한 2,500여 종의 식물에 대한 기록을 보유하고 있으며 원내 13,000여 본의 식물에 표찰을 부착하고 있다. 대개 농장에서 원예종을 확보하여 정원을 조성하는 것과 달리 모리스 수목원의 컬렉션 중 33퍼센트는 도입된 자생지가 분명한, 한마디로 족보가 있는 식물이다.

한 가지 특기할 만한 사항은, 1979년과 1991년 사이에 모리스 수목원이 미국수목원, 한국의 천리포 수목원 등과 협력해 다섯 차례에 걸쳐 한국 식물 채집 원정을 실시했다는 사실이다. 당시 이 원정에 참여했던 일행 중 한 사람인 폴 마이어Paul Meyer는 현재 모리스 수목원의 디렉터로 재직하고 있다. 이 시기 한국으로부터 들여온 식물들은 수목원 조경의 주요 부분을 형성하고 있다. 특히 1984년 한국의 북서쪽 해안에서 수집한 동백나무*Camellia japonica*는 그 후 25년간 시행된, 필라델피아 지역에서 월동 가능한 일반 동백나무류의 내한성에 관한 연구에 중요한 자원이 되기도 했다. 우리나라가 가진 다양한 식물 자원의 중요성을 알 수 있는 대목이다.

1990년대 초부터 모리스 수목원은 중국 식물 수집에 초점을 맞추어 북미-중국 식물탐사협력단NACPEC의 창립 멤버가 되었다. NACPEC의 목적은 멸종위기 및 희귀 식물의 보전, 자생지에서 생육하는 식물에 대한 연구, 북미와 중국의 기관간 정보 및 인적 자원 교류 촉진, 재배종의 유전 자원 다양성 확보 등이다. 모리스 수목원의 중요한 식물 자원으로 침엽수, 호랑가시나무, 목련, 오크, 단풍나무, 장미, 아잘레아, 풍년화 등이 있다. 모리스 수목원은 도시 조경에 알맞은 수목을 찾아내기 위해 병해충 저항성, 도시 적응성 등도 연구한다. 전문적으로 수목을 재배하는 사람과 조경가, 도시 경관 기획자에게 식물을 보다 효과적으로 이용하는 방법에 대한 유용한 정보를 제공하는 교육 기관의 역할을 하고 있다.

체스트넛 힐은 작고 조용한 구역이다. 모리스 수목원 부지가 얼마나 큰지, 체스트넛 힐 초입부터 이차선 도로를 따라 한참을 가야 수목원 정문이 나온다. 그 맞은편에는 모리스 수목원에서 근래에 지은 관리사무소 건물과 농장이 있다. 정문 수위실을 통과하고 나서도 어느 정도 도로를 달려 언덕받이를 올라가야 비로소 주차장과 방문자 센터가 나온다. 진입로 주변에 심겨진 나무들 중에는 한국에서 온 나무도 많다고 들었다. 큐레이터를 만나면 그게 어떤 나무인지 물어볼 요량이다. 방문자 센터는「헨젤과 그레텔」동화에 나오는 예쁜 집처럼 생겼다. 앞에서 보면 윗층만 보이지만 지하로 내려가면 넓은 강당과 연회장, 그리고 거기서 바깥으로 나가면 야외 레스토랑과 정원으로 연결되어 있다.

트리 어드벤처Tree Adventure

방문자 센터를 지나 수목원 관람 구역으로 걸어 들어가다 보면 오른편에 거대한 나무 집과 구조물이 눈에 띈다. 2009년 7월 4일에 개장한 트리 어드벤처다. 멧커프 건축 디자인Metcalfe Architecture & Design 사에서 설계하였으며, 약 400만 달러가 들었다. 수목원 입구의 오래된 큰 나무들을 중심으로, 지상 15미터 높이에 총연장 140미터에 이르는 길이 만들어졌다. 여기에 거대한 새 둥지와 다리, 퍼골라, 해먹 등이 설치되었다. '위험 천만한 모험Out on a Limb'이라는 제목 그대로 관람객들은 마치 새나 다람쥐처럼 나무 위 높은 곳에 마련된 공간 속에서 색다른 체험을 할 수 있다.

1

1 트리 어드벤처의 일환으로 조성된 거대한 둥지

2 식물과 인간의 소통을 주제로 한 트리 어드벤처는 관람객들로부터 큰 인기를 끌고 있다.

5

장미 정원

모리스 남매가 1888년에 조성한 장미 정원은 모리스 수목원의 가장 오래된 볼거리 중 하나다. 초기에는 여러 과채류, 화훼류, 장미류, 절화용 초화류, 밤나무 등이 혼합된 정원이었다. 그러다가 1924년 리디아가 장미 위주의 정원으로 다시 조성하였다. 그 후 많은 우여곡절을 겪다가 한 기부자에 의해 1998년 다시 한 번 탈바꿈의 기회를 갖게 되었다. 그 기부자는 모리스 수목원의 장미 정원을 위해 매년 8,000~10,000달러를 기부하기로 약속하였다. 거기에 다른 기부자도 나타나 1998년부터 장미 정원을 위한 1년짜리 인턴 과정을 지원해 주기로 하였다. 이러한 과정을 통해 오늘날 장미 정원은 여러 숙근초와 일년초, 목본류가 어우러진 정원, 그리고 빅토리아 시대의 풍미를 느끼게 하는 장식물과 함께 수목원의 중심을 이루는 정원으로 복원되었다.

퍼너리Fernery

장미 정원을 지나 길을 따라 내려가면 온실이 하나 나온다. 아주 작지만 섬세한 디자인이 예사롭지 않아 보인다. 바로 고사리 종류만 모아 놓은 특별한 온실이다. 이런 온실을 퍼너리fernery라고 부른다. 존 모리스의 꿈 중 하나는 전 세계에서 수집한 양치식물을 위한 전문 온실인 퍼너리를 갖는 것이었다. 존은 석조 기반에 곡면 유리를 사용하는 것을 골자로 하는 온실 설계도를 직접 스케치하였다. 당시 기술로는 쉽지 않은 설계였기에 로드 앤드 번햄Lord and Burnham 같은 명성 있는 회사도 선불리 공사를 맡지 못했다. 결국 히칭스 앤드 컴퍼니Hitchings and

1 장미 정원의 중앙 분수대
2 장미 정원의 남쪽 구석에 위치한 퍼골라
3 고풍스러운 해시계로 장미 정원의 한 구역을 장식하고 있다.
4 등나무길Wisteria Walk
5 장미 정원의 북쪽 끝 비탈진 곳에 위치한 리디아의 의자Lydia's Seat. 1910년에 조성되었으며 양쪽으로 난 계단과 함께 작은 벽분수대가 설치되어 있다.

Company가 원래 도안 그대로의 온실을 1899년에 완공했다. 존이 지붕에 곡면 유리 사용을 고집한 이유는 온실 내부에 기둥을 추가로 설치하지 않기 위해서였다. 또한 이 온실은 온도를 서늘하게 하려고 지표면보다 낮게 만들어졌다. 퍼너리는 1950년 이후 몇 차례의 부분 개보수 작업을 거쳐 1994년 새롭게 탄생하였다. 여기에는 도런스 해밀턴Dorrance H. Hamilton이라는 기부자의 도움이 있었다. 현재 이 온실은 북미 대륙에 유일하게 남아 있는 빅토리아 양식의 퍼너리다. 희귀한 열대 및 온대 고사리 종류를 포함한 200여 종의 양치식물을 보유하고 있다.

스프링하우스The Springhouse

자칫 지루할 수도 있는 수목원 길은 중간중간 특별한 이름의 정원과 건물이 있어 호기심을 자아낸다. 외곽 쪽으로 난 길을 따라가다 보면 스프링하우스가 있다.

과거에 유제품과 육류 따위를 저장하려고 시냇가나 샘 근처에 지어졌던 스프링하우스는 모리스 남매가 이곳에 오기 전부터 이미 있었다. 필라델피아 지역을 통틀어 몇 개 남지 않은 역사적인 건물이다. 2004년 1억 원이 넘는 기부금을 포함해 다섯 명의 기부자의 도움으로 건물 복원 사업이 이루어졌다. 자칫 황폐한 공간으로 버려질 뻔한 이 스프링하우스는 현재 지붕 위의 아름드리 나무를 감상할 수 있고, 수목원의 다른 정원으로부터 떨어져 잠시 휴식을 취할 수 있는 특별한 곳으로 자리잡았다.

1

1 열대 및 온대 양치식물의 수집과 전시를 위해 특별히 만들어진 퍼너리

2 스프링하우스

3 1908년 존 모리스가 직접 설계한 통나무집Log Cabin. 빅토리아 시대에 통나무집은 야생을 개척한 문명 지배의 상징물로 여겨졌고, 미국에서도 대중적인 인기를 끌었다.

4 머큐리 로지아Mercury Loggia. 1913년에 지어졌으며 날개 달린 신발을 신고 있는 청동 머큐리 상이 있다.

백조의 연못Swan Pond

모리스 수목원을 떠올릴 때 매우 인상적인 공간 중 하나는 바로 백조의 연못이다.

1905년 존 모리스와 일본인 디자이너 무토Y. Muto가 설계하고 시공한 이 연못은 동쪽 시내로부터 자연적으로 흐르는 물길을 이용해 인공적으로 조성되었다. 연못가에는 18세기 영국 낭만주의 풍경식 정원의 영향을 받아 만들어진 고전적 신전 형태가 있는데, 연못가 수면에 그 모습이 그대로 비친다. 이는 로마의 건축가 비트루비우스Vitruvius가 설계한 신전의 모양을 본떠 흰 대리석으로 만들어졌다.

잉글리시 파크English Park

수목원 한가운데에 완만하게 펼쳐진 잔디밭은 단풍나무, 풍년화, 산딸나무, 벚나무, 노각나무 등 중요한 수집종들로 둘러싸여 있다. 이곳의 가장 주목할 만한 볼거리는 계단 분수대다. 이 분수대는 1915년 존 모리스가 죽고 난 다음해에 리디아가 그를 기리기 위해 건축가인 로버트 맥굿윈Robert McGoodwin에게 의뢰하여 조성하였다. 1988년에는 계단 분수 복원 공사와 함께 로버트 잉먼Robert Engman의 조각 작품이 추가로 설치되었다. 페로브스키아*Perovskia atriplicifolia*의 파란색 꽃이 분수대 주변을 둘러싸며 시원함을 선사한다.

1·2 백조의 연못

3 로버트 잉먼Robert M. Engman의 1978년작 「After B.K.S. Iyengar」가 있는 계단 분수

Morris Arboretum of University of Pennsylvania

오렌지 밸러스트레이드Orange Balustrade. 1889년에 조성되었으며 난간과 테라스, 시골풍의 암석 폭포, 그리고 비탈 정원 등 당시 대중적인 조경 양식이었던 이탈리아 빌라 정원 스타일을 따르고 있다.

페녹 가든Pennock Garden

페녹 가든은 모리스 남매가 처음으로 조성한 정형식 정원이다. 초기의 형태를 살려 현재는 목본류와 더불어 숙근초와 일년초 등 다채로운 색과 질감의 식물을 선보이고 있다. 예를 들면, 분홍빛 꽃과 그라스류, 지피류가 안정적인 풍성함을 보여주고 있다. 계절별로 연속해서 꽃의 개화가 이어지므로 가정에서 어떤 식물을 함께 심어야 할지 좋은 아이디어를 얻을 수 있다. 페녹 가든의 북쪽 철문을 지나 언덕 위쪽으로는 오렌지 밸러스트레이드Orange Balustrade와 연결되어 있다. 기다란 화분에 예쁘게 담겨 군데군데 놓인 펠라르고늄의 주황색 꽃이 통일감을 주면서도 초록색 공간에 액센트를 부여한다. 동쪽으로는 긴 분수대Long Fountain가 있다. 규모보다 섬세한 완성도에 신경을 썼다. 물줄기가 뿜어지는 각도와 서로 교차되는 패턴이 매우 인상적이다. 이렇듯 정원의 외형뿐 아니라 오브제에도 영감을 구현하는 상상력이 필요하다.

기차 정원The Garden Railway

숲길로 이어진 길 어디쯤에는 기차 정원이 있다. 예기치 않게 아주 작은 소인국 요정의 마을을 만나면 눈이 휘둥그레진다. 기차 정원은 5월 28일Memorial Day부터 9월 5일Labor Day까지 여름 시즌에만 운영된다. 전체 0.8킬로미터에 이르는 미니 철도는 12개의 서로 다른 레일, 2개의 케이블카, 9개의 다리, 7개의 터널 등으로 이루어져 있다. 다양한 색과 모양의 기차가 독립기념관 같은 역사적인 건물 모형 사이로 구불구불 질주하는 풍경은 아이들뿐 아니라 어른들에게도 큰 인기를 끌고 있다. 작은 크기의 미니어처 목본류와 숙근초가 있고 통나무와 나뭇가지를 이용하여 만든 정교한 터널과 다리도 있다. 기차 정원은 1998년 조경가 폴 부세Paul Busse가 조성했다. 매년 수목원의 원예가들이 새로운 테마와 디자인으로 다시 꾸민다. 기차 정원은 어린이 관람객을 수목원으로 불러들여, 자연을 배우게 하는 데 중요한 역할을 한다. 기차는 자연스럽게 순수한 동심을 일깨우고, 미지의 장소에 대한 동경을 불러일으킨다. 한참을 지켜봐도 지루하지 않은 매력이 있는 정원이다.

펌프 하우스Pump House

수목원을 둘러보고 나오는 길에는, 들어올 때 미처 보지 못한 것들이 눈에 들어온다. 펌프 하우스는 모리스 수목원 정문을 지나 바로 왼쪽 시냇가에 위치하고 있으며 1908년에 지어졌다. 당시 펌프 하우스는 수목원에서 아주 중요한 역할을 하였다. 3기통 동력의 펌프가 물을 언덕 위 콤프턴 저택의 우물과 정원 분수대까지 퍼올렸다. 물 구하기가 어려웠던 시절 이 시설은 분명 수목원의 생명줄이었을 것이다.

1·2 페녹 가든Pennock Garden. 이 정원을 다시 조성하는 데 큰 기여를 한 리던 페녹J. Liddon Pennock의 이름을 따 명명되었다.

3 펌프 하우스

4 해마다 주제를 달리하는 기차 정원Garden Railway

습지Wetland

수목원 진입로 한쪽에는 넓게 습지가 형성되어 있다. 이곳은 원래 습지였는데 한때 미국 전역에 불었던 농경지 조성의 영향으로 물이 제거되고 타일이 설치되어 농작물 재배지로 사용되었다. 그러다가 2002년 정부와 지역 재단, 개인 기부자의 지원을 받아 다시 습지로 복원되었다. 습지가 생태적으로 얼마나 중요한지 아는 이가 거의 없었는데, 최근에 와서야 그 중요성이 부각되기 시작했다. 습지에 서식하는 동식물의 멸종, 물 부족, 수질 정화 기능의 감소 등이 급속도로 심해지고 있다.

모리스 수목원의 습지는 되살아난 원래의 식물이 새로 식재된 식물과 잘 어우러져 생태 복원의 좋은 사례가 되었다. 식물 다양성을 위해 수심을 다양하게 했다. 수심이 얕은 곳에는 수변식물이 올라오고 수심이 깊은 곳은 물고기와 양서류가 월동하는 데 중요하다. 오리와 거위를 비롯한 새와 포유류가 지내기 좋은 은신처가 생겨나고 블루버드, 황조롱이, 아메리카원앙, 박쥐를 위한 집이 마련되었다. 여기에 지리적으로 비슷한 주변 지역을 모델로 하여 습지에 자생하는 식물을 도입하였다. 이는 지속가능한 서식지 환경을 형성했을 뿐 아니라 물의 오염과 불순물을 정화시키는 작용을 하였다. 현재 모리스 수목원의 습지에서는 110종 이상의 생물 종이 관찰되고 있다.

조각

모리스 수목원에서는 예술 작품도 볼 수 있다. 1980년대 초부터 설치되기 시작한 여러 작품이 수목원 내 조경의 중요한 부분으로 자리잡혔다. 멀리 양떼가 모여 있는가 싶어 자세히 보면 양철판으로 만든 납작한 조각품들이다. 또 습지 한가운데에 모여 있는 거구의 사람들에게 가까이 다가가 보면 추상적인 형태의 철제 예술품이다. 주변과 잘 어울리도록 표현된 작품들에서 작가의 고뇌와 섬세함이 엿보인다. 거기에는 모리스 남매의 청동상도 서 있어 수목원을 언제나 그윽한 눈빛으로 바라보고 있다.

원예 센터Horticulture Center

수목원 정문을 나서면 맞은편에 관리동 구역이 있다. 2008년에 착공하여 2010년에 완공된 이 건물은 미국그린빌딩협의회USGBC로부터 리드 플래티넘LEED Platinum 등급을 획득한 친환경 건물이다. 이곳은 원예, 교육, 수목 관리, 시설 관리 등 수목원 직원들이 67만 제곱미터에 이르는 수목원 전체를 관리하는 데 필요한 기반 시설과 지원 설비를 갖추고 있다. 또한 새로운 교육 시설로서 대중을 위한 다양한 원예 프로그램과 교육 활동을 제공한다. 텍사스 샌안토니오의 오버랜드 파트너스Overland Partners, 필라델피아 M2 아키텍처의 무스코 마틴Muscoe Martin 등이 원예 센터 설계에 참여했다.

아직 끝나지 않은 모리스의 꿈

모리스 수목원은 현재 조경 디자인, 식물 동정, 장미 재배 기초, 꽃꽂이, 사진, 세밀화 등 120여 과정의 교육 프로그램을 운영하고 있다. 하지만 비영리기관으로서 방문자 안내, 어린이 교육, 원예 전시, 기차 정원, 식물 판매 등 식물원의 많은 일을 수행하자면 자원봉사자의 도움이 절대적으로 필요하다. 1979년에 시작된 인턴 프로그램은 현재 교육, 도시숲, 식물학, 원예, 번식, 수목 관리, 식물 보호, 장미 정원 등 9개 분과로 나뉘어 있다. 이 프로그램들은 모두 기부금에 의해 운영되고 있는데, 지금까지 해외 인턴을 포함하여 200여 명의 인턴 교육생을 배출했다.

모리스 수목원은 미국 국립사적지National Register of Historic Places에 등록되었다. 펜실베이니아 대학교의 학제간 자원 센터이자 펜실베이니아 주를 대표하는 수목원이다. 한때 모리스 가의 사유지였던 곳이 지금처럼 사랑 받는 공공의 공간으로 거듭나게 된 것은, 부의 사회적 환원과 기부 문화, 교육과 자연환경 보전에 뜻을 같이한 많은 사람의 노력 덕분이다.

1 습지의 풍경
2 「세인트 프란치스Saint Francis」, 매들린 부처Madeleine Butcher 1985년작
3 「저미네이션 시퀀스Germination Sequence」, 린다 커닝햄Linda Cunningham 1980년작
4 「코츠월드 양Cotswold Sheep」, 찰스 레이랜드Charles Layland 1980년작
5 「무제Untitled」, 조지 슈거맨George Sugarman 1981년작

손 닿지 않은 자연 속의 풍성한 식물 컬렉션

New York Botanical Garden

뉴욕 식물원

위치	뉴욕 주 브롱크스
홈페이지	www.nybg.org

봄은 가장 분주한 계절이다. 봄이 절정을 지나 초여름으로 접어들면서 학생들은 1년 동안의 학과 과정을 마무리한다. 우리나라와 반대로 미국은 가을에 새학기를 시작해서 여름에 끝을 맺는다. 그래서 여름방학이 겨울방학보다 훨씬 길다. 롱우드 대학원 과정도 어느새 1년 과정의 마지막 프로젝트인 심포지엄까지 무사히 마쳤고, 우리는 그것을 기념해 뉴욕으로 현장 견학을 떠났다. 2학년 졸업반 학생들과 함께하는 마지막 여행이었다.

일정 중에는 뉴욕 식물원도 포함이 되었다. 필라델피아에서 두 시간 반 정도 걸리는, 비교적 가까운 거리에 있는데 생각보다 자주 가보지 못한 식물원이었다. 뉴욕이라는 이름만으로도 설레는데, 그 중심에 있는 식물원이라서 더 특별하게 다가왔다.

뉴욕 시내 호텔에 여장을 풀고 그랜드센트럴 역에서 노스할렘 노선을 타고 뉴욕 식물원으로 가는 기차에 올랐다. 뉴욕 식물원은 타임스퀘어와 센트럴 파크가 있는 중심가에서 북동쪽으로 약 30분 거리에 위치한 브롱크스에 있다. 허드슨 강변의 웨이브 힐과는 15분 거리다. 세계적인 도시 뉴욕이지만 중심에서 조금만 벗어나면 호젓하고 한가로운 경관을 맛볼 수 있다.

뉴욕 식물원에도 롱우드 프로그램 출신이 있었다. 캐런은 계절별 디스플레이 담당 부서 팀장이다. 입구에서 그녀를 만나 투어를 시작했다. 때마침 그녀가 기획하여 준비한 모네 특별전을 홍보하는 포스터가 식물원 곳곳에 보였다.

History & People

1891년에 설립된 뉴욕 식물원은 현재 30만 평 규모에 열대, 온대, 사막 기후 등에 따라 분류된 100만 본 넘는 식물을 보유하고 있다. 식물원 조성을 주도한 사람은 컬럼비아 대학교의 식물학자 너새니얼 로드 브리튼과 그의 아내 엘리자베스 거트루드 브리튼이었다. 브리튼 부부는 미국에서 가장 오래된 식물학회인 토리식물학회Torrey Botanical Society의 핵심 멤버였다. 그들의 저서 『브리튼 & 브라운 식물 도감*Britton & Brown Illustrated Flora*』은 북미 지역뿐 아니라 캐나다 식생까지 아우르는 방대한 식물 정보를 담은 역작이다. 그들은 1885년 결혼 후 신혼 여행 때 영국 런던의 큐가든에서 영감을 받아 뉴욕 시에도 그와 유사한 공원과 온실이 있어야 한다고 생각해 뉴욕 식물원 조성 사업을 추진했다. 세계적인 도시인 뉴욕 시에 이렇게 역사적인 식물원을 만든 주체가 정부나 기관이 아니라 식물을 사랑한 어느 부부였다는 것이 인상적이다. 물론 그들의 뜻을 실현하기 위해 주변에서 도와준 사람들의 힘, 무엇보다 100년이 넘도록 식물원을 꿋꿋하게 지키고 발전시켜 온 식물 애호가와 뉴욕 시민의 사랑이 있었기에 가능한 일이었을 것이다. 뉴욕 식물원은 1967년 미국 역사기념물로 지정되었고, 50개의 정원이 조성되어 있다.

1 뉴욕 식물원의 에니드 A. 홉트 온실

2 뉴욕 식물원의 온실은 영국 큐가든의 팜하우스를 모델로 하였다.

1

2

1

뉴욕 식물원의 하이라이트는 1890년대에 지어진 온실, 비어트릭스 존스 패런드Beatrix Jones Farrand가 1916년에 디자인한 장미 정원, 일본 정원 양식의 암석 정원, 침엽수 컬렉션, 대규모 연구동 등이다. 특히 연구동에는 식물 증식 센터와 도서관, 허바리움Herbarium이 있다. 놀랍게도 식물원의 중심부에는 오래된 숲이 있다. 이 숲은 17세기 유럽의 이주민이 들어오기 전부터 뉴욕 시의 대부분을 뒤덮고 있었던 원래 숲의 일부분이다. 참나무, 미국너도밤나무, 벚나무, 자작나무, 튤립나무, 흰물푸레나무 등이 있는 이 숲은 그간 벌목된 적이 없어 어떤 나무들은 200년이 넘었다. 뉴욕 식물원에는 이렇게 사람의 손을 타지 않은 숲뿐 아니라 자연 그대로의 폭포와 습지도 있다. 인간이 만든 식물원 안에 자연이 절묘하게 어우러져 있는 셈이다.

Garden Tour

캐런의 인솔 하에 먼저 온실로 향했다. 멀리서 우아한 온실의 자태가 눈에 띄어 가슴이 뛰었다. 이른 시간이라 아직은 한산하고 조용한 가운데, 새하얀 우윳빛으로 온실에 밝은 햇살이 반사되어 눈이 부셨다. 이 온실은 에니드 A. 홉트 온실Enid A. Haupt Conservatory로 불리는데, 이런 이름을 갖게 된 데는 사연이 있었다. 이 온실은 원래 큐가든의 팜하우스와 조지프 팩스턴의 수정궁 온실을 모델로 지어졌다. 당시 설계 회사는 로드 앤드 번햄Lord and Burnham이라는 유명한 온실 전문 업체였다. 1899년에 착공해서 1902년에 완공되었는데 약 177,000달러가 들었다. 이후 지금까지 네 차례에 걸쳐 리노베이션이 진행되었는데 가장 결정적인 리노베이션은 1978년에 이루어졌다. 당시 온실은 너무 노후되어 아예 다시 짓거나 철거해야 하는 상황이었다. 그때 에니드 애넌버그 홉트Enid Annenberg Haupt가 이 온실을 구했다. 그는 500만 달러를 기부하여 온실을 원래 설계 그대로 리노베이션하도록 했고, 추가로 500만 달러를 더 내놓아 이후 온실 유지 관리 비용으로 쓰게 했다. 그래서 이때부터 이 온실은 에니드 A. 홉트 온실로 불리게 되었다. 1993년에도 온실 내부를 중심으로 중요한 리노베이션이 진행되었다. 컴퓨터로 온실 내부의 온도, 습도, 환기 등을 조절할 수 있는 시스템을 갖추고 전시원도 완전히 다시 설계했다. 오리지널 빅토리아 양식으로 지어진 이 온실은 뉴욕의 대표적인 포컬 포인트이자 랜드마크가 되었다. 야자수, 수생식물, 식충식물을 비롯하여 세계 각지에서 수집된 식물의 전시장일 뿐 아니라 교육의 중심지로도 활용되고 있다.

온실에선 계절별 전시가 이루어지고, 매년 오키드 쇼, 홀리데이 기차쇼, 식물과 인간 문화의 결합을 보여주는 다양한 꽃 전시회가 열린다. 마침 온실 안에서는 모네의 정원이라는 주제로 전시가 한창이었다. 수련 꽃이 가득한 연못의 풍경을 즐겼던 모네의 정원에서 볼 수 있는 색채와 느낌이 온실에 가득했다. 수련 연못 위로 놓인 아치 모양의 다리에서 모티브를 얻어 녹색으로 터널 프레임을 만들고 좌우로 아주 집약적으로 꽃을 심어 놓았다. 색과 질감, 꽃의 높이가 정교하게 디자인된 아름다운 정원이었다. 그 끝에는 모네의 다리가 놓인 작은 연못도 연출되어 있었다.

숨막힐 듯 아름다운 온실을 보고 밖으로 나오니 그곳에도 커다란 연못이 있었다. 여기에서는 이른 여름부터 가을까지 다양한 온대수련, 열대수련, 연꽃이 가득 피어난다.

1 모네의 정원을 주제로 한 아름다운 플라워 가든

온실 밖에는 수생식물 전시 연못이 있다.

이제 발걸음은 자연스레 온실 주변에 조성된 다른 정원들로 향한다. 숙근초 정원은 정원 디자이너 린든 밀러Lynden B. Miller가 설계했다. 화가였던 그는 폭넓은 범위의 색과 질감을 가진 식물들의 팔레트로 숙근초 정원을 살아 있는 예술 작품으로 만들었다. 그는 정원을 네 개의 주제로 구성하고 계절성을 고려하여 신중하게 식물을 선택했다. 꽃피고 잎색이 변하고 단풍이 들고 열매를 맺으며 계속 변화하는 모습을 감상할 수 있는 정원이다.

숙근초 정원 길을 따라, 150여 종의 작약 품종도 전시되어 있다. 홑꽃부터 완전 겹꽃까지 하양, 분홍, 빨강, 산호색 등 다양한 색의 꽃이 있다. 장미향, 레몬향, 달콤한 향, 머스크(사향) 향 등 향기도 여러 가지다. 상대적으로 늦게 꽃이 피는 품종도 포함되어 있어 오랫동안 감상할 수 있다.

5월부터 10월까지 개장하는 페기 록펠러 장미 정원에는 650종 이상의 품종이 있다. 향기가 강한 오래된 장미도 있고, 내병성이 강하고 아름다운 현대 장미도 있다. 가든 디자이너 비어트릭스 패런드가 1916년에 설계했는데, 데이비드 록펠러와 그의 아내 페기의 지원으로1988년에야 완성되었다. 특히 페기가 장미를 아주 사랑했기 때문에, 이 장미 정원에는 그녀의 이름이 붙었다.

허브 가든은 저명한 정원 설계가 퍼넬러피 홉하우스Penelope Hobhouse가 디자인했다. 허브의 싱그러운 초록 잎 사이로 보라색과 흰색 꽃이 피어나 파스텔톤의 부드러운 색감을 드러낸다. 여기에 은회색을 띠는 잎이 달린 식물이 차분함을 더한다. 회양목으로 구획을 지어 화단마다 다양한 느낌과 향기를 선사한다. 마침 뾰족뾰족 꽃대를 올린 샐비어 꽃이 한창이었다. 한쪽에서는 산월계수 잎이 햇빛에 반짝였다. 맥주의 원료인 호프, 꽃 샐러드에 사용할 수 있는 한련화도 이 정원에서 볼 수 있었다.

1 숙근초 정원 전경
2 작약 정원
3 허브 가든

온실의 남쪽 끝에는 레이디스 보더Lady's Border라는 이름의 정원이 있다. 1930년대 조경 건축가 엘런 비들 십먼Ellen Biddle Shipman이 설계했다. 당시 여성지원위원회Women's Auxiliary Committee라는 단체가 있었는데, 이들은 이 정원의 아름다운 컬렉션 대부분을 조성하는 데 핵심적인 역할을 했다. 2002년에는 조경 디자이너 린든 밀러가 리뉴얼하였는데, 그녀는 뉴욕에서 흔히 볼 수 없는 남아프리카 알뿌리식물을 비롯해 살구나무, 삼지닥나무, 알스트로메리아(페루비안 릴리) 등을 이곳에 도입했다. 이 식물들은 추위에 약한 편인데, 주변이 둘러싸여 있고 남쪽을 향하고 있어 이곳에서 자랄 수 있다. 이 귀한 식물들 덕분에 레이디스 보더 정원은 색다른 매력을 발한다.

온실과 도서관 사이에는 로스 침엽수 수목원Ross Conifer Arboretum이 있다. 1900년대 초 미국 서부, 일본의 해안가, 알래스카의 보레알 숲 등지에서 온 250여 주의 소나무, 전나무, 가문비나무 종류가 자라고 있다. 침엽수의 뾰족한 바늘잎은 밝은 녹색부터 연한 파란색까지 다양한 색을 띤다.

온실 주변 정원들을 둘러보다가 시간이 얼마 안 남았다는 것을 알았다. 다행히 식물원 전체를 도는 트램이 있었다. 트램은 250에이커에 이르는 식물원 전체를 둘러보는 데 효과적인 수단이다. 해설과 함께 다양한 컬렉션 가든을 지나갔다. 48인승 기차는 각 정원에서 불어오는 향기를 충분히 만끽할 수 있을 정도로 느리게 움직였다. 뉴욕 식물원은 오래된 만큼 식물 컬렉션의 수준도 깊고 넓었다. 단풍나무 컬렉션을 지나 라일락 품종을 모아 놓은 정원도 지났다. 살랑살랑 부는 바람에 라일락 꽃 향기가 진하게 실려 왔다. 천천히 움직이는 트램 안에서 내다보이는 라일락 꽃은 순백색부터 연한 파랑, 분홍, 라벤더, 진보라, 빨강까지 다양한 컬러를 연출하고 있었다.

1 레이디스 보더 정원

New York Botanical Garden

봄꽃의 대명사 중 하나인 라일락은 조생종, 중생종, 만생종 등 꽃이 피는 시기와 색, 형태에 따라 200여 품종이 있다. 4월 중순에 가장 일찍 피는 라일락 꽃 중에는 히아신스를 닮은 꽃도 있는데 향기가 강하다. 대부분의 라일락은 5월 중순까지 절정을 이루고, 크림색 하얀 꽃송이가 달리는 라일락 종류는 6월까지 계속된다.

문득 한 미국인 육종가가 우리의 털개회나무를 가져다가 '미스김라일락'이라는 품종을 만들어 세계적으로 히트 친 일이 생각났다. 라일락 다음으로는 벚나무 컬렉션 가든과 목련 정원을 지나갔다. 4월쯤 방문했다면 이곳에도 꽃이 만발하였을 것이다.

트램을 타고 한 바퀴 돌고 내리니 백합나무 길이 펼쳐졌다. 100년 된 백합나무가 평균 30미터 가까이 자라 있었다. 길은 자연스레 도서관과 허바리움으로 이어졌다.

허바리움에는 700만 본이 넘는 식물 컬렉션이 있다. 그중에는 300년 넘은 식물 표본도 있다. 1899년에 설립된 도서관은 세계에서 가장 크고 종합적인 식물학 장서의 보고로 발전했다. 55만 권에 이르는 책은 식물 세계에 관한 거의 모든 지식을 담고 있다고 해도 과언이 아니다.

1 라일락 컬렉션

2 백합나무 길은 도서관 건물로 이어진다.

3 허바리움

2

3

뉴욕 식물원의 마지막 여정은 습지산책로The Mitsubishi Wild Wetland Trail다. 이곳에서는 스웜프swamp부터 마시marsh, 연못까지 다양한 자연 습지를 관찰할 수 있다. 습지에 사는 큰부들, 벗풀 같은 수생식물은 물속 불순물을 제거하는 거름망 역할을 한다. 탐방로를 따라 오리, 거북 같은 동물도 보인다. 부들 잎에 빨간 뭔가가 있는 듯해 자세히 보니 외모가 독특한 붉은어깨검은새의 어깻죽지다. 식물이 다양하면 그만큼 그곳에 서식하는 동물도 다양하다. 도심 속 식물원에 자연 상태와 비슷한 서식지를 일구어 놓은 것이 신기하다. 자연 생태계의 겉모습만 그럴싸하게 만든 것이 아니라 동식물이 실제로 그 속에서 살아갈 수 있는 환경을 조성했다. 사람들은 그곳에서 자연의 소중함을 배운다.

마침 아이들이 인솔 교사와 함께 습지 탐방을 하고 있었다. 바로 옆 어린이 정원에는 애벌레 모양, 나비 모양의 거대한 모자이컬처mosaiculture●가 있어 동심을 자극한다. 뉴욕 식물원은 일반 시민과 학생에게 문을 활짝 열어 놓은 커뮤니티 공간이라는 느낌을 준다. 무엇보다 여러 가지 살아 있는 교육을 진행하기에 적합한 환경을 갖추고 있다.

1 습지 정원은 아이들의 생태 교육을 위한 좋은 장소이면서 수많은 야생동식물의 보금자리다.

2 습지 정원 옆에는 여러 가지 재미있는 동물 모양의 모자이컬처가 만들어져 아이들의 호기심을 자극한다.

● 일정한 조형 틀에 맞추어 살아 있는 식물이 모자이크를 형성하며 자라게 하는 기술

New York Botanical Garden

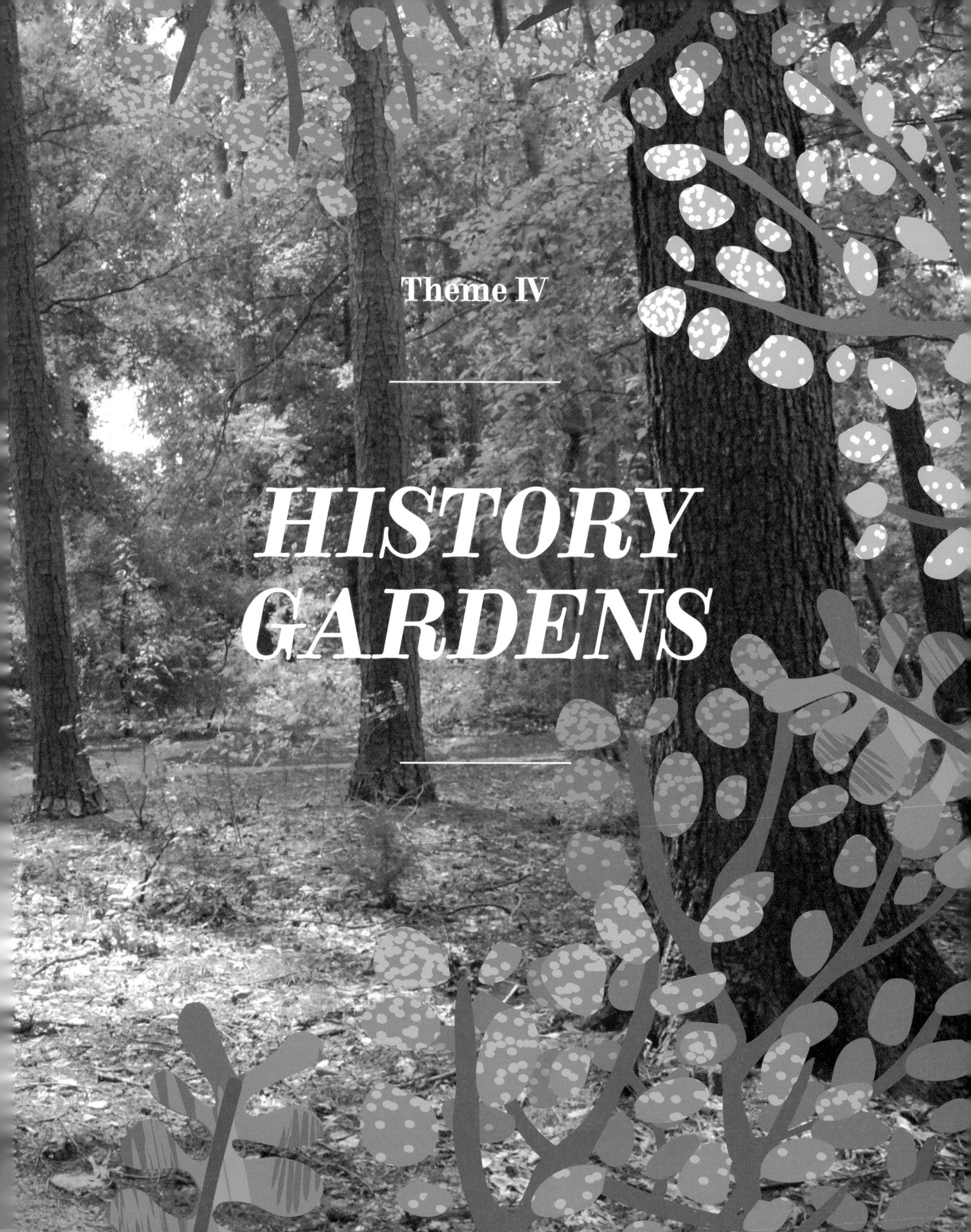

Theme IV

HISTORY GARDENS

상상하는 모습 그대로 눈앞에 펼쳐지는 정원

Ladew Topiary Gardens

래듀 토피어리 가든

위치 메릴랜드 주 몽크톤

홈페이지 www.ladewgardens.com

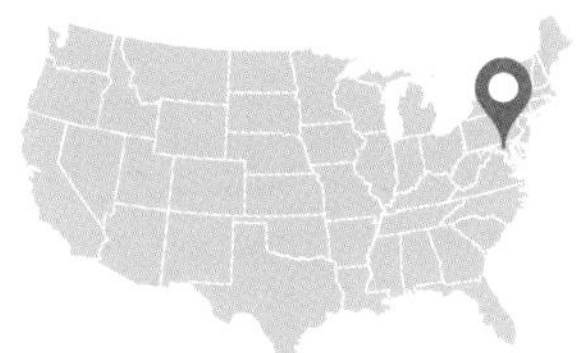

정원은 방문하는 이에게 추억의 앨범과 같다. 누구와 언제 찾아갔었는지, 그때 느낌이 어땠는지, 어떤 꽃과 나무가 내 눈길을 사로잡았는지, 정원 공간에는 그 모든 기억이 강하게 혹은 어렴풋하게 남아 있다.

내가 좋아하는 정원의 모습들을 차곡차곡 마음속에 간직하는 일은 고즈넉한 창가의 화병에서 풍겨오는 그윽한 꽃 내음처럼 향기롭다. 그리고 그 향기는 언제든 그 정원을 다시 찾았을 때 다시금 되새겨 음미할 수 있는 아름다운 기억이다. 물론 그 정원이 계속 그곳에 존재한다는 전제 하에 말이다.

메릴랜드 주 멍크턴에 위치한 래듀 토피어리 가든은 내 기억 속 정원 앨범에 또렷히 남아 있는 정원이다. 롱우드 가든의 가드닝 교육 프로그램에 참여해 다른 교육생들과 첫 견학을 간 곳이 바로 이 정원이기 때문이다. 말도 잘 통하지 않는 친구들과 커다란 12인승 밴 두 대에 나누어 타고 가던 그때가 아직도 생생하다. 펜실베이니아 주의 작은 도시 케넷 스퀘어에서 래듀 토피어리 가든이 있는 메릴랜드 주까지는 남서쪽으로 90킬로미터 정도 된다. 짧지 않은 여정 동안, 영화 속에서나 볼 수 있음직한 미국의 젊은 친구들 속에서 나는 마치 영어 회화를 공부하듯 그들의 대화에 집중하려 노력했다. 반 이상은 무슨 얘기인지 도통 알아들을 수 없었지만 말이다.

차창 밖 도로가에 보이는 휴게소 표지판에는 주로 맥도날드나 던킨도너츠 같은 유명 체인점의 로고가 나열되어 있었다. 우리는 중간에 스타벅스가 있는 한 휴게소에 들렀다. 문득 우리나라 고속도로 휴게소에 가면 으레 맛볼 수 있는 버터구이 오징어나 구운감자, 떡볶이, 우동 같은 음식이 그리웠다. 나는 그나마 커피를 기호식품으로 삼고 있다는 것을 다행으로 여기며 1.5달러짜리 스몰 사이즈 커피를 사 마셨다. 스몰 사이즈의 컵도 우리나라로 치면 라지 사이즈만 하고, 게다가 컵이 철철 넘치도록 가득 채워 준다.

같은 차를 타고 가면서 교육생들의 얼굴과 이름에 어느 정도 익숙해져서, 나는 한결 편하게 그들과 소통할 수 있었다. 덤으로, 지나친 커피 섭취는 장거리 견학을 갈 때 좋지 않다는 교훈도 얻었다. 커피 양이 많다 보니 이동 중에 소변이 너무 자주 마려웠다.

드디어 래듀 토피어리 가든에 도착했다. 저만치 신기한 토피어리들이 보였고, 한 가드너가 선글라스를 끼고 승용식 잔디깎이 위에 올라타 잔디를 깎고 있었다. 정원에서 일하는 사람이 이렇게 멋질 수 있을까? 눈앞에 펼쳐진 모든 것이 신기하기만 한 이 정원에서 과연 무엇을 발견하게 될지, 마음은 벌써 정원을 향해 달려가기 시작했다.

History & People

토피어리*topiary*는 살아 있는 식물의 잎과 줄기를 다듬어 동물을 비롯한 여러 모양으로 만든 것을 말한다. 로마 시대에 식물로 장식물을 만들던 정원사를 토피아리우스*topiarius*라고 불렀는데, 거기서 토피어리라는 이름이 유래하였다.

토피어리는 16세기경 절정을 이루다가 18세기 자연풍경식 정원 운동의 영향을 받아 쇠퇴하였다. 그러다가 19세기 빅토리아 시대부터 다시 큰 인기를 얻게 되었는데, 유럽의 많은 정원에서 그 자취를 찾아볼 수 있다. 영국 서섹스 지방의 그레이트 딕스터Great Dixter에 있는 토피어리 가든이 대표적인 예이다.

미국에서 유명한 토피어리 가든 중 하나인 래듀 토피어리 가든을 만든 이는 뉴욕 주 롱아일랜드 출신인 하비 래듀Harvey S. Ladew(1887~1976)이다. 그는 조부의 피혁 사업으로 아주 부유했던 집안에서 태어나, 메트로폴리탄 미술관 큐레이터에게 미술 지도를 받을 정도로 유복한 유년기를 보냈다. 래듀는 여행과 예술, 새로운 사람과의 교제를 좋아했고, 자연스레 사교계 명사가 되었다.

제1차 세계대전이 끝난 후 그는 영국에서 귀족들과 어울리며 수많은 대저택과 정원을 방문할 수 있었다. 그와 친분이 있던 인사 중에는 윈저공과 그의 부인 월리스도 있었다. 윈저공은 대영제국의 국왕이었다가 사랑 때문에 왕위를 버린 일화로 유명하다. 래듀가 방문한 정원 중에는 거트루드 지킬Gertrude Jekyll(1843~1932)이 디자인한 곳도 다수 있었다. 지킬은 20세기 가장 영향력 있는 정원 디자이너이자 원예가로서 유럽과 영국, 미국에서 400곳이 넘는 정원을 설계한 거장이다. 이러한 경험은 훗날 래듀가 자신의 정원을 조성하는 데 큰 영향을 미쳤다.

무엇보다 그가 토피어리 가든을 만들게 된 결정적인 계기는 바로 매년 겨울 영국에서 즐겼던 여우 사냥 때문이었다. 43세가 되던 1929년, 그는 여우 사냥을 위해 메릴랜드 주 교외 지역의 농장 81만 제곱미터를 매입하였다. 그리고 시설이 거의 갖추어져 있지 않았던 낡은 하우스를 새롭게 개조하고, 농작물과 가축을 키우던 9만 제곱미터의 땅을 토피어리가 가득한 정원으로 만들었다.

디렉터로부터 짧지만 인상적인 설명을 들은 뒤, 교육생들은 삼삼오오 자연스레 모둠을 지어 본격적으로 정원 탐색에 나섰다. 이렇게 정원의 역사를 미리 아는 것은 마치 한 권의 책을 펼칠 때 머릿말을 읽는 것처럼 정원을 이해하는 데 도움이 된다. 그리고 각각의 소정원을 둘러보는 것은 하나하나의 챕터를 읽어 나가듯 맛깔스러운 탐독의 기쁨을 준다.

Garden Tour

책의 겉표지와도 같이, 래듀 토피어리 가든의 초입에는 모두의 눈길을 사로잡는 작품이 있다. 하비 래듀가 그토록 좋아했던 여우 사냥을 모티브로 만든 헌트 신Hunt Scene이라는 제목의 토피어리다. 저만치 여우 한 마리가 도망을 가고 사냥개들이 뒤쫓는 장면이다. 그 뒤로 챙이 달린 모자를 쓴 사냥꾼들이 말을 탄 채 울타리를 뛰어 넘고 있다. 마치 언젠가 실제로 이런 장면이 존재했고, 그때 갑자기 시간이 멈춘 듯, 모든 것이 생생하게 살아 있는 것 같은 느낌이다.

주목 나무에 기발한 상상력을 입혀 만든 이 토피어리는 래듀 토피어리 가든의 상징이다. 여름에는 주변 잔디밭 위로 상사화*Lycoris squamigera*가 피어난다고 하니, 그맘때면 더욱 생동감이 느껴질 것이다. 헌트 신은 자연스럽게 우드랜드 가든Woodland Garden으로 이어진다. 이곳은 봄철 파랗게 종 모양의 꽃을 피우는 버지니아블루벨*Mertensia virginica*을 비롯하여, 주로 그늘에서 잘 자라는 숙근초가 특징이다.

래듀 토피어리 가든은 잘 다듬어진 생울타리로 치밀하게 공간을 나누었다. 그래서 이 방에서 저 방으로 옮겨가며 독특한 테마의 정원들을 구경하는 재미가 있다. 정원마다 마련된 작은 출입구는 이어서 다음에 나타날 정원의 풍경을 궁금하게 만든다.

헌트 신Hunt Scene

빅토리아 가든Victorian Garden에는 울타리를 이루며 둘러싼 커다란 로도덴드론이 늦은 봄 절정을 이룬다. 여기에 콘크리트를 조각하여 만든 테이블과 의자가 시간의 영속성을 더한다. 자세히 보면 포도나무와 장미꽃 같은 모양이 섬세하게 조각되어 있다. 이 안에 조용히 앉아 있으면 지금이 19세기인지 21세기인지 잠시 착각에 빠질 정도다.

빅토리아 가든을 지나면 베리 가든Berry Garden이 나온다. 가을과 겨울 동안 빨간색, 파란색, 오렌지색 열매를 매달고 있는 나무들은 봄이면 다시 화사한 꽃으로 뒤덮인다. 베리 가든은 여러 계절에 걸쳐 변화하며 다양한 볼거리를 제공할 뿐 아니라 새들한테도 좋으니 참으로 유익한 정원인 셈이다.

색을 주제로 한 정원도 눈에 띈다. 분홍빛을 띠는 잎과 꽃으로 채워진 핑크 가든Pink Garden은 장미 정원Rose Garden으로 가는 길목을 핑크빛으로 물들여 가슴을 설레게 한다. 뉴돈New Dawn 장미로 덮인 아치 터널이 방문객을 맞이하는 장미 정원에는 6월부터 10월까지 진한 향기로 꽃을 피우는 하이브리드 머스크Hybrid Musk 장미를 비롯한 각종 관목 장미와 덩굴 장미가 피어난다. 장미 정원을 둘러싼 붉은 벽돌의 외벽에는 사과나무와 배나무로 만든 에스팔리어가 마치 벽면 장식의 한 부분인 양 자라고 있다.

1 빅토리아 가든
2 콘크리트를 조각하여 만든 테이블과 의자
3 베리 가든
4 장미 정원

2
3
4

방문객의 들뜬 발걸음을 이끄는 동선은 에덴의 정원Garden of Eden, 열쇠구멍 정원Keyhole Garden, 수련 정원Water Lily Garden으로 이어진다. 마치 여행을 떠나 이국의 쇼핑몰에서 여러 상점을 들락날락하며 구경을 즐기듯, 서로 다른 주제로 꾸며진 정원을 감상하며 번뜩이는 아이디어와 아기자기한 위트를 만끽하는 기쁨도 크다. 가령, 등 뒤에 사과를 감춘 아담과 이브의 석상이 실소를 자아내게 만들고, 열쇠구멍 모양으로 생울타리를 깎아 놓은 문은 그러한 아담과 이브를 훔쳐보기에 완벽하다. 닐스의 모험을 연상케 하는 분수대를 중심으로 조성된 작은 수련 연못은 심플하면서도 매력적이다. 주변으로는 커다랗게 자란 나무수국이 한여름 새하얗게 꽃망울을 터뜨린다.

여기까지만 해도 눈은 이미 많은 호사를 누릴 수 있지만, 정원 관람은 이제부터 시작인 듯하다. 35종 이상의 하얀색 꽃과 무늬종이 봄부터 가을까지 정원을 채우는 화이트 가든White Garden, 그리고 중심부를 흐르는 물줄기를 따라 황금왕쥐똥나무*Ligustrum ovalifolium* 'Aureum'가 기다랗게 띠를 이루는 옐로 가든Yellow Garden이 계속해서 펼쳐진다. 옐로 가든 입구에는 철골 아치 터널이 있는데 여기에는 5월 말 금사슬나무*Laburnum anagyroides*의 노란 꽃이 대롱대롱 매달린다.

정원은 설계자가 무엇을 중요하게 생각했는지, 어떤 경험과 상상력을 정원에 표현하려 했는지 잘 보여준다. 티볼리 티하우스 가든Tivoli Tea House and Garden은 런던 티볼리 극장 매표소의 옛 파사드를 모티브로 하고 있다. 래듀는 과연 그곳에서 어떤 추억이 있었던 것일까? 마치 영원한 것은 없다는 사실을 암시하듯, 티하우스의 안쪽에는 "언제나 변하는 경관"이라는 래듀의 헌사가 새겨져 있고, 밖으로 난 벽돌 길은 조용한 풀장과 분수가 있는 또 다른 정원으로 이어진다.

양쪽으로 수많은 파이가 중첩된 모양을 다듬은 듯한 거대한 생울타리 길을 지나 언덕으로 올라가면 비너스 템플Temple of Venus이 나온다. 이곳은 입구 쪽 테라스 가든으로부터 이어진 기다란 비스타의 포컬 포인트 역할을 한다.

1 에덴의 정원
2 열쇠구멍 정원Keyhole Garden
3 수련 정원Water Lily Garden
4 티볼리 티하우스 가든
5 옐로 가든

5

1 아이리스 정원

2 하우스 내부에 위치한 작은 도서관. 미국에서 가장 아름다운 100개의 방 중 하나로 선정되었다.

3 물결 무늬 토피어리 위에 자리잡은 백조

4 그레이트 보울Great Bowl 가든 전경

5 그레이트 보울 가든을 둘러싼 물결 무늬 토피어리

다시 본원 쪽으로 발길을 돌리면 조각 정원Sculpture Garden이 나오는데, 이곳은 토피어리 가든의 진수를 보여준다. 호주산 커다란 새인 금조Lyre Bird, 처칠 수상의 모자, 화살이 관통한 심장 모양 등 오랜 세월 수목을 전정하고 다듬어 만든 토피어리들이 한자리에 모여 있다. 꽃에 나비가 앉은 모양, 해마 등 토피어리를 만드는 상상력에는 한계가 없어 보인다.

실개천을 따라 조성된 아이리스 정원Iris Garden에는 시베리아, 일본, 루이지애나 등 다양한 원산지로부터 도입된 65종의 붓꽃이 다른 수변 식물과 함께 자리잡고 있다. 냇물의 하류에 정박하고 있는 중국 어선, 불상, 탑 모양의 토피어리들은 물소리, 새소리 가득한 이 정원에 이야기를 부여하며, 더욱 의미 있는 공간으로 탈바꿈시킨다.

야생화 초원Wildflower Meadow에는 30여 종에 이르는 자생 야생화가 자라고 있다. 메릴랜드 주의 상징 꽃State Flower으로, 블랙 아이드 수전Black-eyed Susan이라고 불리는 루드베키아를 비롯해 톱풀, 달맞이꽃, 프레리 아스터*Machaeranthera tanacetifolia*가 야생 곤충과 새들에게 천국 같은 서식처를 제공한다.

그레이트 보울The Great Bowl은 넓은 잔디 광장처럼 생겼다. 한가운데에 래듀의 수영장을 살려 만든 타원형 분수 연못이 하나 있고, 널따란 광장의 주변은 예사롭지 않은 모양의 토피어리 생울타리로 둘러싸여 있다. 주목으로 만들어진 백조들이 물결을 타고 둥둥 떠다니는 모습이 장관이다.

테라스 가든Terrace Garden에는 캐나다솔송나무*Tsuga canadensis*로 만들어진 토피어리가 있다. 여기에는 오벨리스크 기둥과 꽃 장식, 창문까지 섬세하게 만들어져 있다.

호사가였던 래듀의 하우스에는 진귀한 골동품이 가득하다. 고급스럽게 치장한 많은 방 중에는 벽면이 둥글게 되어 있는 타원형 도서관도 있다. 이 도서관은《뉴욕 타임스》에서 선정한, 미국에서 가장 아름다운 100개의 방 가운데 하나다.

1 테라스 가든

Ladew Topiary Gardens

토피어리, 어떻게 만들까?

토피어리의 종류는 여러 가지로 나눌 수 있다. 먼저 역사적으로 오랫동안 만들어져 온 자유로운 형태의 토피어리가 있다. 프랑스 정원 양식에서 볼 수 있는 평면 기하식 정원의 문양 화단이나 자수 화단, 다양한 모양으로 다듬은 생울타리, 카페트 화단이 그것이다. 이들 토피어리는 종종 둥근 구형이나 육면체, 원뿔, 나선 등 기하학적 모양을 하고 있다. 케이크나 새, 동물, 사람의 모습이 표현되기도 한다. 이것은 실제 나무를 가지치기해서 모양을 만드는 것인데, 주로 주목이나 편백나무, 가문비나무 같은 상록 침엽수, 회양목과 월계수, 매자나무, 호랑가시나무, 쥐똥나무처럼 잎이 치밀하고 작은 나무를 이용한다.

다른 형태의 토피어리로는 철이나 알루미늄 등으로 프레임을 만들고 그 속을 이끼나 배양토로 채운 뒤 겉에 식물을 식재하여 만드는 스터프트stuffed 토피어리가 있다. 수태(나무 이끼)를 이용해 곰이나 토끼 같은 형태를 만들고 거기에 아이비나 호야 등을 심어 포인트를 준 토피어리도 있는데, 이들은 모스moss 토피어리라고 불리기도 한다. 디즈니랜드에서는 디즈니 캐릭터를 토피어리로 연출하여 전시하고 있다. 캐릭터가 지닌 여러 색과 질감의 의상이나 피부를 각종 식물로 정교하게 표현한다. 프레임을 망으로 감싸고 안을 원예상토로 채운 뒤 각양각색의 초화류나 관엽류를 패턴에 맞게 식재하는 모자이컬처Mosaiculture도 이런 종류의 토피어리로 볼 수 있다. 이런 토피어리에는 점적 관수 시설을 설치해 관리할 수도 있다.

그 밖에 스탠더드Standard 토피어리가 있다. 굳이 우리말로 표현한다면 외목대 형태라고 할 수 있는데, 쉽게 말해 롤리팝 사탕 모양의 식물이다. 주로 튼튼하게 빨리 자라는 식물을 이용해 눈과 곁가지를 제거하면서 하나의 줄기만 원하는 높이로 키운다. 그런 다음 머리 부분을 풍성하게 만들어 꽃을 피우게 하거나 특색 있는 잎을 이용한다. 란타나, 등나무, 부들레야, 국화 같은 식물을 이용할 수 있다.

래듀 토피어리 가든의 미션은 하비 래듀의 창조적 정신을 이어가는 것이다. 그 정신은 공공의 이익, 교육, 과학, 문화를 추구하는 것인데, 이를 위해 정원과 하우스, 그리고 시설물을 잘 유지하고 발전시켜 나가고 있다. 이런 미션에 걸맞게 이곳에서는 여러 교육 프로그램도 운영하고 있다. 각급 학교를 위한 견학 프로그램, 가이드 투어, 여름 자연 캠프, 네이처 팰스nature pals, 스토리 타임 등이 있다. 스캐빈저 탐험지를 들고 정원 곳곳에서 개구리, 물고기, 새, 곤충 모양의 토피어리를 찾아보는 프로그램도 재미 있어 보인다.

《뉴욕 타임스》는 래듀 토피어리 가든을 "가장 아름다운 정원"이라고 극찬했다. 미국가든클럽Garden Club of America은 "미국에서 가장 훌륭한 토피어리 가든"이라고 묘사했는가 하면, 《아키텍처럴 다이제스트Architectural Digest》에서는 "세계에서 가장 멋진 토피어리 가든 10곳 중 하나"라고 했다. 또한 래듀 토피어리 가든은 캐나다정원여행협회Canadian Canadian Garden Tourism Council로부터 "가볼 만한 북미의 정원 5곳" 중 하나로 선정되기도 했다.

초여름의 어느 날 설렘 가득한 교육생 신분으로 방문했던 래듀 토피어리 가든을 다시 찾은 건, 몇 해 후 어느새 한국으로 귀국할 날이 얼마 남지 않은 늦가을이었다. 정원의 식물들이 해마다 맞이하는 생장기의 시작과 끝이 다르듯, 미국에서 정원을 공부하며 보낸 시간의 처음과 마지막 역시 확연히 달랐다. 그만큼 내 마음속 정원 앨범에 새겨진 래듀 토피어리 가든에 대한 추억의 깊이 역시 다른 정원들보다 한층 더 깊었다.

1 탑 모양 토피어리. 철골을 이용함으로써, 안쪽에서 자라는 나무의 모양을 서서히 탑 형태로 만들어 간다.

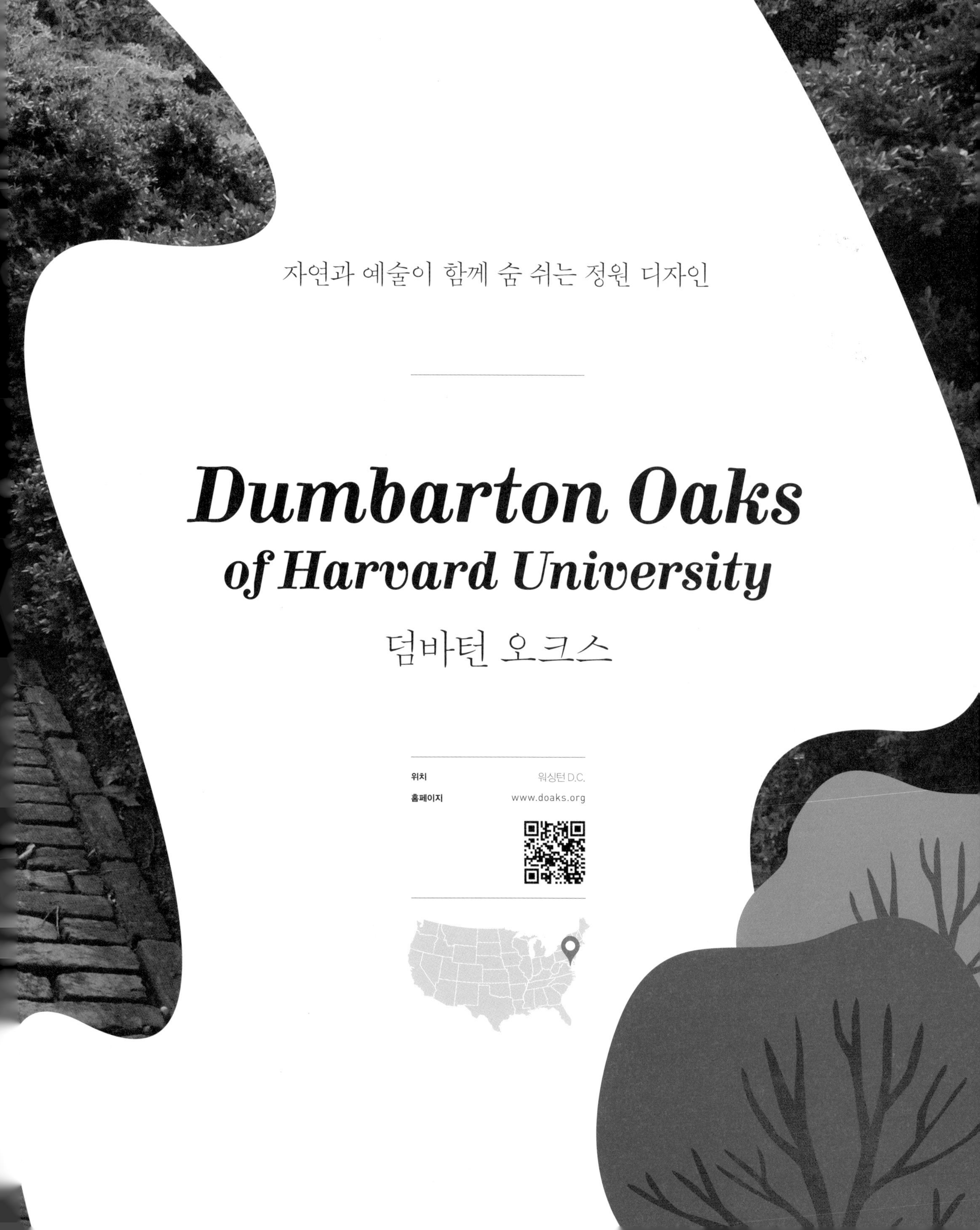

자연과 예술이 함께 숨 쉬는 정원 디자인

Dumbarton Oaks of Harvard University

덤바턴 오크스

위치	워싱턴 D.C.
홈페이지	www.doaks.org

1

'정원을 찾아 낯선 도시를 여행한다.' 말만 들어도 가슴 뛰는 일이다. 묵직한 카메라와 메모리카드로 단단히 무장하고 길을 나선다. 워싱턴 D.C.의 조지타운에는 덤바턴 오크스Dumbarton Oaks라는 정원이 있다. 듀폰 서클 전철역에서 내려 걸어갈 수 있는데 그 거리가 짧진 않다. 걷는 내내 정원이 딸린 주택과 카페, 대사관 건물을 지난다. 정원으로 가는 길 자체가 즐거운 여행의 일부다.

조지타운의 조용한 언덕 끝자락에서 만나는 덤바턴 오크스의 정문에서는 근사하게 제복을 차려입은 안내원이 관람객을 맞이한다. 붉은 벽돌로 지어진 웅장한 하우스와 오랑주리, 그 아래쪽으로 테라스와 비스타가 펼쳐진다. 다양한 테마 정원은 수준 높은 예술 작품, 건축물과 조화롭게 어우러져 있다. 덤바턴 오크스의 잘 정비된 정원 전체를 관통하는 느낌은 바로 '로맨틱'이다.

History & People

덤바턴 오크스 정원은 한때 사유지였지만, 1944년 국제연합 창설을 위한 국제 예비 회담이 열리기도 했고, 지금은 하버드 대학교에 속해 있다. 귀중한 소장품과 도서관을 기반으로 다양한 연구가 진행되고 있는 역사적인 정원이다.

덤바턴 오크스는 로버트 우즈 블리스Robert Woods Bliss와 그의 아내 밀드러드 반스 블리스Mildred Barnes Bliss가 조경 디자이너 비어트릭스 패런드Beatrix Farrand와 함께 수십 년 동안 공들여 일구어냈다.

이 부부가 만나게 된 이야기도 흥미롭다. 미국 지방검찰청장의 아들로 태어난 로버트 우즈 블리스는 하버드 대학교를 졸업하고 아르헨티나 대사를 비롯한 외교관으로 활동했다. 한편 밀드러드 반스 블리스는 제약 사업으로 큰 부를 이룬 집안의 외동딸로 태어나 일찍 아버지를 여의고 어머니와 함께 엄청난 재산을 물려받았는데, 어머니 안나 반스와 재혼한 사람이 바로 로버트 우즈 블리스의 아버지인 윌리엄 블리스였다. 각각 아버지와 어머니가 재혼을 하여 서로 남매의 연으로 만났다가 나중에 결혼에 이른 것이다. 로버트 블리스의 직업이 외교관이었기 때문에 두 사람은 외국 여행을 많이 했는데, 특히 파리에서 많은 시간을 보냈다. 거기서 그들은 미술가인 월터 게이Walter Gay, 작가인 이디스 워튼Edith Wharton 등을 만났고 미술품 수집에도 큰 관심을 갖게 되었다. 특히 비잔틴과 컬럼비아 이전 시대의 미술품에 관심이 많았는데, 이는 오늘날까지도 지속되고 있는 덤바턴 오크스의 특별한 교육 후원 프로그램을 만드는 데 직접적인 영향을 끼쳤다.

1 섬세하게 장식된 분수 테라스Fountain Terrace의 철제 문

아주 오랫동안 자신들이 원하는 시골풍의 집과 정원을 찾아다닌 블리스 부부는 1920년 마침내 워싱턴 D.C 조지타운의 높은 언덕에 다소 방치된 듯한 오래된 집과 21만 제곱미터의 땅을 매입하였다. 부지를 마련한 블리스 부부는 하우스를 개조하여 뮤직룸을 갖추었고 나중에 박물관까지 만들었다. 또한 조경건축가인 비어트릭스 패런드를 고용하여 하우스 주변의 땅을 테라스와 비스타가 있는 정원으로 디자인하도록 했는데, 그 후 거의 30년간 밀드러드 블리스와 비어트릭스 패런드는 서로 긴밀히 협조하며 정원을 짜임새 있게 조성해 나갔다.

뉴욕 출신인 비어트릭스 패런드는 당시 미국에서 손꼽히는 조경건축가였다. 수많은 개인 사유지와 별장, 대중 공원, 식물원, 대학 캠퍼스, 그리고 백악관 정원까지 설계한 그녀는 미국 조경건축가협회 창립 회원 11명 중 하나이자 유일한 여성이었다. 패런드는 하버드 대학교 아널드 수목원의 초대 원장이자 세계적인 식물학자인 찰스 사전트Charles Sargent를 사사하였고, 영국, 이탈리아, 프랑스, 독일 등지를 두루 여행하며 정원의 역사와 전통에 대한 견문을 넓혔다. 덤바턴 오크스는 정원 설계에 대한 그녀의 경험과 지식이 절정에 이른 시기에 조성을 시작하여 수십 년에 걸쳐 빚어낸 결정체인 셈이다. 패런드는 정원을 여러 구역room으로 나누었고, 문턱과 회랑, 벽과 문 등 다양한 종류의 경계를 이용해 각각의 공간이 서로 보이지 않도록 하였다. 미국 최고의 신고전주의 정원으로 인정받고 있는 덤바턴 오크스는 전체적으로 이탈리아 르네상스식 정원의 분위기를 띠고 있으며, 건축물과 자연 환경이 세련된 조화를 이루고 있다. 서로 다른 느낌으로 정형화된 테라스 가든들은 가파른 경사지에 조성된 계단을 따라 내려오면서 점점 더 자연스러운 야생의 아름다움을 지닌 개방형 정원으로 이어진다.

1 노스 비스타North Vista에서 바라본 본관 건물의 북쪽 전경

덤바턴 오크스는 비어트릭스 외의 다른 건축가, 특히 루스 헤이비Ruth Havey와 앨든 홉킨스Alden Hopkins 등의 손길을 거치며 지속적으로 변해 갔다. 그러면서 기능적인 부분에서도 큰 변화가 있었다. 1940년 블리스 부부는 6만 제곱미터의 부지를 하버드 대학교에 기부하여 비잔틴 연구, 컬럼비아 이전에 관한 연구, 정원과 조경에 관한 연구를 위한 기관으로 거듭나게 하였다. 이와 함께 블리스 부부는 저지대에 위치한 11만 제곱미터의 부지를 미국 정부에 기부하여 공공 정원을 만들게 하였으며, 나머지 4만 제곱미터는 매각하여 덴마크 대사관을 짓는 데 쓰이도록 하였다.

덤바턴 오크스가 큰 변화를 맞으면서 향후 정원의 유지 관리를 위한 매뉴얼의 필요성을 깨달은 패런드는 1941년부터 덤바턴 오크스의 식물에 관한 책을 쓰기 시작했다. 이 책에서 그녀는 덤바턴 오크스 정원의 설계 의도와 적절한 관리 방법을 자세히 밝혔는데, 그녀가 제시한 방법들은 70년 넘게 지난 오늘날에도 여전히 유용하게 적용되고 있다.

Dumbarton Oaks of Harvard University

덤바턴 오크스의 정원들은 울타리로 둘러싸인 닫힌 정원과 좀 더 자연스럽게 개방된 열린 정원으로 나뉜다. 본격적인 정원 산책에 앞서 본관 건물 옆으로 보이는 오랑주리Orangery를 소개하자면, 이곳은 1810년에 지어졌으며 1860년대에 본관 건물과 연결되는 리모델링이 이루어졌다. 이때 지붕이 교체되고 피쿠스 푸밀라*Ficus pumila*가 식재되어 지금은 외벽 전체를 뒤덮으며 창문을 치장하고 있다. 겨울 동안 이 오랑주리는 치자나무, 협죽도, 귤나무 컬렉션을 위한 온실로 활용된다. 오랑주리의 창문은 어디서 많이 본 듯한 모습인데, 바로 내셔널 몰에 있는 식물원 온실과 같은 문양이 그려져 있다. 붉은색 벽돌과 하얀색 유리창이 잘 어울려 마치 오래된 성당 같기도 하다.

오랑주리를 지나 동쪽으로 들어가면 아름드리 나무가 넓게 그늘을 드리운 고즈넉한 테라스가 있다. 너도밤나무 테라스Beech Terrace라 불리는 이곳은 유럽너도밤나무 '리버시'*Fagus sylvatica* 'Riversee'를 중심으로1920년에 조성되었는데, 오랑주리와 본관을 연결하는 부분의 건축 재료를 시험하는 데 쓰인 판석과 벽돌이 주 재료로 사용되었다. 원래 이곳에 있던 나무는 쇠락해 1948년에 제거되었고, 미국너도밤나무*Fagus grandifolia*가 그 자리를 대신하였다. 이제 거대하게 자란 너도밤나무의 뿌리 주변으로 매년 봄이면 크로쿠스 토마시니아누스*Crocus tomasinianus*, 스킬라 시비리카*Scilla sibirica*, 키오노독사 루킬리아이*Chionodoxa luciliae*가 자라나 꽃을 피운다.

1 오랑주리Orangery

2 말굽편자 계단Horseshoe Steps

3 너도밤나무 테라스Beech Terrace

Dumbarton Oaks of Harvard University

1 단지 테라스Urn Terrace

2 박스 워크Box Walk. 장미 정원이 있는 위쪽부터 타원 정원이 있는 아래쪽까지 남북 방향으로 길게 뻗어 있다.

3 장미 정원Rose Garden

4 1920년대에 조성된 풀장과 로지아loggia

5 1940년대에 포르투갈 타일을 이용하여 만든 벽화

계속 동쪽으로 이동하다가 경사로를 따라 내려가면 단지 테라스Urn Terrace가 나오는데, 이곳은 원래 회양목으로 둘러싸인 단순한 사각 형태로 조성되었으나 1950년대에 벽돌과 아이비를 이용한 굴곡 있는 화단으로 다시 조성되었다. 이 정원의 중심에 놓여 있는 단지 모양의 조각품은 밀드러드 블리스가 프랑스에서 구입한 18세기 테라코타의 복제품이다. 원래의 조각품은 겨울 동안 바깥 날씨에 쉽게 파손될 우려가 있어 도서관 건물로 옮겨졌다. 단지 조각품의 받침대 부분은 비어트릭스가 테니스 코트를 리뉴얼하여 조약돌 정원Pebble Garden을 조성하기 전에 전체 문양의 패턴을 조율하려고 축소판으로 만들어 본 것이다. 정원에는 식물 못지않게 조형 요소도 중요하다.

단지 테라스의 바로 아래쪽에는 드넓게 펼쳐진 자연 경관을 배경으로 장미 정원이 위치하고 있다. 이곳은 블리스 부부가 가장 애착을 가졌던 곳이기도 하다. 대략 900본의 장미가 식재되어 있는데, 남쪽에는 분홍색, 빨간색, 하얀색 장미꽃이 주를 이루고 북쪽으로 갈수록 주황색과 노란색으로 변하도록 디자인되었다. 식재된 장미는 대부분 연중 두 차례 꽃이 피는 종으로, 봄에 절정을 이루었다가 여름과 가을에 걸쳐 다시 한 번 개화한다. 눈에 띄는 품종으로 하이브리드 머스크 계통의 장미 품종인 버프 뷰티Buff Beauty와 하이브리드 티 로즈 계통의 크라이슬러 임페리얼Chrysler Imperial 등이 있다. 세실 브루너Cecile Brunner, 레이디 힐링던Lady Hillingdon을 비롯한 몇몇 품종은 1920년대부터 이곳에서 재배되어 왔다.

장미 정원에서 방향을 북쪽으로 돌려 좀더 내려가면 왼쪽으로 거대한 규모의 문양이 압도하는 조약돌 정원이 눈앞에 펼쳐진다. 풀장과 로지아loggia(개방형 회랑)로 이어진 난간에서 아래쪽으로 전체적인 형태를 볼 수 있게 되어 있다. 등나무로 덮인 벽으로 둘러싸인 사각 모양의 조약돌 정원은 원래 테니스장이었는데, 1959년 루스 헤이비와 밀드러드 블리스가 이 공간을 다시 디자인하여 멕시코에서 들여온 자갈을 이용한 이탈리아 스타일의 독특한 문양과 색으로 장식했다.

조약돌 정원Pebble Garden은 원래 전체적으로 얕게 물이 차 있도록 설계되었다.

위쪽 난간에서 보면 거대한 태피스트리 같은 문양이 인상적인데, 아래로 내려가 자세히 보면 여러 층과 요소로 이루어진 디테일이 살아 있다. 바닥을 마감한 재료, 경계선을 형성하는 화단에 심겨진 식물이 하나하나 정교하게 디자인되어 있다. 석회석 경계로 가장자리 굴곡을 만든 화단에는 백리향과 세덤 등이 식재되어 있다. 조약돌 정원의 북쪽 끝 연못에는 1959년 워싱턴 D.C.의 머리디언 하우스Meridian House의 거트루드 로플린 챈러가 기증한 18세기 프랑스 조각상 3점이 있다. 남쪽 끝에는 석회석으로 된 문양 조각이 있는데, 블리스 가의 모토인 "뿌린 대로 거두리라*Quod Severis Metes*"라는 문구가 새겨져 있다. 정원 디자인에는 전체적으로 명확한 하나의 그림을 그려낼 수 있는 주관과 자신감, 그것을 섬세하게 구현해 낼 수 있는 능력과 장인 정신이 필요하다.

언덕의 경사로를 따라 내려가면서 덤바턴 오크스의 정원들은 계속 새로운 분위기의 공간을 연출한다. 막힌 듯하면서 트여 있는 공간의 연속에서 관람객은 호기심과 놀라움의 반복을 경험하며 정원 탐색이 점점 더 흥미로워진다.

타원Ellipse이라는 이름의 정원은 덤바턴 오크스에서 가장 조용하고 평화로운 부분 중 하나로 디자인되었다. 초기에는 서양회양목*Buxus sempervirens*의 높은 벽으로 타원 형태의 정원을 둘러싸고 그 중심에 제트 분수대를 두어 언덕 위에서부터 길게 내려오는 길과 한 축을 이루는 구도로 디자인되었다.

1958년 앨든 홉킨스Alden Hopkins가 쇠퇴해 가는 무늬회양목을 캐롤라이나서어나무*Carpinus caroliniana* 이열 식재(두 줄로 심기)로 대체하였다. 1967년에는 프로방스 분수가 이 정원의 중심부로 옮겨졌다.

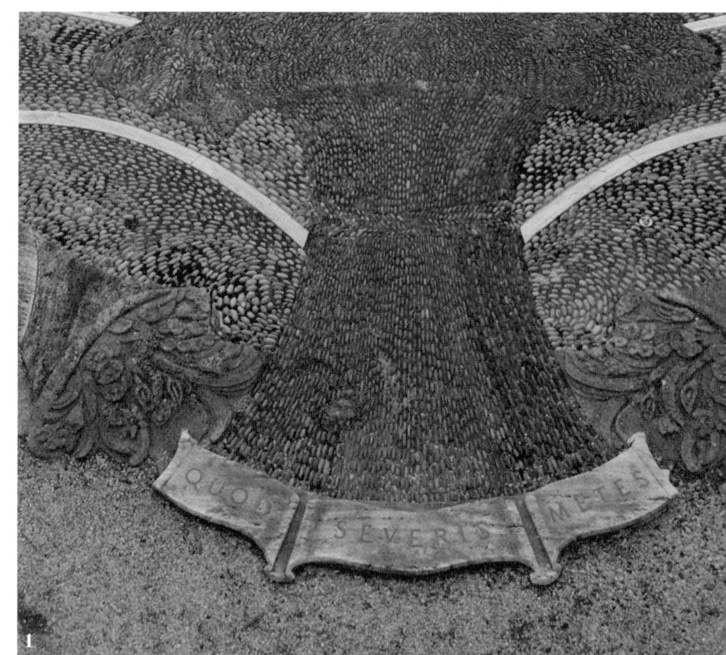

1 석회석으로 된 문양 조각에 "뿌린 대로 거두리라"라는 문구가 새겨져 있다.

2 타원 정원에는 패트릭 도허티Patrick Dougherty의 작품 「이지 라이더Easy Rider」가 전시되어 있다.

3 중앙에 프로방스 분수가 있는 타원 정원

3

본관 건물로부터 동쪽으로 경사진 길을 따라 장미 정원의 아래쪽에는 분수 테라스Fountain Terrace라 불리는 화원이 조성되어 있다. 장미 정원의 양쪽으로 난 두 개의 길이 철제 발코니와 계단으로 연결되어 3미터 아래쪽에 조성된 분수 테라스로 인도하도록 설계되었다. 이곳에는 주로 노란색, 청동색, 빨간색 꽃이 피는 식물이 식재되어 있고, 잔디밭 중앙에 만들어진 두 개의 석회석 연못에는 각각 물고기를 들고 있는 푸토putto 상이 놓여 있다. 정원의 바닥 포장 재료를 살펴보면, 장미 정원에는 판석이 쓰이고 너도밤나무 테라스에는 벽돌이 쓰였는데, 이곳 분수 테라스에는 잔디가 이용되었다.

1927년 패런드는 세 구역으로 나뉜 키친 가든Kitchen Garden을 조성하였다. 여기에 세 채의 헛간을 함께 디자인하였는데, 테라코타 타일로 매끄럽게 곡선을 준 지붕이 최근에 복원되었다. 고풍스러우면서도 독특한 느낌을 주는 이 헛간들의 지붕은 주변에 조성된 정원과 잘 어울리며 멀리서도 쉽게 눈에 띈다.

첫 번째 키친 가든 구역은 제2차 세계대전 당시 미국여성자원봉사단을 위한 교육용 전시 정원으로 사용되기도 했는데, 지금은 본관 건물의 실내 장식에 쓰일 절화cut flower, 切花를 재배하는 커팅 가든Cutting Garden으로 이용되고 있다. 꽃의 관리 상태가 그리 양호하지 않다. 듬성듬성 흙이 많이 보이고 시든 꽃도 많다. 하지만 중요한 것은 정원의 기본 구조이다. 특히 배경이 되어 주는 녹음수와 아름답게 자리잡은 건물과 구조물, 키가 크거나 작은 꽃의 조화, 전체적인 색의 팔레트가 정원의 분위기와 느낌을 결정한다.

커팅 가든에서 동쪽으로 한 단계 아래 위치한 더 넓은 키친 가든에서는 국화가 재배되고 있고, 채소와 허브가 한쪽 작은 공간을 차지하고 있다.

1 분수 테라스Fountain Terrace

2 비어트릭스가 이탈리아 나폴리 여행에서 영감을 받아 조성한 테리어 칼럼Terrior Column

3 현재 국화 재배장으로 이용되고 있는 키친 가든Kitchen Garden의 전경

4 커팅 가든Cutting Garden

1 키친 가든의 위쪽으로는 블리레아나매화나무*Prunus x blireana* 길이 길게 이어져 있다.

2 키친 가든의 동쪽으로 포도나무 덩굴 터널이 보인다.

3 비어트릭스가 직접 디자인한 벤치와 주목이 양쪽에 자리잡은 초본류 화단Herbaceous Border

4 러버스 레인 풀Lover's Lane Pool

키친 가든의 동쪽에는 남북으로 포도나무 덩굴 터널이 만들어져 있고, 남쪽에는 동서로 길게 초본류 화단Herbaceous Border이 조성되어 있다. 30미터 길이의 나란한 두 초본류 화단에는 일년초와 숙근초가 식재되어 있으며, 서양주목 '힉시'*Taxus baccata* 'Hicksii'가 단정하게 다듬어진 프레임 겸 울타리 역할을 하고 있다. 화단의 양쪽 끝에는 원뿔 모양의 서양주목 '파스티기아타' *Taxus baccata* 'Fastigiata'로 포컬 포인트를 주었다. 이렇게 정원 공간에 '룸room'을 형성하여 보다 정리된 느낌, 특별하게 위요圍繞된 느낌을 만들어냈다. 비록 자연 경관의 일부지만 이곳은 누군가 세심하게 관리하는 정원이기에 안심하고 즐길 수 있는 편안함이 있다.

패런드는 이 화단에 주로 분홍색, 보라색, 옅은 파란색 꽃을 사용하여, 인접한 곳에 조성된 분수 테라스의 따뜻한 색의 꽃과 대조를 이루도록 하였다. 봄에는 팬지와 튤립, 여름에는 다양한 종류의 일년초와 숙근초, 가을에는 국화와 아스터로 교체해 준다.

더 남쪽으로 가면 신비로운 느낌의 연못이 있다. 러버스 레인 풀The Lover's Lane Pool이라 불리는 이곳은 원래 자연 연못이었다. 패런드는 이 연못 주변에 로마 스타일의 야외 공연장을 만들었다. 입구 쪽에는 '피리 부는 소년' 상이 있는데 이 야외 극장과 야생의 공간을 연결하는 상징성을 지니고 있다. 또한 패런드는 연못 주변에 바로크 양식의 캐스트 스톤 기둥을 세우고 기둥 사이사이를 격자망으로 연결하여 낙엽 및 상록 덩굴식물로 덮이게 하였다. 그녀는 더 많이 덮어야 하는 동쪽 트렐리스 부분에는 칡덩굴을 심었다.. 이곳에는 두 종류의 대나무 오죽*Phyllostachys nigra*과 이대*Pseudosasa japonica*도 식재되어 있는데, 이들은 일년에 한 번씩 기둥과 같은 높이로 잘라주어야 한다.

정원이라는 공간 안에서 블리스와 패런드는 식물과 장식물로 공간의 특성과 용도를 정했다. 그리고 나무는 중심으로서 경관의 골격을 잡아주거나 공간을 에워싸는 존재가 되도록 배치하였다. 벤치는 코너에 놓이거나 정자 밑에 놓여 아름다움과 실용성이라는 두 가지 목적을 함께 충족시키도록 디자인되었다. 단지와 꽃병, 피니얼finial 정원 장식품은 공간과 공간이 바뀌는 전이 공간에 배치되어 각각의 축을 연결하는 포컬 포인트이면서 건축물을 보완하는 역할을 하였다. 아울러 여러 지인과 학자를 만나 대화를 나누면서 신중하게 선택한 문구들로 정원의 의미와 중요성을 부각시켰다.

비록 몇 시간이지만 마치 작은 산 하나가 아름다운 꽃과 이야기로 채워진 듯 신비롭게 꾸며진 덤바턴 오크스 정원을 둘러보고 나오니, 싱그러운 느낌이 마음속에 짙게 남았다. 그것은 어쩌면 정원 디자인도 예술이 될 수 있다는 것을 보여준 블리스 부부와 패런드의 손길이 아직 정원 곳곳에 그대로 남아 있기 때문이 아닐까.

1 패런드가 본관 계단의 장식물로 사용하기 위해 직접 디자인한 단지 조각품

2 납과 돌을 조각하여 만든 정원 장식품

3 카탈로그 하우스Catalogue House

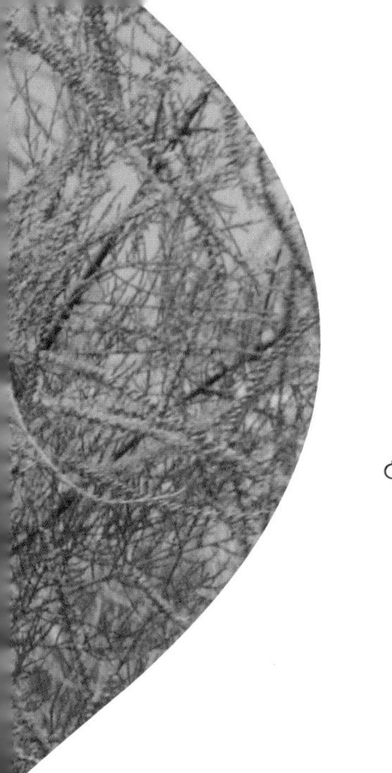

여성 원예 학교에서 시작된 조경 원예 교육의 메카

Ambler Arboretum of Temple University

앰블러 수목원

위치 펜실베이니아 주 앰블러

홈페이지 ambler.temple.edu/arboretum

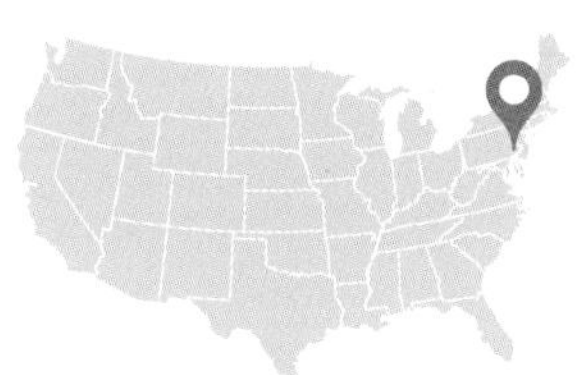

1 앰블러 수목원의 정문

대학교 캠퍼스에 만들어진 수목원에는 여러 이점이 있다. 접근이 비교적 용이하고, 주변 인프라가 잘 구축되어 있고, 식물 컬렉션, 특히 나무가 잘 보존되어 있고, 캠퍼스 건물의 고풍스러운 분위기가 수목원의 아름다움을 배가시켜 준다. 캠퍼스가 수목원인지, 수목원이 캠퍼스인지 모를 정도다. 이런 곳에서 공부하는 학생들은 전공에 상관없이 사계절 내내 꽃과 나무가 가득한 정원을 향유한다.

미국의 많은 대학교 캠퍼스는 이렇게 아름다운 수목원으로 조성되어 있는데, 템플 대학교 앰블러 수목원Ambler Arboretum of Temple University도 그중 하나로 이름난 곳이다. 원래 다른 일행과 함께 이 수목원에 가기로 한 날에는 비가 너무 많이 와서 일정이 취소됐다. 기대가 너무 컸던 탓에 나는 며칠 후 다시 날이 좋아지자마자 카메라를 들고 수목원을 찾아갔다. 매년 봄 필라델피아 플라워쇼에서 멋진 정원 디자인 작품을 선보인 조경학과 학생들이 배출된 대학교의 수목원을 하루라도 빨리 직접 보고 싶었다.

수목원 입구까지 찾아가는 길이 의외로 쉽지 않았다. 길은 늘 처음 찾아가기가 어려운 법이다. 휴일이라 학생 구경하기 힘든 캠퍼스 도로를 크게 한 바퀴 돌고 다시 주 도로로 나와 정문 쪽을 두어 번 왕복하고 난 후, 지나가는 시설 관리 직원의 차량을 세워 물어본 다음에야 어디에 주차를 해야 하는지 알 수 있었다. 대학교 주차장이라고 하기에 너무 작은 주차장이 정문 바로 앞에 있었는데, 나는 그곳을 몇 번이나 지나쳐 다른 곳을 헤매고 다닌 것이다. 아마 우리나라의 대학교처럼 크고 번듯한 정문을 기대한 탓도 있으리라.

템플 대학교 앰블러 수목원은 필라델피아에 있는 템플 대학교 본교에서 40분가량 떨어진 앰블러라는 지역에 위치하고 있다. 원예와 조경 설계 분야에서 오랜 역사를 지닌 템플 대학교 앰블러 캠퍼스는 1910년 펜실베이니아 여성원예학교Pennsylvania School of Horticulture for Women로 처음 설립되었고, 1958년 템플 대학교의 일부가 되었다. 그 후 1988년에는 조경 설계 및

Ambler Arboretum of Temple University

1

2

원에 학부가 마련되었으며, 2000년에 공식적으로 수목원으로 지정되었다.

현재 템플 대학교 앰블러 수목원의 면적은 75만 제곱미터에 이른다. 조경 디자인을 통해 정원으로 꾸며진 캠퍼스를 넓은 자연 지역이 둘러싸고 있다. 학생들에겐 앰블러 수목원으로 조성된 캠퍼스 부지가 야외 교실이자 실험실이다. 앰블러 수목원은 공공 정원으로서 대학교뿐 아니라 지역 공동체에도 다양한 혜택을 주는 곳이다.

History & People

제인 바운 헤인스Jane Bowne Haines와 브린 모어Bryn Mawr에 의해 설립된 펜실베이니아 여성원예학교의 첫 입학생들이 이곳 앰블러 지역에 모인 것은 1911년 2월이었다. 설립자들은 원예와 농업 분야에서 새로운 경력을 쌓고 직업을 갖고 싶어하는 젊은 여성들을 대상으로 교육 프로그램을 만들었다. 특히 이 학교는 대학을 졸업하고 나서 결혼보다 일하기를 원하는 여성을 대상으로 하였다. 110년 전에 이미 이런 생각을 했다는 것이 놀랍다.

> 우리의 비전은 성실한 여성이 꿈을 펼치게 하는 것, 다시 말해 여성이 가사일의 굴레에서 벗어나 자신의 모든 시간을 유능한 스승에게 배우는 데 바쳐 유능한 직업인이 될 수 있도록 하는 것이다.
>
> —제인 바운 헤인스, 1910

제인은 학생들이 교실에서만 공부하는 것이 아니라 정원과 농장에서 자신이 배운 것을 직접 실행해 볼 수 있도록 하였다. 학생들은 캠퍼스 기숙사에서 지내며 연구 프로그램에 참여하였다. 여기에는 꽃과 과일, 관상용 식물, 관엽류, 채소류의 재배와 이용에 대한 수업뿐 아니라 양봉, 통조림 제조, 목공, 농장 경영, 토양학, 가축 사육, 그리고 (제1차 세계대전 후에는) 경영학과 조경 설계까지 포함되었다. 규모가 작고 재정이 넉넉지 않아 이 학교를 졸업한 여성의 숫자는 수백 명에 불과했지만 그 영향력은 실로 대단했다.

1914년에는 가든 클럽의 여성들을 중심으로 전국여성농장정원협회Woman's National Farm & Garden Association가 설립되었다. 1920년대에는 교수와 학생이 《파머스 다이제스트Farmer's Digest》라는 월간지를 창간하기도 하였다. 펜실베이니아 여성원예학교는 미국뿐 아니라 아시아 지역에까지 영향을 미쳤는데, 1929년에는 도쿄 교외 지역에 이 여성원예학교를 모델로 한 학교가 설립되었다.

템플 대학교 앰블러 캠퍼스는 과거 미국 여성들의 활동적인 발자취를 그대로 담고 있다. 지금은 조경 설계 및 원예 학부뿐 아니라 다른 학위 과정도 개설되어 있으며 3,500여 명의 남녀 학생이 다니고 있다. 앰블러 수목원은 캠퍼스 부지를 짜임새 있게 분할하여 영국풍의 숙근초 정원, 자생식물 정원, 허브가든, 지피식물원, 우드랜드, 습지 정원 등 다양한 분위기의 정원을 감상할 수 있게 만들어졌다. 여기에 오래되고 나지막한 대학 건물들이 자연스럽게 어우러졌다. 100년 넘은 역사에 걸맞은 고즈넉함이 있다. 이름 높은 조경 디자이너들이 정원 설계에 참여하였으며, 조경 설계 및 원예 학부 학생들의 창의적인 아이디어는 지속가능하고 현대적인 정원 디자인에 큰 몫을 하고 있다. 특히 조경 설계에 대한 생태학적 접근은 지속가능한 공동체 센터Center for Sustainable Communities를 중심으로 꾸준히 관심을 늘려가고 있는데, 앰블러 수목원의 정원들은 현대의 생태학 원리에 근거한 전통적인 조경 설계의 예를 잘 보여주고 있다.

1 미국흰참나무*Quercus alba*가 있는 앰블러 캠퍼스의 풍경

2 행정관 벤치 앞 컨테이너에 심겨진 알로카시아*Alocasia* 'Calidora'와 란타나*Lantana camara*, 살비아 코키네아 '서머 주얼 레드'*Salvia coccinea* 'Summer Jewel Red'

1 1700년대에 지어진 하인즈 하우스와 양버즘나무

2 타마릭스Tamarix sp.

3 주홍색 백일홍*Zinnia* 'Benary's Giant Salmon Rose' 꽃 위로 나비가 찾아들고 있다.

4 110년 전 전국여성농장정원협회의 초대 회의가 열렸던 레드 반Red Barn

4

교직원과 학생이 없는 휴일의 교정은 한산하고 조용하기만 했다. 이렇다 할 문도 없이 활짝 개방되어 있는 정문의 양옆으로는 새하얀 목재 트렐리스Trellis(덩굴식물이나 나무가 타고 자라도록 격자 모양으로 제작된 구조물)를 타고 미국능소화*Campsis radicans*가 주황색 꽃을 피워내고 있었다. 운 좋게도 벌새 한 마리를 보았는데 움직임이 너무나 빨라 미처 카메라에 담을 수 없었다. 가장 작은 새로 알려진 벌새는 빠른 날갯짓으로 공중에 멈춰 있을 수 있으며 뒤로도 날 수 있는 유일한 새다. 앰블러 정원 곳곳에서 벌새가 윙윙거리는 소리를 들을 수 있었는데, 그들이 좋아하는 모나르다와 샐비어, 배초향 꽃 사이로 바쁘게 날아다니는 모습은 아이와 함께 보곤 했던 「팅커벨」 같은 애니메이션에서 그려진 작고 예쁜 모습 그대로였다.

입구에 들어서면 바로 오른쪽으로 헤인스 하우스Haines House가 있는데 이 건물은 1700년대까지 거슬러 올라가는 캠퍼스의 기원이다. 이 건물은 원래 기숙사이자 여성을 위한 교육 장소로 쓰였다. 건물의 바깥쪽에는 양버즘나무가 육중한 모습으로 서 있다. 오래된 사진 속에서는 이 나무가 아주 작은 묘목이었는데, 그동안 이곳에 쌓인 시간의 역사가 이 나무를 아름답게 자라게 한 듯하여 저절로 미소 짓게 된다. 어쩌면 캠퍼스의 오래된 건물과 나무는 오랜 시간 서로 의지하며 이 공간을 지켜왔는지 모른다.

맞은편 건물은 현재 행정관으로 쓰이고 있는데 1920년대에 지어졌다. 바로 앞쪽으로 보이는 붉은색 건물인 레드반Red Barn은 여성원예학교가 설립되던 당시 많은 회의가 열린 곳으로 지금은 체육관으로 쓰이고 있다. 계속 언덕으로 올라가면 왼편으로 온실 건물이 나타나는데, 이 온실은 1910년대에 여성들의 힘으로 지어졌다. 지금보다 모든 것이 열악했을 시절에 뭔가 새로운 도전을 꿈꾼 그들의 열정이 아직도 살아 있는 듯하다. 하지만 이제 사용되지 않는 이 온실은 곧 해체되어 그 자리에 새롭게 조성될 정원의 중심으로 남게 될 것이다.

온실 앞쪽 공간에는 우수한 일년초 품종을 선보이기 위한 시험용 정원All-American Selection Display Garden이 있다. 계절별로 다양한 꽃을 피울 수 있는 일년초는 캠퍼스에서 가장 인기 있는 전시 아이템이다. 그리고 겨울철에 화분에 심겨진 식물을 보호하기 위한 콜드 프레임cold frame은 1900년대 초에 만들어진 후 현재까지 이용되고 있다. 비올라 앤더스Viola Anders는 학생들에게 매년 직접 정원을 설계하게 했고, 그중 최우수 디자인으로 이듬해 정원을 새롭게 조성하였다. 자신이 설계한 정원을 실제로 다른 사람들에게 보여주는 학생들의 마음은 미술관에 작품을 전시하는 화가의 마음과 비슷할 것이다.

온실을 지나 캠퍼스 안쪽으로 좀더 들어가면 딕슨 홀이라는 건물이 나온다. 조경설계 및 원예 학부가 자리잡은 곳이다. 정원을 가르치는 학과 건물이어서 그런지 주변 풍경이 예사롭지 않다.

딕슨 홀의 왼쪽으로는 허브 가든Viola Anders Herb Garden이 있다. 1992년에 수목원의 초대 디렉터였던 스테파니 코언Stephanie Cohen이 설계한 정원이다. 허브 식물을 어떻게 재배하고 이용할 수 있는지, 그리고 정원을 만든다면 어떤 디자인으로 만들 수 있는지 보여주고 있다. 일반적인 허브의 개념을 넘어 요리, 염색, 의료, 향신료 제조에 쓰이는 식물을 모아 놓았다. 갖가지 쓰임새 있는 식물이 심겨진 정원이 예쁘기까지 하니 금상첨화다. 정원의 한가운데에 있는 조각상은 학생들에게 식물에 관한 지식을 전달하는 선생님의 모습을 표현하고 있다. 웬만한 집의 안마당만 한 크기의 공간에 특별한 주제와 의미를 담고, 디자인으로 잘 포장을 한 후, 예술로 방점을 찍으니 정원 자체가 하나의 작품처럼 보인다. 그러니 20년이 넘도록 지켜지고 계승된 것이 아닐까.

1

2

1 온실과 콜드 프레임

2 딕슨 홀의 계단 위에 놓인 다양한 컨테이너 식물. 벤치의 등받이 사이로 털수크령*Pennisetum villosum*의 흰색 꽃 이삭이 보이고, 그 뒤로 히비스커스 '체리 브랜디'*Hibiscus* 'Cherry Brandy'와 미국부용 '페퍼민트 슈냅스'*Hibiscus moscheutos* 'Peppermint Schnapps'가 크고 화려한 꽃을 피우고 있다.

3 허브 가든

4 히비스커스 '코퍼 킹'*Hibiscus* 'Kopper King'

5 히비스커스 '브랜디 펀치'*Hibiscus* 'Brandy Punch'

6 허브 가든의 중심에 놓여 있는 조지프 윈터의 조각 작품

허브 가든 끝에 포컬 포인트처럼 자리잡은 아담한 크기의 퍼골라를 통과하면 자생식물 정원이 나온다. 마치 다른 세계로 들어가는 문을 통과하는 것처럼 허브 가든과 자생식물 정원은 분위기가 다르다. 이 정원은 1995년에 새롭게 조성되었는데, 중심을 이루는 길allee에는 니사*Nyssa silvatica* 나무가 그 밑에 자라는 자생식물에 그늘을 드리우고 있다. 이곳의 바닥재는 토양 수분을 적절히 유지하면서도 빗물이 잘 투과할 수 있는 재질이다. 최근 조경 설계에서 핫 이슈로 떠오르고 있는 빗물 관리 등 지속가능성 개념이 잘 적용된 것이다. 자생식물 정원의 중심에도 조각상이 놓였다. 그것을 사각 형태의 화단들이 둘러싸고 있다. 야생의 섬세한 아름다움을 정형화된 정원에 담고 있는 것이 참신하다.

자생식물 정원 바로 옆 높다란 생울타리 건너편에는 숙근초 정원Formal Perennial Garden이 있다. 울타리 끝쪽에 난 좁은 길로만 이 두 공간을 오갈 수 있기 때문에 이쪽 정원에서 저쪽 정원의 모습이 보이지 않는다. 그늘지고 아늑하고 차분한 자생식물 정원에서 영국풍의 숙근초 정원으로 넘어가면 전혀 다른 느낌으로 펼쳐지는 정원의 모습에 탄성이 절로 나온다. 그늘 한점 없이 작렬하는 햇빛 속에서 형형색색의 꽃이 요염하고 풍성하게 흘러넘치는 두 개의 기다란 정원이, 양쪽으로 길게 뻗은 서양측백나무 생울타리를 배경으로 그 화려함을 발산하고 있기 때문이다. 이 정원의 한쪽 끝은 딕슨 홀 건물의 넓은 계단에서 바로 이어져 내려오도록 되어 있는데, 계단 위쪽에는 다양한 종류의 화분에 열대식물을 비롯한 갖가지 식물이 가득가득 담겨 있다. 다른 한쪽 끝 포컬 포인트에는 분수대를 중심으로 두 개의 쌍둥이 퍼골라가 나란히 있어 뒤쪽의 우드랜드를 배경으로 그림 같은 풍경을 연출한다. 또한 이곳의 그늘진 휴게 공간에서는 앞쪽의 숙근초 화단과 뒤쪽의 우드랜드를 둘다 감상할 수 있다.

꽃을 좋아하는 사람에게는 이런 정원 구경이 그야말로 최고급 뷔페에서 산해진미를 즐기는 것처럼 들뜨고 즐거운 일이 아

1

2

1 자생식물 정원
2 점등골나물*Eupatorium maculatum*
3 악타이아 라케모사*Actaea racemosa*
4 길게 뻗은 숙근초 정원의 화단
5 자생식물 번식 하우스
6·7 숙근초 정원의 전경

1
2
3

1 쌍둥이 퍼골라

2 퍼골라 사이의 작은 분수대가 숙근초 정원의 포컬 포인트가 되고 있다. 분수 옆 화분에 식재된 네오레겔리아 '마리아'*Neoregelia* 'Maria', 두란타 에렉타 '바리에가타'*Duranta erecta* 'Variegata', 신서란*Phormium tenax*

3 수목원엔 새들을 비롯한 많은 야생동물들이 서식하고 있다.

닐 수 없다. 예쁜 꽃을 하나하나 감상하면서 정원의 전체 디자인에서 오는 느낌에 흠뻑 빠져드는가 하면, 화분에 심겨진 식물의 조화로운 식재와 배경 식물의 다양한 질감 배합을 보느라 시간 가는 줄 모른다. 이곳 숙근초 정원은 특히 8월 말과 9월에 걸쳐 절정을 이룬다. 벌새뿐 아니라 온갖 종류의 나비와 벌도 이 계절의 뜨거운 향연에 빠질 수 없는 주요 손님이다.

1931년 조경 디자이너 비어트릭스 패런드Beatrix Farrand와, 이 학교의 디자인 교수이자 학장의 남편인 제임스 부시브라운James Bush-Brown에 의해 설계된 이 정원은 앰블러 캠퍼스에서 으뜸가는 가장 오래된 원예 볼거리이기도 하다. 화단은 1998년에 스테파니 코언과 루돌프 켈러Rudolph Keller에 의해 재조성되었는데, 그들은 이 고전적인 영국 스타일의 형식을 유지하면서 보다 현대적인 품종으로 식물 다양성을 높였다. 정원의 중심에는 루이스 부시브라운Louise Bush-Brown을 기리는 판석이 있다. 그녀는 1916년 졸업생으로 1920년대부터 1950년대까지 이 학교의 학장을 역임했다. 대중 원예 아웃리치outreach 프로그램을 이끈 그녀는 필라델피아 도심 지역에 식물 식재를 위한 윈도 박스window box를 설치하는 사업을 시작하기도 하였다.

숙근초 정원에서 오른쪽으로 이어지는 작은 정원에는 키작은 상록수와 단풍나무류 컬렉션이 있다. 정원의 이름에는 오랫동안 이 학교의 교수이자 학장으로 재직했던 루이스 스타인 피셔Louise Stein Fisher의 이름이 포함되어 있다. 조용하고 아늑한 이 공간에서 여러 종류의 왜성 식물에 대해 공부할 수 있다.

우드랜드 가든Woodland Gardens에서는 봄철 화목류와 알뿌리 식물을 볼 수 있다. 산딸나무와 벚나무 꽃 아래 땅위에서도 색을 입힌 카페트처럼 봄꽃이 피어나면 아주 예쁠 것이다. 여름과 가을에는 너도밤나무, 포플러나무, 백합나무, 산딸나무, 호랑가시나무, 로도덴드론이 그늘을 드리우며 이곳을 근사한 휴식 장소로 탈바꿈시킨다. 이 지역은 한때 초원 지대였는데, 펜실베이니아 여성원예학교의 학생과 직원이 1920년대에 처음으로 나무를 심기 시작했다.

지피식물 정원Ground Cover Gardens은 양지와 음지의 지피식물로 사용되는 식물을 모아 놓았는데, 역시 템플 대학교 학생들이 1993~1994년에 조성하였다. 동선은 인접한 다른 정형 화단의 직선 및 각 패턴과 대조를 이루도록 곡선 형태를 취하였다.

윈터 가든Philip R. and Barbara F. Albright Winter Garden은 최근에 조성된 정원 중 하나로, 조경건축가 마라 베어드Mara Baird가 설계하였다. 일반 정원의 식물이 한 해 동안의 풍성한 생장과 개화, 결실을 마무리하고 긴 겨울잠에 들어가는 늦가을과 이른봄 사이에 초점을 맞추었다. 여기에는 줄기의 색과 질감이 다채로운 종류, 겨울 동안 열매를 달고 있는 종류, 나무껍질이 특이하게 벗겨지는 나무, 그리고 이른 봄에 개화하는 알뿌리식물 등 이 계절에 보여줄 수 있는 모든 흥미로운 요소를 갖추고 있다.

지속가능한 습지 정원Sustainable Wetland Garden은 캠퍼스의 다양한 구역으로부터 빗물이 흘러와 모이도록 설계되었다. 건물 지붕과 아스팔트 표면 위를 흐르며 오염된 빗물이 습지 정원의 식물을 통해 정화된 후 땅으로 스며든다. 궁극적으로 습지는 물을 정화하고 보유해서 주변 생태 환경을 건강하게 만든다.

습지 정원의 한가운데에 세워진 목재 퍼골라의 지붕에는 태양열판이 설치되어 있다. 그 아래에는 유리 포장석 조각을 재활용한 작은 분수대가 있는데, 태양열을 이용해 만든 전기로 이곳 분수대의 물을 순환시키도록 설계되어 있다. 주변에는 물을 좋아하는 자생 습지 식물이 있어서 여름철에는 마치 열대우림 같은 분위기를 만끽할 수 있다. 이 작품은 원래 1997년 필라델피아 플라워쇼에서 학생들이 「그린 머신The Green Machine」이라는 제목으로 출품하여 학술 부문 최우수 디자인상을 받은 것이다. 학생들은 그 후 2년에 걸쳐 캠퍼스 내에 실제로 습지 정원을 조성하였고, 이 습지 정원은 다시 2002년 미국조경건축가협회American Society of Landscape Architects로부터 조경 설계 건축 부문 우수 디자인상을 받았다. 습지 정원의 유지 관리는 현재 존 콜린스John Collins 기금의 지원을 받고 있다.

1

2

1 지피식물 정원에 전시된 다양한 옥잠화 종류

2 윈터 가든의 지피식물로 사용된 황금리시마키아 '아우레아'*Lysimachia nummularia* 'aurea'

3 습지 정원의 목조 구조물

4 세둠 시에볼디 '옥토버 대프니'*Sedum sieboldii* 'October Daphne'

5 습지 정원에 조성된 학생들의 작품

6 습지 정원의 보드워크

7 지붕에 설치된 태양열 발전판

콜리브라로 조경회사Colibraro Landscape and Nursery, Inc.의 마이클 콜리브라로Michael Colibraro의 후원으로 조성된 침엽수 정원에는 그가 기증한 매우 진귀한 왜성 침엽수가 있다. 한눈에 봐도 흔치 않은 컬렉션이 눈길을 사로잡는다. 명품 의상실에서 값비싼 옷을 구경하듯, 특이하고 귀한 침엽수들의 다양한 자태를 볼 수 있다.

힐링 가든Ernesta Ballard Healing Garden은 2009년 6월에 조성되었다. 이 정원은 고요한 명상을 위한 곳으로 파울린 헐리커츠Pauline Hurley-Kurtz가 학생들과 함께 설계하였다. 역시 2006년 필라델피아 플라워쇼 출품작인 「네이처 너처스Nature Nurtures」라는 작품을 기초로 하고 있다. 이 정원의 중심부에는 미로가 있고, 그 주변을 둘러싼 레인 가든Rain Garden에는 물을 좋아하는 자생식물이 자라고 있다.

학생들이 직접 정원 디자인에 참여하여 만들어낸 앰블러 수목원의 공간들은 다른 식물원이나 수목원과 차별화된 느낌을 주며 늘 새로운 아이디어로 재탄생하고 있다. 원래 농업과 원예 분야에 큰 이상을 지닌 여성들의 꿈을 이루어 주기 위한 공간으로 시작된 작은 학교가 더 많은 학생들의 꿈을 이루어 주는 터전이 되었다. 원예에 대한 사랑과 지식, 사람과 자연의 관계에 대한 이해, 그리고 보다 지속가능한 방법으로 환경에 대한 책임을 다하는 조경 디자인을 가르치는 학교로서 앰블러 수목원은 앞으로도 오랫동안 많은 이들의 사랑을 받을 것이다.

1 아틀라스개잎갈나무 '글라우카 펜둘라'*Cedrus atlantica* 'Glauca Pendula'

2 힐링 가든 전경

Echinacea purp
'Little Magnus'
PURPLE CONEFLOWE
- Sunflower Family
rden Origin

사람과 식물을 잇는 가교의 정원

Sarah P. Duke Gardens

세라 듀크 가든

위치	노스캐롤라이나 주 더럼
홈페이지	gardens.duke.edu

귀한 손님으로 대접을 받으며 정원을 탐방하고 투어와 식사를 함께하는 것은 '식물 하는' 사람들이 누리는 최고의 즐거움 중 하나다. 더구나 모든 것이 익숙하지 않은 새로운 여행지에서는 그 설렘이 두 배가 된다. 처음 만나는 사람도, 새롭고 낯선 식물도 모두 흥미롭다. 노스캐롤라이나 주의 주요 정원을 7박 8일 일정으로 둘러보는 프로그램에 참여하였다. 세라 듀크 가든Sarah P. Duke Gardens은 그 정원 중 하나다.

노스캐롤라이나 주 더럼 시에는 듀크 대학교가 있는데, 그 안에 세라 듀크 가든이 있다. 이 지역은 노스캐롤라이나 주립대학교가 있는 롤리Raleigh, 노스캐롤라이나 대학교가 있는 채플힐Chapel Hill과 함께 리서치 트라이앵글Research Triangle을 이루고 있다. 북미 최대의 첨단 과학 단지로 교육과 의료, 연구뿐 아니라 문화, 예술의 중심지로도 잘 알려진 도시다. 정원을 찾아 이곳까지 와서 세계적으로 유명한 대학교와 역사적인 도시의 분위기를 함께 체험하는 것은 덤으로 맛보는 즐거움이다.

'남부의 아이비리그'라고 불리기도 하는 듀크 대학교는 연구 중심 사립 대학교로서 1838년 트리니티Trinity라는 마을에 감리교도와 퀘이커교도에 의해 설립되었다. 1892년 현 위치인 더럼Durham으로 옮겨졌고, 제임스 B. 듀크James B. Duke가 듀크 기금을 설립한 1924년 무렵부터 그의 부친인 워싱턴 듀크Washington Duke를 기려 듀크 대학교라는 이름을 갖게 되었다. 미국의 주요 대학교와 식물원이 설립된 배경에는 대부분 그 지역을 기반으로 큰 부를 이룬 사람들의 기부가 있었다. 당시 듀크 가문 역시 담배와 목화의 집산지였던 이 지역에 담배 공장을 세워 더럼 시를 미국의 대표적인 담배 생산 도시로 만들었으며, 전력 사업으로도 큰 성공을 거두었다.

History & People

1920년대 초에 듀크 대학교는 현재 세라 듀크 가든이 위치한 지역을 호수로 만들려는 계획을 갖고 있었다. 하지만 자금이 바닥나면서 계획이 무산되었다. 1934년에 이르러 가든 조성이 시작되었는데, 여기에는 프레더릭 헤인스Frederick Moir Hanes의 공이 컸다. 듀크 의과대학의 교수였던 그는 벤저민 듀크Benjamin Duke의 미망인 세라 듀크Sarah P. Duke를 설득하여 2만 달러의 기부금으로 이곳 캠퍼스 골짜기에 정원을 만들자고 제의했다. 그 후 1935년까지 100개의 화단에 40,000여 본의 붓꽃, 25,000여 본의 수선화, 10,000여 본의 각종 알뿌리식물이 식재되었는데, 불행히도 폭우에 모두 쓸려가 버리고 말았다. 정원은 완전히 폐허가 되다시피 하였고, 설상가상으로 세라 듀크는 1936년 죽음을 맞이하였다. 그 후 헤인스는 세라의 딸인 메리 듀크 비들Mary Duke Biddle에게 제의하여 보다 높은 지대에 새로운 가든을 조성하여 그녀의 어머니를 기념하도록 하였는데, 여기에 조경설계가 엘런 비들 십먼Ellen Biddle Shipman이 참여하여 현재 테라스Terrace로 알려진 이탈리아 양식의 정원을 만들었다.

1945년 듀크 대학교 이사회는 세라 듀크 가든의 관리 업무를 식물학부에 맡겼고, 교수 중 한 사람이 가든의 첫 디렉터가 되었다. 그리고 대학교 캠퍼스가 확장되더라도 테라스 가든이 피해를 입지 않도록 1959년 이사회는 캠퍼스 서쪽 부지 중 22만 제곱미터를 정원 조성을 위해 따로 확보해 주었다. 1960년대에는 세라 듀크 가든의 입구가 새롭게 조성되었고, 나머지 부지에도 새로운 정원들이 하나둘 모습을 갖추었으며, 2007년에는 첫 번째 풀타임 디렉터가 고용되었다. 세라 듀크 가든은 현재 대학교의 서부 캠퍼스와 메디컬 센터 사이 요지에 자리잡고 있다.

1 테라스 가든Terrace Garden 전경

Sarah P. Duke Gardens

세라 듀크 가든은 테라스 가든과 자생식물 정원, 아시아 수목원, 도리스 듀크 센터 정원, 이렇게 네 구역으로 이루어져 있다. 그리고 총 8킬로미터의 관람 동선과 산책로가 마련되어 있다. 한 해 30만 명 이상이 다녀간다고 하니 적지 않은 규모다. 세라 듀크 가든은 역사적인 정원으로서 사람과 식물의 의미 있는 관계를 만들고 발전시키는 것을 목표로 한다. 또한 다양한 정원과 교육 프로그램으로 예술과 원예, 자연에 대한 이해를 높이고, 지속가능한 환경을 위한 연구와 실천을 통해 자연보전 모델을 제시하고자 한다.

Garden Tour

세라 듀크 가든을 본격적으로 둘러보는 여정은 도리스 듀크 센터Doris Duke Center에서 가든 직원들과 미팅을 갖는 일정에서 시작되었다. 롱우드 대학원 출신인 디렉터 빌William M. LeFevre로부터 정원의 역사와 함께 현재 진행중인 사업, 그리고 앞으로의 계획에 대해 들었다. 2001년 11월에 완공된 도리스 듀크 센터는 정원과 정보 교육을 연결하는 중심부 역할을 한다. 다른 곳에서도 비슷한 사례를 많이 보았지만, 이곳에도 역시 주요 정원과 건물에 어김 없이 기부자의 이름이 붙어 있다. 이 센터 건물에는 제임스 듀크의 딸 도리스 듀크Doris Duke의 이름이 새겨져 있다. 도리스 듀크 센터에는 어린이와 어른을 위한 강의실이 있고, 도서관과 직원 사무실, 자원봉사자 센터, 기념품 가게 등이 있다. 이곳은 또한 개인과 각종 단체, 그리고 대학 모임을 위한 이벤트 장소로도 쓰인다. 건물 뒤쪽에는 도리스 듀크 센터 정원이 조성되어 있다. 가든 투어의 출발점이기도 한 이 정원에는 페이지 화이트 가든Page White Garden, 버추 피스 폰드Virtue Peace Pond, 앵글 야외공연장Angle Amphitheater, 서펜타인 가든Serpentine Garden 등이 마련되어 있다.

1 도리스 듀크 센터 정원

특히 하얀색 꽃만 모아 놓은 화이트 가든은 영국의 시싱허스트 캐슬Sissinghurst Castle에 있는 화이트 가든으로부터 영감을 받았다. 프랜시스 페이지 롤린스의 기부금으로 새롭게 조성되었다. 이 정원에는 일년초, 숙근초, 덩굴식물, 관목, 목본류가 피우는 새하얀 꽃이 다양한 질감의 잎과 함께 어우러져 있다. 언제나 순백색의 화려한 디스플레이를 연출하므로 웨딩 장소로 인기가 높다. 같은 방식으로 블루 가든이나 블랙 가든을 만들어도 신기하고 아름다울 것이다.

페이지 화이트 가든에 인접한 연못은 버추 피스 폰드라 불린다. 온대와 열대 수련 컬렉션과 다양한 수생식물이 있다. 흰색 꽃으로 뒤덮인 배롱나무*Lagerstroemia* 'Natchez' 아래로 검정색으로 물든 연못에는 빅토리아수련의 큼직한 꽃이 물 위에 떠 있다. 주변에는 다양한 색의 화려한 수련 꽃이 피어 있다. 이곳에서는 국제 수련 및 수생원예 협회International Waterlily and Water Gardening Society의 수련 품종 전시회가 열기리도 했다. 고요함 속에서 이 연못을 바라보며 하루 종일 책을 읽거나 그림을 그려도 좋으리라.

연못가에 마련된 야외 무대는 다양한 공연과 결혼을 위한 장소이다. 마치 수면의 파동을 표현하듯 원형 계단식으로 펼쳐진 모습이 연못과 잘 어울린다. 서펜타인 가든은 센터 정원의 동쪽 가장자리로 뻗어나간다. 화이트 가든과 스프링 우드랜드 가든Spring Woodland Garden을 연결하는 아치 모양의 다리는 2007년에 완성되었다.

1 페이지 화이트 가든Page White Garden. 만데빌라 '화이트 판타지'*Mandevilla* 'White Fantasy'의 하얀색 꽃이 트렐리스를 타고 올라가고 있다.

2 조류의 번식을 막고 감각적인 수생식물 전시를 하려고 검은색 염료로 물들인 연못에는 탈리아 데알바타*Thalia dealbata*를 비롯한 다양한 수생식물과 수련이 전시되어 있다.

3 버추 피스 폰드Virtue Peace Pond와 야외공연장

4 루드위기아 세디오이데스*Ludwigia sedioides*

5 스프링 우드랜드 가든Spring Woodland Garden의 다리

도리스 듀크 센터와 정원들을 둘러본 후 샬럿 브로디 디스커버리 가든Charlotte Brody Discovery Garden으로 향했다. 2012년 봄에 완공된 이 정원은 건축가 엘런 캐실리Ellen Cassily와 조경건축가 제시 터너Jesse Turner가 설계하였다. 유기농 채소 정원, 푸드 포리스트Food Forest, 빗물 정원, 스토리텔링 서클Storytelling Circle, 버피 러닝 센터Burpee Learning Center 등을 갖추고 있다. 이 정원은 샬럿 브로디 가의 기부금으로 만들어졌다. 건강한 먹을거리가 점점 중요해지면서 식물원에서도 채소 정원이 인기가 있다. 각종 채소와 열매가 풍성하게 자라 있는 정원은 보기도 좋고, 싱그러운 허브 향기에 기분도 좋아진다. 보기 좋은 떡이 먹기도 좋다고, 채소 정원도 이제는 계획과 디자인이 중요하다. 퍼골라와 가든 셰드, 경계석, 아치와 덩굴 지지물도 필수다.

세라 듀크 가든의 각각 다른 주제를 담고 있는 네 구역은 로니 분수Roney Fountain에서 만난다. 이것은 워싱턴 듀크의 처제인 앤 로니Anne Roney가 1901년에 만들었다. 세월의 풍파로 일부 파손된 상태로 있다가 얼마전 새롭게 복원되어 메리 듀크 비들 로즈 가든Mary Duke Biddle Rose Garden의 중심에 자리잡게 되었다. 이곳에서 아주 길게 일직선으로 뻗은 길Perennial Allee은 양쪽에 숙근초 화단이 꾸며져 있다. 이 길의 중간중간에는 다른 정원으로 통하는 길이 연결되어 있다. 반대쪽에서 보이는 로니 분수는 포컬 포인트가 되기도 한다.

1 디스커버리 가든Discovery Garden의 입구에서 디렉터 및 직원들의 설명을 듣고 있다.

2 로니 분수Roney Fountain가 있는 장미 정원

3 숙근초 화단으로 길게 조성된 퍼레니얼 앨리Perennial Allee

4 디스커버리 가든은 채소 정원과 빗물 정원 등으로 꾸며져 있다.

히스토리 가든Historic Gardens에는 넓은 테라스 가든Terrace Garden이 있다. 이곳은 세라 듀크 가든에서 가장 오래된 곳이다. 한때 자연 재해의 잔해들로 황폐한 골짜기였던 이곳이 지금은 아주 멋진 이탈리아 양식의 테라스가 되어 있다. 듀크의 돌들이 비탈진 사면을 따라 아래쪽으로 내려가며 차곡차곡 쌓여 있다. 그 안에 들어앉은 드넓은 화단에는 일년초와 숙근초 등 계절 초화류가 가득하다. 등나무로 뒤덮인 퍼골라는 테라스의 맨 위쪽에 있다. 테라스의 아래쪽에는 비단잉어와 금붕어가 노니는 연못이 있는데, 여름에 수련과 수생식물을 볼 수 있다. 연못 너머에는 록 가든rock garden이 조성되어 있고, 연못에는 빅토리아수련과 호주열대수련이 꽃을 피우고 있다.

테라스 옆에는 아담한 카페가 있어 가벼운 점심을 즐길 수도 있다. 이 건물 역시 듀크의 돌로 지어져 고풍스러우면서 고급스러운 분위기를 자아낸다. 테라스 가든의 가장 큰 볼거리다. 나비 정원, 기념비 정원, 아잘레아 코트도 테라스를 둘러싸고 있다. 그중에서 동백 정원은 지역의 동백나무 육종가였던 도러시 스펭글러Dorothy Spengler를 기리고 있다. 테라스 아래쪽 연못으로부터 짧은 길이 북쪽으로 나 있는데 여기에는 거대한 메타세쿼이아*Metasequoia glyptostroboides* 한 그루가 서 있다. 한때 멸종된 것으로 여겨졌던 이 나무는 1941년 중국 서부 지역에서 발견되었다. 1948년 하버드 대학교 아널드 수목원에서 그 나무의 씨앗을 수집했는데, 이듬해에 발아한 씨앗 중 하나가 이곳에 심겨졌다. 이 나무는 현재 미국에서 가장 큰 개체로 남아 있다.

1 테라스 가든 입구부의 등나무로 덮인 정자

2 베르노니아 '아이언 버터플라이'*Vernonia lettermannii* 'Iron Butterfly'와 에키나세아 '리틀 매그너스'*Echinacea purpurea* 'Little Magnus'가 세덤, 칸나 등과 함께 혼합 식재된 화단

3 테라스 가든의 맨 아래쪽에 조성된 연못

4 테라스 가든 전경

5 빅토리아 수련의 거대한 잎과 함께 열대수련이 한창 꽃을 피워내고 있다.

6 중국모감주나무*Koelreuteria bipinnata*. 우리나라 모감주나무*Koelreuteria paniculata*와 같은 속genus이다.

7 메타세쿼이아*Metasequoia glyptostroboides*

6
7

듀크의 돌을 이용한 테라스와 분수대 주변으로 조성된 화단은
세라 듀크 가든에서 가장 오래된 정원이다.

블롬퀴스트 자생식물 정원H.L. Blomquist Garden은 테라스 가든과 완전히 다른 세상이다. 900여 종의 지역 자생식물 종으로 가득한 26,000제곱미터의 우드랜드가 고요하면서도 짙푸른 자연의 기운을 한껏 뿜어내고 있다. 숲속 산책로를 따라 한 걸음 한 걸음 새로운 자생식물을 발견할 수 있다. 여기에는 새를 위한 집, 시냇가에 놓인 다리와 울타리 등 아기자기한 구조물이 있다. 깊고도 길게 이어진 이 자생식물 정원은 듀크 대학교의 식물학부 학장이었던 휴고 블롬퀴스트Hugo L. Blomquist 교수를 기리며 1968년에 조성되었다. 이곳에서는 미국 남동부 지역의 멸종위기 및 희귀식물을 볼 수 있고, 소규모 습지bog에는 식충식물이 자라고 있다. 노스캐롤라이나에서 만들어져 지역 제분소에서 사용되었던 맷돌이 의자와 길, 그리고 계단석으로 재활용되고 있다.

최근에는 스티브 처치 멸종위기종 식물 정원Steve Church Endangered Species Garden이 추가로 조성되었는데, 이 정원은 피드먼트 고원Piedmont Prairie의 식생을 보여주는 서식지이다. 여기서 볼 수 있는 많은 식물은 위기에 처한 자연 서식지의 거주자들이다. 관람객들은 많은 야생 식물이 처한 상황을 해설판과 전시물을 통해 인식하고 자생 경관을 더욱 가치 있게 보전하는 방법을 배우게 된다.

1 루이스 베리니 다리Louis Berini Stone Bridge
2 단엽소나무*Pinus echinata* 등의 울창한 수림을 자랑하는 자생식물 정원
3·4 새 모이통이 설치된 조류 관찰소
5 오래된 나무의 줄기가 독특한 문양을 만들어내고 있다.
6 노스캐롤리아산産 맷돌을 사용하여 만든 보드 워크
7 자생식물 정원에서는 희귀식물뿐 아니라 자연 재료를 이용한 아기자기한 구조물도 볼 수 있다.

1984년에 조성이 시작되어 1998년에 완공된 아시아 수목원W.L. Culberson Asiatic Arboretum은 세라 듀크 가든의 전 디렉터인 윌리엄 루이스 컬버슨W.L. Culberson을 기리고 있다. 6만 제곱미터에 1,300여 종의 아시아 식물 종이 있다. 컬렉션 중에는 낙엽성 목련류, 단풍나무류, 삼지구엽초, 원추리, 모란 등이 있다. 아시아 수목원은 아시아와 북미의 특정 종들간의 관계를 보여준다. 더럼-도야마 자매 도시 파빌리언Durham-Toyama Sister Cities Pavilion은 2007년에 만들어졌다. 미국의 더럼과 일본의 도야마 사이의 협력 관계를 상징하고 있으며, 일본 전통 찻집에서는 특별한 경험을 할 수 있다. 이 파빌리언은 말뿐인 엠오유MOU가 아닌, 지속적이면서 그 결과가 눈에 보이는 실질적인 협력관계를 보여준다.

연중 무휴로 일반인에게 개방된 세라 듀크 가든은 끊임없이 확장하면서 변화하고 있다. 원예부 직원들은 역사적인 정원들을 늘 아름답게 유지하고, 새로운 정원들을 창조하기 위해 노력한다. 자원봉사자들은 식물을 보살피고, 가든 투어를 운영하며 관람객의 질문에 답하고, 여러 프로젝트에서 직원들을 돕는다. 지역에 거주하는 아마추어 가드너들은 듀크 가든의 각종 교육 프로그램으로 제공되는 많은 강좌, 견학, 워크숍, 심포지엄 등을 통해 다양한 교육과 교류 기회를 누리고 있다. 어린이들은 재미있는 투어와 교육 프로그램, 캠프, 스토리 타임 등을 즐긴다. 이렇게 직원과 자원봉사자, 그리고 세라 듀크 가든을 좋아하는 모든 사람이 같이 일하고 배우며, 그 속에서 창조적 영감과 즐거움을 함께 나누고 있다.

정원은 그저 한 발짝 떨어져 감상만 하는 대상이 아니라 많은 사람이 함께 만들어가는 공동체이다. 특히 도시 속 캠퍼스 정원은 사람들에게 좋은 휴식처이자 신선한 활력소가 될 수 있다.

1 아시아 수목원의 입구

2 줄기가 노란색을 띠는 대나무 '로버트 영'*Phyllostachys viridis* 'Robert Young'

3 지그재그 형태로 만들어진 다리와 함께 뒤쪽에는 일본 정원 양식의 빨간색 다리가 보인다.

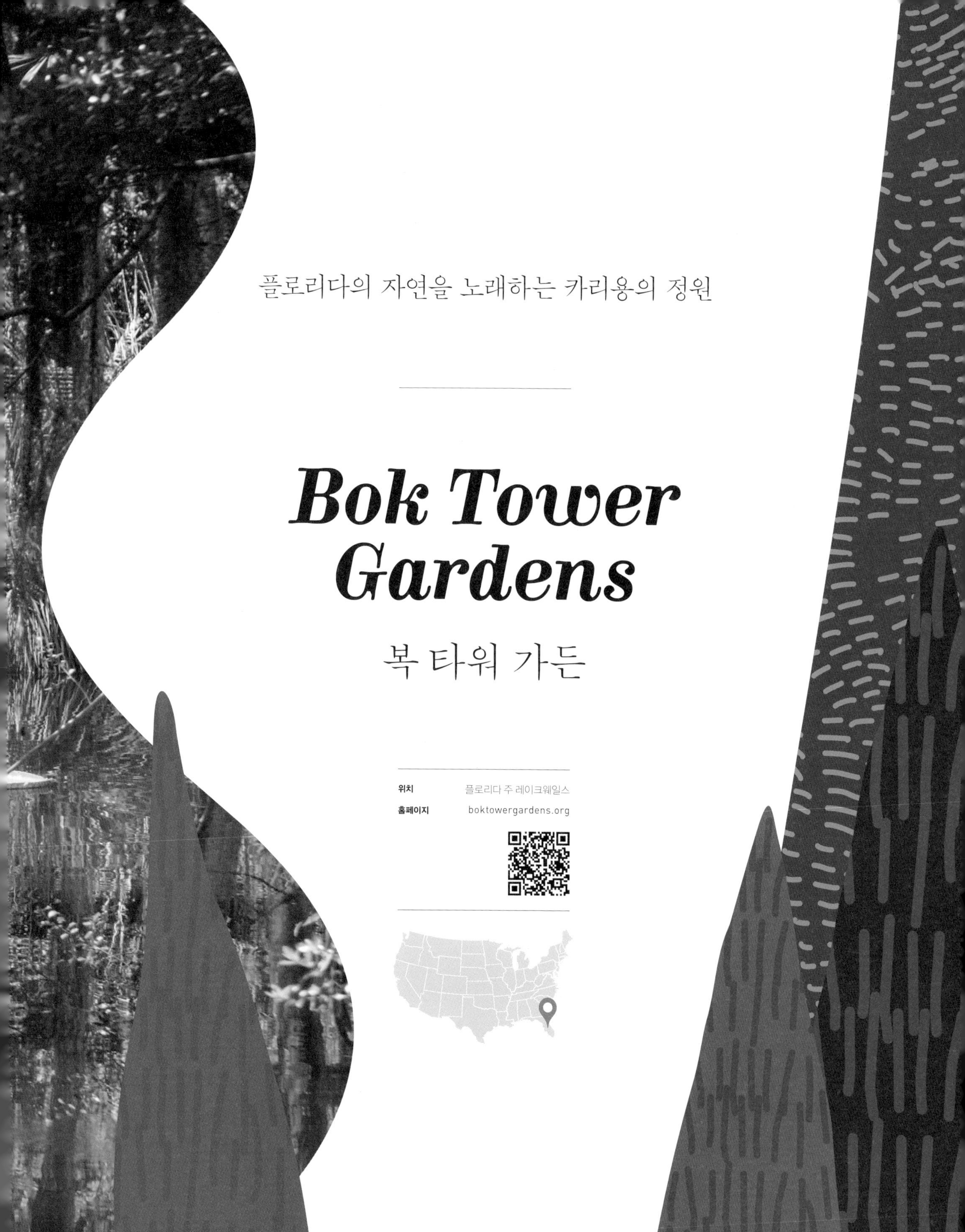

플로리다의 자연을 노래하는 카리용의 정원

Bok Tower Gardens

복 타워 가든

위치 플로리다 주 레이크웨일스

홈페이지 boktowergardens.org

드넓은 대지 곳곳에 습지가 있고 햇볕이 쨍쨍 내리쬐고 무더운 바람이 부는 플로리다의 여름은 그야말로 열대의 뜨거움 그 자체다. 그러다가 때때로 먹구름이 드리워져 한바탕 굵직한 장대비가 내리고 나면 풀과 나무는 다시 싱그럽게 윤기를 발산하며 물을 한껏 빨아들인다. 넓고 평평하게 펼쳐진 땅 위로 쭉 뻗은 도로에는 이따금씩 휴가를 보내러 온 듯한 사람들의 차량이 보이지만, 이곳의 본격적인 성수기인 겨울에 비하면 그리 많이 북적이지 않는다. 미국 남동부 멕시코 만과 대서양 사이에 있는 플로리다 주는 마치 삼면이 바다로 둘러싸인 우리나라처럼 남쪽으로 길쭉하게 뻗어 있는 반도이다. 복 타워 가든은 플로리다 중부 지역의 대표적인 도시인 올랜도와 탬파의 중간에 위치한 레이크웨일스Lake Wales 인근에 자리잡고 있다. 사계절 푸른 아름다운 자연을 즐길 수 있어 많은 사람이 은퇴 후 행복한 노후를 꿈꾸는 지역으로 유명한 만큼, 한적한 도로를 달리는 동안 실버타운과 휴양 단지가 심심치 않게 눈에 띈다. 어쩌면 100년 전 에드워드 복Edward William Bok이 겨울 별장지로 이곳을 선택하고 역사에 길이 남을 기념비적인 정원을 만들게 된 것도 플로리다의 자연이 지닌 매력에 흠뻑 빠졌기 때문이 아닐까?

복 타워 가든Bok Tower Gardens은 세계평화주의자이자 출판 편집인이면서 퓰리처상을 수상한 작가인 에드워드 복이 만든 정원이다. 네덜란드 출신 이민 가정에서 자란 그는 미국에서 큰 성공을 이룬 뒤, 자신의 꿈을 이루게 해준 미국에 대한 일종의 보답으로 이 정원을 만들었다. 복 타워 가든은 1929년 준공 후 헌납 기념식에 제30대 미국 대통령 캘빈 쿨리지Calvin Coolidge가 참석해 기념사를 했으며, 1993년에 미국 역사기념물National Historic Landmark로 지정되었다.

History & People

에드워드 복의 삶은 가난과 역경을 딛고 일어나 최고의 성공을 이룬 대표적인 예이다. 1863년 네덜란드 덴헬더르에서 태어난 그는 여섯 살 때 가족과 함께 뉴욕 브루클린으로 이주했고, 초등학교 교육밖에 받지 못할 만큼 어려운 가정 형편 속에서 신문팔이와 청소부로 열심히 일하며 노력한 끝에 1884년《브루클린 매거진The Brooklyn Magazine》의 편집인이 되었다. 1889년 필라델피아로 이사한 후《레이디스 홈 저널Ladies Home Journal》로 직장을 옮겼는데, 그 후 30년간《레이디스 홈 저널》의 편집인으로 왕성한 활동을 펼쳤다. 동시대의 사회적 이슈를 다루었던 이 잡지는 그가 몸담았던 당시 100만 명의 구독자를 확보한 첫 번째 잡지가 되기도 했다. 1896년 복은 사이러스 커티스Cyrus Curtis의 딸인 메리 커티스Mary Curtis와 결혼했다. 사이러스 커티스는 필라델피아에서 수많은 종류의 신문과 잡지를 발행하여 이른바 언론 왕국을 세운 인물이다.

편집인으로 크게 성공한 에드워드 복은 미국의 많은 유명 인사와 두터운 친분을 쌓았고 자신의 이야기를 담은 책『에드워드 복의 미국 정착기*The Americanization of Edward Bok*』(1920)로 1921년 퓰리처상을 수상했다. 1923년 복은 미국평화상American Peace Award을 제정했고, 그의 부인 메리 루이스 복은 1924년 필라델피아에 커티스 음악원Curtis Institute of Music을 설립했다. 은퇴 후 에드워드 복은 플로리다에 복 타워 가든을 만들기 시작했다. 설계는 당대 뛰어난 조경건축가 중 한 사람인 프레더릭 로 옴스테드 주니어Frederick Law Olmsted Jr.가 맡았다. 그의 아버지 프레더릭 옴스테드는 미국의 언론인이자 사회비평가 겸 조경건축가로 뉴욕의 센트럴 파크 등 주요 도시 공원을 설계하여 미국 조경 설계의 아버지로 불린 인물이다.

1 복 타워 가든의 싱잉 타워Singing Tower

1

옴스테드 주니어 역시 아버지와 함께 조경 건축과 관련된 많은 프로젝트에 참여하였다. 나중에는 옴스테드 브라더스 조경회사를 운영하며 미국의 많은 도시 공원과 대학교 캠퍼스의 조경을 설계함으로써 조경계의 거장이 되었다. 1923년부터 옴스테드 주니어는 에드워드 복이 매입한 플로리다의 모래 언덕을 미국의 가장 아름다운 정원 겸 자연 보호구역으로 만들기 위한 일에 착수하였다. 5년 동안 옴스테드 주니어와 그의 팀은 지역 자생식물을 외래식물과 함께 조화롭게 사용하여 세상에 길이 남을 정원을 만들어 나갔다.

1

2

3

Garden Tour

복 타워 가든의 매표소 건물은 차에 탄 채 입장권을 끊고 통과하게 되어 있다. 그 뒤 드넓은 오렌지 농장을 지나면 주차장과 방문자 센터가 나온다. 방문자 센터에는 에드워드 복의 생애와 싱잉 타워Singing Tower, 카리용carillon에 대한 역사와 이야기를 담은 작은 박물관과 레스토랑, 기념품 가게, 식물 판매장 등이 있다. 방문자 센터 건물의 중앙 뜰에는 한쪽 끝 작은 분수대를 중심으로 코트야드 가든이 있고, 그 뒤쪽으로는 30여 종의 틸란드시아*Tilandsia*를 주제로 한 디스플레이 가든이 조성되어 있다. 이 아담한 공간은 예술적이면서 감각적인 조형물, 촘촘한 물결 모양으로 깔린 조약돌 바닥재와 함께 복 타워 가든을 들어서는 방문객의 눈길을 사로잡는다. 특히 공중에 매달려 마치 커튼처럼 드리워진 틸란드시아 전시물은 단순한 아이디어로 놀라운 전시 효과를 보여주고 있다. 파인애플과에 속하는 틸란드시아는 세계적으로 500여 종이 분포하고 있는데 주로 공기 중의 수분과 양분을 흡수하여 살아가는 특성이 있다.

1 박물관과 기념품 가게, 레스토랑 등이 있는 방문자 센터의 진경

2 방문자 센터의 안뜰에 마련된 코트야드 가든

3·4 복 타워 가든으로 들어서는 입구 쪽에 조성된 아기자기한 정원

5 공중 식물air plant이라고도 불리는 틸란드시아가 예술적인 디자인으로 전시되어 있다.

6 파리지옥 등 식충식물을 형상화한 조형물도 볼 수 있다.

7 30여 종의 틸란드시아를 주제로 한 전시 공간

약 1제곱킬로미터의 면적에 달하는 복 타워 가든은 자연스러운 우드랜드의 명상적인 분위기를 느낄 수 있는 정원으로 조성되었다. 양치식물과 야자류, 오크류, 소나무류, 그리고 여타 관엽식물이 풍성한 초록 배경이 되어 주고, 150종 이상의 동백나무와 수백 종의 아잘레아, 치자류, 목련류, 다양한 숙근초 등이 연중 다채로운 꽃을 피워낸다. 그 밖에 다양한 수생식물을 비롯해 파이우스 탕케르빌리아이*Phaius tankervilliae*, 붓꽃류, 나무고사리류, 호랑가시류, 문주란, 거미백합류, 플룸바고 아우리쿨라타*Plumbago auriculata*, 타베부이아 임페티기노사*Tabebuia impetiginosa* 등도 볼 수 있다. 옴스테드 주니어는 정원의 철새와 여타 야생동물에게 풍부한 먹을거리와 은신처를 제공하기 위해 식물 선택에 신중을 기했다.

복 타워가 있는 정원의 안쪽으로 자연스럽게 이어진 길을 걷다 보면 거대하게 자란 수많은 버지니아참나무*Quercus virginiana*를 볼 수 있다. 이 나무는 낙엽수지만, 한꺼번에 모든 잎을 떨구지 않고 겨울철에도 초록 잎을 달고 있기 때문에 라이브 오크live oak라고 불린다. 복 타워 가든에서 가장 흔하게 볼 수 있는 라이브 오크는 모두 외부에서 들여온 것으로 가장 오래된 것은 80년 정도 되었다. 특이하게도 나뭇가지마다 온통 스페인이끼*Tillandsia uusneoides*로 덮여 있다. 틸란드시아의 일종인 스페인이끼는 미국 남동부 원산으로 파인애플과에 속하는데, 스페인 원산도 아니고 이끼류도 아니면서 이런 이름으로 불리고 있다.

1 공작붓꽃*Dietes bicolor*

2 칼라디움*Caladium bicolor*

3 달레캄피아*Dalechampia aristilochiaefolia* 덩굴

4 자코비니아*Justicia carnea*

5 에드워드 복의 친구들이 복 타워 가든을 위해 선사한 일몰 전망대. 해발 90미터에 세워진 이곳은 플로리다에서 가장 높은 지점으로, 아름다운 석양을 감상할 수 있다.

6 버지니아참나무의 가지를 뒤덮은 스페인이끼

7 우리나라에서 수염틸란드시아라고도 불리는 스페인이끼는 나무에 매달린 채 공중의 양분과 수분을 이용하여 자란다.

싱잉 타워

숲길을 걷듯 울창한 나무 사이를 지나면 너무나 평화로운 느낌의 호수가 나타난다. 그리고 그 위쪽에는 높다랗게 솟은 복 타워가 아름다운 자태를 물 위에 드리우며 우뚝 서 있다. 호수 주변으로는 야자수와 여러 나무, 화려한 꽃들이 우거져 있고 호수 한가운데에는 빅토리아 수련과 열대 수련이 그림 같은 꽃을 피워내고 있다. 프레더릭 옴스테드 주니어가 이곳에 플로리다 최초의 역사적인 랜드스케이프 가든을 설계할 당시, 에드워드 복은 이 정원에 그의 모국인 네덜란드를 기릴 만한 무언가를 추가하고 싶어했다. 그는 노래하는 탑, 일명 싱잉 타워singing tower가 정원에 완벽하게 어울릴 것이라 생각했다.

복 타워 가든 부지의 가장 높은 지대에 위치한 아이언 산Iron Mountain은 싱잉 타워 건설에 가장 알맞은 장소였다. 그곳은 해발 90미터로 플로리다 주에서 가장 높은 축에 들기도 했다. 그는 높고 장중한 탑이 정원의 포컬 포인트가 되고 동시에 플로리다 주에서 최초로 도입되는 세계적인 카리용에 걸맞은 영원한 보금자리가 되리라 믿었다. 카리용은 반음계로 정확하게 조율되어 배열된 청동 주형 종으로 이루어진 악기다. 그는 영국 러프버러에 있는 존 테일러 앤드 선스John Taylor & Sons로부터 60개의 종으로 구성된 카리용을 들여와 62미터 높이의 탑 위에 설치했다. 이렇게 1929년에 완성된 싱잉 타워는 오늘날 20층 건물의 높이와 맞먹는다. 밀턴 메더리Milton B. Medary의 설계로 만들어진 이 타워는 음악, 조각, 건축, 조경 디자인이 어우러진 데다 청동과 철, 도기류, 대리석, 돌 등의 소재가 융합된 하나의 거대한 예술 작품이다.

1 연못은 싱잉 타워의 전체적인 모습을 물 위에 반사하도록 디자인되었다.

복 타워의 꼭대기에 있는 카리용 종들은 모자이크 타일로 만들어진 창으로 둘러싸여 있다. 멀리서 보면 흡사 성당의 스테인드 글라스처럼 보이는 이 창들은 안팎이 트여 있으며, 주칠 세공으로 만들어진 틀도 세라믹 타일로 둘러싸여 있다. 각각의 창은 모두 성서학적 주제를 담고 있다. 발코니가 있는 중간 끝에 위치한 타일 창은 에덴 동산의 아담과 이브를 나타내고, 맨 위에 있는 타일 창은 생명의 나무를 표현하고 있는데, 여기에는 새 둥지, 개코원숭이, 노랑부리황새 등을 비롯한 야생동물이 형상화되어 있다. 이 거대한 창은 각각 높이 10미터, 너비 3미터에 이른다. 보다 밑쪽에 있는 타일 창은 바다에 사는 생물을 보여주고 있다. 이렇게 정교하고 아름다운 타일 모자이크와 동물 조각, 철세공 장식미술품으로 이루어진 복 타워는 자세히 보면 볼수록 놀라움도 커진다.

매일 오후 1시와 3시에 카리용 연주자가 직접 연주하는 공연이 30분간 펼쳐진다. 조용하고 아름다운 가든에 울려퍼지는 종소리는 신비로운 분위기를 자아낸다. 복 타워 가든은 야생 칠면조와 캐나다 두루미 등 100종 이상의 새가 둥지를 트는 새들의 천국이다. 싱잉 타워 끝에는 독수리와 왜가리 등 에드워드 복의 자연 사랑에 대한 염원을 담은 조각이 자리하고 있다. 애석하게도 싱잉 타워가 준공되고 나서 이듬해에 에드워드 복은 67세로 운명을 달리하였고 싱잉 타워 문 앞의 묘에 안치되었다.

1 싱잉 타워의 가장 높은 곳에는 성서학적인 주제를 표현한 거대한 창들이 안쪽에 설치된 60개의 카리용 종들을 둘러싸고 있다.

2 싱잉 타워의 남쪽 벽을 장식하고 있는 해시계 밑에는, 복 타워 가든이 미국인들을 위해 지어졌다는 내용이 새겨져 있다.

3 블루 제이Blue Jay와 다람쥐가 나란히 식사를 하고 있다.

4 붉은머리딱따구리Red-headed Woodpecker. 복 타워 가든에는 100종 이상의 새들이 서식하고 있다.

5 싱잉 타워의 놋쇠로 만들어진 금빛 문 앞에 에드워드 복의 묘가 있다.

6 빅토리아 수련이 자라고 있는 싱잉 타워 앞 연못

THIS SINGING TOWER
WITH ITS ADJACENT SANCTUARY
WAS DEDICATED
AND PRESENTED FOR VISITATION
TO THE AMERICAN PEOPLE
BY CALVIN COOLIDGE
PRESIDENT OF THE UNITED STATES
FEBRUARY THE FIRST
NINETEEN HUNDRED AND TWENTY NINE
5
6

파인우드 사유지Pinewood Estate

복 타워 가든의 서쪽에는 파인우드 사유지가 위치하고 있다. 야생의 느낌이 가득한 정원에서 마치 별세계로 들어가는 것처럼 길을 따라가면 아름다운 지중해 양식으로 지어진 거대한 맨션과 그에 딸린 멋진 정원들이 기다리고 있다. 집 앞과 옆, 뒤는 각각 특색있는 정원으로 꾸며져 있는데, 서쪽으로 경사진 풀밭의 끝에는 수련을 비롯한 수생식물이 자라는 연못이 있고, 뒤뜰 역할을 하는 동쪽으로는 정돈된 형태의 정원이 스페인 스타일의 분수대와 함께 눈길을 사로잡는다.

하우스 투어를 하려면 별도의 입장료가 필요한 이곳은 기업가 찰스 오스틴 벅Charles Austin Buck의 겨울 별장이었다. 벅은 한때 미국에서 두 번째로 큰 철강 및 선박 회사였던 베들레헴 철강Bethlehem Steel Co.의 부회장이었다. 벅은 1930년부터 1932년까지 이곳에 정원과 집을 지었고, 1932년부터 1945년까지 이 집에서 지냈다. 정원 디자인이 집 건축을 주도해야 한다고 믿었던 그는 옴스테드 브라더스 회사의 조경건축가 윌리엄 라이먼 필립스William Lyman Phillips를 고용하여 3만 제곱미터의 부지에 정원을 먼저 조성하였다. 그 후 건축가 찰스 웨이트Charles R. Wait를 고용하여 정원에 어울리게 집을 완성토록 하였다.

엘 리타이로El Retiro라는 이름의 이 맨션에는 30개의 방이 있으며 1985년에 미국 국립사적지로 지정되었다. 플로리다의 가장 훌륭한 지중해 양식 건축물로 인정받고 있는 이곳 파인우드 사유지는 1970년에 복 타워 가든으로 귀속되어 매년 수천 명의 방문객을 맞이하고 있다.

4

1 스페인 양식의 분수대

2 지중해 양식으로 지어진 파인우드 사유지의 저택은 서로 다른 느낌의 정원으로 둘러싸여 있다.

3 파인우드 사유지의 서쪽 끝에는 열대 수련 등 각종 수생식물이 자라는 연못이 있다.

4 저택의 내부를 관람할 수 있는 투어 프로그램이 운영되고 있다.

지중해 양식으로 지어진 파인우드 사유지의 저택은
서로 다른 느낌의 정원들로 둘러싸여 있다.

파인 리지 탐방로

파인 리지 자연보호구역 및 탐방로는 대왕소나무*Pinus palustris*, 터키참나무*Quercus cerris*가 자라고 있는 서식지이다. 이 나무는 한때 미국 남동부를 뒤덮으며 수백만 에이커의 군락을 이루었지만 점점 사라져 지금은 거의 전멸 위기에 처했고, 일부만이 이곳 파인 리지 자연보호구역에서 보전되고 있다.

이 서식지에는 대왕소나무가 숲의 상층을 이루고 숙근초가 지피식물로 자라고 있는데, 방문객은 1킬로미터 남짓한 탐방로를 따라가며 이 자연 서식지를 체험하고 사구sand hill 생태계에 관해 배울 수 있다. 이 지역에는 또한 와레아 암플렉시폴리아*Warea amplexifolia* 등 6종의 식물이 자생하고 있다. 윈도 바이 더 폰드Window by the Pond에서는 목조 건물 내부에서 유리창을 통해 바깥 연못의 수생 생태계를 관찰할 수 있다. 이 작은 집은 각종 새를 비롯한 야생동물의 생활사를 방해하지 않을 뿐 아니라 가까운 곳에서 이들을 관찰할 수 있는 특별한 공간이다. 이 밖에도 탐방로 곳곳에는 그늘진 곳을 중심으로 벤치가 설치되어 있어 휴식을 취하고 생각에 잠기기에 그만이다.

1 칼라만다린귤나무*Citrus reticulata* 'Calamandarin'가 독특한 형태로 자라고 있는 과수원

2·3 파인우드 사유지는 훌륭한 지중해 양식의 건축물로 잘 알려져 있다.

4·5 작은 오두막집에서 창을 통해 바라본 연못 생태계의 풍경

복 타워 가든은 식물보전센터Center for Plant Conservation로 등록된 미국의 식물원 39곳 중 하나다. 복 타워 가든은 식물의 생식질germ plasm 수집, 번식, 재도입, 모니터링, 관리 등 통합된 식물 보진 프로그램을 통해 중부 및 북부 플로리다에 자생하는 64종의 희귀식물종(연방정부 목록 29종, 주정부 목록 35종)을 보전하는 프로젝트에 참여하고 있다. 이 중 41종은 식물보전센터의 국가 희귀 및 멸종위기 식물 수집종에 포함되어 있다.

복 타워 가든에서는 포크 뮤직과 재즈 공연, 오케스트라 연주, 카리용 콘서트 등 다양한 이벤트가 펼쳐진다. 가장 인기 있는 것은 봄과 가을에 열리는 콘서트인데, 관람객들은 싱잉 타워 앞 광장에서 심포니 오케스트라와 카리용 연주를 모두 감상할 수 있다.

복 타워 가든은 아름다운 자연과 음악을 사랑한 에드워드 복의 이야기가 살아 있는 공간이다. 가난했던 자신의 운명을 바꾸는 일에 도전하여 전설적인 성공 스토리를 만들어 낸 에드워드 복은 모래로 가득한 열대 황무지를 아름다운 정원으로 바꾸어 놓았고, 거기에다 사람들의 가슴 속에 영원히 울려 퍼질 아름다운 음악이 흐르는 탑도 세웠다. 그리고 그 음악은 야생생물을 보전하라고 호소하면서, 태초부터 있어 왔던 아름다운 정원을 예찬하고, 환경이 급격히 파괴되어 위기에 처한 생물종에 대한 준엄한 경종을 울리고 있다. 또한 성공한 기업가들이 사회에 환원해야 할 진정한 가치가 무엇인지에 대해서도 조용한 가르침을 주고 있다.

1

2

3

4

1 멸종위기에 처한 대왕소나무 서식지

2 틸란드시아가 나무가지에 매달려 자라고 있는 파인 리지 탐방로 주변의 자연 서식지

3 복 타워 가든의 방문자 센터에는 정원에 피어 있는 꽃을 한눈에 볼 수 있도록 모아 놓은 작은 전시대가 있다.

4 거대하게 자란 발렌시아오렌지*Citrus sinensis* 'Valencia' 나무

북미 대륙에 현존하는 가장 오래된 식물원

Bartram's Garden

바트람 가든

위치	펜실베이니아 주 필라델피아
홈페이지	bartramsgarden.org

1

2

미국에서 가장 오래된 식물원은 어디일까. 알고 보니 내가 살던 곳과 가까운 필라델피아에 있었다. 1682년 윌리엄 펜이 식민지 영토로 개척한 펜실베이니아 주의 중심 도시 필라델피아에 가장 오래된 식물원이 있는 것은 어쩌면 당연한 일인지 모른다.

델라웨어 강과 스퀼킬 강을 따라 위치한 필라델피아는 '우애의 도시'라는 뜻에 걸맞게 아메리카 대륙의 문화 중심지이자 미국 독립과 자유의 상징이다. 유명한 시민 지도자 벤저민 프랭클린이 탄생한 도시이기도 하다.

History & People

퀘이커교도가 종교의 자유를 찾아 영국에서 신대륙으로 건너와 이 도시를 만들 무렵, 새로운 식물 종의 도입과 교류에 관심이 높았던 사람이 있다. 식물학자이자 탐험가, 식물수집가였던 존 바트람John Bartram(1699~1777)이다. 그는 1728년 필라델피아 킹세싱 타운십Kingsessing Township에 있던 40만 제곱미터의 농장을 구입해 정원을 만들기 시작했다. 그 정원은 필라델피아 54번가, 스퀼킬 강의 서쪽 둔덕에 위치했다.

바트람은 평생 북미의 새로운 식물을 발견하고 수집하면서 체계적인 식물 컬렉션을 만들어갔다. 그는 주로 대서양을 횡단하며 식물 교역 사업을 벌여 아주 높은 수익을 올렸다. 18세기 중반에 그의 가든은 세계에서 가장 다양한 북미 식물 컬렉션을 보유하게 되었다.

세월이 흐른 뒤, 존 바트람의 뒤를 이어 그의 아들 존 바트람 주니어(1743~1812)와 윌리엄 바트람(1739~1823)이 식물 교역 사업을 계속했다. 바트람 형제는 식물원과 너서리nursery(원예식물 재배) 사업도 확장해 나갔다. 특히 윌리엄은 자연주의자이자 예술가, 작가로도 왕성하게 활동했다. 그의 영향으로 바트람 가든은 자연과학 분야의 새로운 세대와 탐험가를 양성하는 교육 센터가 되었다. 1791년에 출간된 윌리엄의 여행기는 연대순으로 남쪽 대륙 탐험 이야기를 엮었는데, 지금도 미국 문학에서 중요한 작품으로 인정 받고 있다.

1812년 이후 존 바트람 주니어의 딸 앤 바트람 카(1779~1858)가 남편 콜로넬 로버트 카, 그리고 아들 존 바트람 카와 함께 계속해서 가든과 가족 사업을 관리했다. 그들은 북미 자생식물의 국제 무역에 포커스를 맞추었는데 국제 시장뿐 아니라 미국 안에서도 그 수요가 점점 커졌다.

하지만 1850년 그들은 재정적 어려움을 맞게 되었고 필라델피아의 사업가 앤드루 이스트윅Andrew M. Eastwick(1811~1879)이 가든을 인수하여 사유지로 관리했다. 1879년 이스트윅이 죽은 후 바트람 가든은 식물학자 토머스 미한이 주도한 캠페인 덕분에 유지될 수 있었다. 바트람 가든의 유지를 위한 기금 마련은 국가적 캠페인으로 진행되었고, 보스턴에 있는 하버드 대학교 아널드 수목원의 찰스 사전트가 중요한 역할을 했다. 1891년부터는 필라델피아 시에서 바트람 가든을 관리하였고, 1893년에 존바트람협회John Bartram Association가 설립되어 관리를 주관해 왔다.

1 바트람 가든의 입구

2 바트람 가든 옆으로는 스퀼킬 강이 흐르고 있다.

바트람 가든은 내가 사는 곳과 가까이 있었지만 마음 먹고 시간을 내서 방문한 것은 미국에 온 지 두 해가 지나갈 무렵이었다. 300년 가까이 된 귀한 골동품 같은 이 식물원은 언젠가는 꼭 가봐야 할 곳이었다. 필라델피아 외곽 주택가의 작은 도로를 따라 올라가니 바트람 가든이 나타났다. 입구 쪽 주차장 앞의 작은 메도는 약간 언덕이 져 있어 그 아래로 강이 흐르고 건너편에는 필라델피아 시내가 한눈에 내려다보였다. 시내의 높다란 빌딩 숲은 마치 다른 시대의 세상 같았고 바트람 가든은 아직 1800년대에 머물고 있는 듯했다. 당시에 바트람 가든에서 바라본 풍경은 지금과 완전히 달랐을 것이다. 거대한 빌딩들이 높게 솟은 강 건너 스카이라인은 초원과 덤불 숲, 키 작은 집들이 드문드문 있는 풍경이 아니었을까.

먼지로 뒤덮인 보물상자에서 누렇게 바랜 오랜 장서를 꺼내 책장을 넘기듯 식물원 입구에 발을 들여놓았다. 방문자 센터에서 표를 끊고 들어서니 바트람 반Bartram Barn이 있었다. 필라델피아 카운티에 현재 남아 있는 가장 오래된 헛간 건물로, 1775년에 존 바트람이 2층 높이로 지었다. 건물 한쪽에는 바트람 형제의 역사적 유품들이 그대로 전시되어 있어, 금방이라도 신사 모자를 쓰고 긴 부추를 신고 파이프 담뱃대를 문 사람들이 나타날 것 같았다.

가든 구역으로 들어가는 곳에는 철제문이 있는데 거기에 새겨진 섬세한 문양이 예사롭지 않았다. 비밀의 화원으로 들어가듯 그 문을 지나 커다란 나무들 사이로 난 오솔길을 따라 한 걸음씩 발길을 옮겼다.

1

2

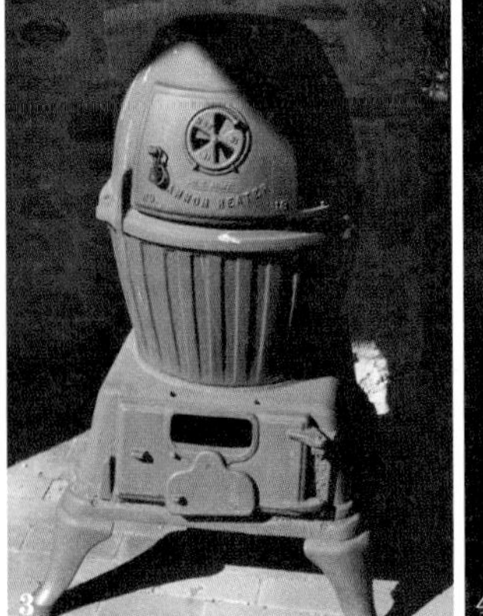

3

4

1 마치 박물관처럼 곳곳에 바트람에 대한 기록이 전시되어 있다.

2·3·4 바트람 헛간 건물에 남아 있는 과거의 흔적들

5 가든 구역으로 들어가는 작은 철제문

보드 산책로

바트람 가문은 3대에 걸쳐 이 가든을 북미 식물 컬렉션 정원으로 가꾸었다. 지금도 다양한 자생식물과 외래 종, 초본류와 목본류를 볼 수 있지만, 예전에 이곳에 존재했던 대부분의 식물 컬렉션은 바트람의 1783년 저술『미국의 나무, 관목, 초본류 *American Trees, Shrubs and Herbacious*』에 실려 있다.

숲길은 자연스레 히스토리 가든Historic Garden으로 이어졌다. 약 3만 제곱미터의 이 정원에는 주로 자생식물이 살고 있는데, 바트람이 발견한 식물뿐 아니라 역사적 품종들이 곳곳에 있다.

특히 바트람 가든에는 세 가지 중요한 나무가 있다. 첫 번째는 프랑클리니아 알라타마하*Franklinia alatamaha*이다. 1765년 바트람 형제가 조지아의 알타마하 강가에서 캠핑을 하던 중 이 나무가 살고 있는 작은 숲을 발견했다. 윌리엄이 그 씨앗을 가져다가 1777년 바트람 가든에 심었는데, 애석하게도 야생에서는 1803년 멸종되었다. 이 나무는 바트람 형제가 아버지 존 바트람의 막역한 친구였던 벤저민 프랭클린을 기려 프랑클리니아*Franklinia*라는 이름을 붙였다. 오늘날 여러 식물원에서 자라는 모든 프랑클리니아 나무는 바트람 형제에 의해 번식되어 분양된 나무의 후예라고 할 수 있다.

두 번째 나무는 클라드라스티스 켄투케아*Cladrastis kentukea*이다. 이 나무는 1790년대에 프랑스 식물탐험가(테네시의) 앙드레 미쇼Andre Michaus가 수집하여 윌리엄 바트람에게 보낸 것으로 추정된다. 콩과에 속하는 이 나무는 흰색 꽃이 피며 향기가 매우 좋다.

세 번째 나무는 은행나무*Ginkgo biloba*다. 이 나무는 미국에 현존하는 가장 오래된 은행나무다. 필라델피아에 있는 우드랜드 맨션의 소유주이자 유명한 식물수집가인 윌리엄 해밀턴William Hamilton이 1785년 런던으로부터 가져온 은행나무 세 그루 중 하나다. 지금은 바트람 가든에 심은 은행나무만 남아 있다.

1

1 야생에서는 멸종된 프랑클리니아 나무

2 1790년대 수집된 클라드라스티스 켄투케아*Cladrastis kentukea*

3 1785년 수집된 은행나무

이렇게 유서 깊은 나무들에 감탄하며 걷다 보면, 길가에 자연스럽게 피어 있는 꽃이 호기심을 자극한다. 풀숲에 놓인 아주 오래된 나무 궤짝과 오크통 같은 곳에도 식물이 자라고 있다. 자세히 보면 타래난초와 비슷한 스피란테스 오도라타*Spiranthes odorata*이다. 미국 동부와 남부의 습지에 자생하는 난초과의 식물로 향기가 좋다.

바로 옆 상자에는 지의류lichens가 자라고 있다. 다양한 균류와 조류, 그리고 박테리아를 포함하는 지의류는 최소 두 종류가 공생하고 있으며, 서로 분리되어서는 살 수 없다. 바트람 형제는 지의류를 수집하여 종자 카탈로그에 포함시켰는데, 이것들을 정원용 식물로 판매했는지 과학자들에게 연구 재료로 공급했는지는 알 수 없다. 지의류가 나타낼 수 있는 독특한 질감과 색은 정원에 이용해도 손색이 없으며 19세기 정원에도 흥미로운 연출이 되었을지 모른다.

숲길의 가장자리에는 분홍색 꽃을 피우는 아스타*Aster* 종류와, 습지 해바라기라고 불리는 노란색 헬리안투스 앙구스티폴리우스*Helianthus angustifolius* 가 예쁘게 피어 있다. 작은 연못에서는 연꽃과 수련이 절정기를 끝내고 다가오는 가을을 맞이할 준비를 한다. 이 모든 것들이 너무나 자연스럽고 아름다운 풍경을 이룬다.

1 프란클리니아 알라타마하*Franklinia altamaha*의 꽃

2 실타래처럼 꼬인 꽃대에 향기로운 꽃을 피워내는 스피란테스 오도라타*Spiranthes odorata*

3 아스터*Aster* spp.

4 헬리안투스 앙구스티폴리우스*Helianthus angustifolius*

5 세 종류의 지의류*Platismatia glauca, Cladonia subtenuis, Parmelia sulcata* 가 자라고 있는 오래된 나무 상자

6 수련과 연꽃이 있는 작은 연못

Lichens are fully cooperative partnerships between at least two
distinct species. By living together these distinct types of fungus,
algae and bacteria can thrive in environments where they
could not survive separately.
The Bartrams collected lichens and them in their
seed catalog. We if these were for sale as garden
plants or to supply scientists with materials for research.
However as you can see from the lichens in this box they are
and may well have added interesting
to gardens of the 19th century
Among the species of lichens in this box are
glauca, Cladonia subtenuis, and Parmelia sulcata
5
6

바트람 가든에 아직도 건재한 건물도 훌륭한 볼거리다. 바트람 하우스Bartram House는 존 바트람이 부지를 매입해 1728년부터 1731년까지 돌로 만들었다. 1740년에는 주방이 확장되었고, 1758~1770년에는 퍼사드가 추가되었다. 정통 이탈리아 빌라 양식이며, 바로크식 창문이 있다. 1760년대에 조성한 온실도 그대로다. 1963년 바트람 하우스와 가든은 미국 역사기념물로 지정되었다.

역시 돌로 만들어진 코치 하우스Coach House도 아직 건재하다. 바트람 시대 후반부에는 작은 헛간이나 육묘장으로 쓰였을 것으로 추정된다. 이 건물은 1850년 바트람 가든을 매입한 앤드루 이스트윅이 마차 차고로 확장했다. 현재 2층은 도서관과 문서 수장고로, 1층은 교육용 강의실, 워크숍과 특별 이벤트 장소로 활용되고 있다. 정원과 식물의 역사에 관한 방대한 자료뿐 아니라 필라델피아의 역사에 관한 자료도 소장하고 있다.

바트람 가든의 꿈결 같은 산책길을 돌아나오다 보면 아담한 약초 정원을 만난다. 벽면에는 바트람이 수집한 식물 정보가 소개되어 있다. 이 전시원은 존 바트람이 1751년 작성한 논문을 바탕으로 만들어졌다. 그 논문은 벤저민 프랭클린에 의해 토머스 쇼트의 저술『메디치나 브리타니카*Medicina Britannica*』에 소개된 적이 있었다. 존 바트람과 그의 아들들이 수집한 식물 중 아직까지 남아 있는 개체는 드물지만, 그때 그들이 무엇을 재배했는지에 대한 자료는 풍부하게 남아 있다.

1·2 바트람 하우스
3 이스트윅 힐

Descriptions, Virtues, and Uses of some Medicinal Plants of these Northern Parts of A
American spikenard
tuliptree
great blue lobelia
wild sarsaparilla
bloodroot
puttyroot
feverwort
robin's plantain
bluestem goldenrod
perfoliate bellwort
running clubmoss
mayapple
blue cohosh
black baneberry
Box 4
Box 5
Box 6
Box
White Colicroot
Lizards Tail
Devil's Bit

약초 정원의 식물을 하나하나 보면서 식물원 본연의 의미에 대해 생각해 보았다. 지금처럼 의학과 문명이 발달하지 않았던 시대에는 식물이 매우 중요한 자원 중 하나였다. 녹차나 아편처럼 상류 귀족 사회의 기호품이자 대규모 무역 품목으로 중요했던 식물, 장미처럼 정원의 꽃으로 인기가 높았던 식물, 그리고 육두구처럼 약초나 향신료로 중요한 식물도 있었을 것이다. 존 바트람은 평생 약초를 이용하는 질병 치료에 관심이 많아서 인삼을 비롯한 중요한 약초를 많이 발견했고 관련 기록도 충실히 남겨 놓았다.

18~19세기 식물학 연구의 산실인 바트람 가든을 둘러보면서 북미 지역의 식물상과, 당시 바트람 일가가 가업으로 삼았던 식물 및 종자 교역 산업, 그리고 필라델피아와 미국 역사 속에서의 위상을 알 수 있었다. 아무리 문명이 발달하고 사회가 급속도로 변해도 지켜야 할 것이 있고, 그것의 가치는 시간이 갈수록 더 높아진다는 것도 배웠다. 그러자면 멸종위기에 처한 식물에 좀더 관심을 가져야 하고, 다양한 식물 자원과 그에 관한 기록을 식물원을 중심으로 소중하게 관리해야 한다.

1·2 북미 지역 약초에 대한 묘사, 효능 및 사용법에 대한 기록
3 약초 정원에서 볼 수 있는 다양한 식물 중에는 석류도 있다.
4 란타나 카마라*Lantana camara*
5 에우파토리움 페르폴리아툼*Eupatorium perfoliatum*
6 아메리카대극*Euphorbia heterophylla*

미국 정원의 발견

2021년 12월 15일 1판 1쇄 펴냄

지은이 박원순
디자인 민혜원
펴낸이 권기호
펴낸곳 공존
출판등록 2006년 11월 27일(제313-2006-249호)
주소 (04157)서울시 마포구 마포대로 63-8 삼창빌딩 1403호
전화 02-702-7025 | **팩스** 02-702-7035
이메일 info@gongjon.com | **홈페이지** www.gongjon.com

ISBN 979-11-963014-7-7 03480